国家出版基金项目
NATIONAL PUBLICATION FOUNDATION

“十三五”国家重点图书
2019年度国家出版基金资助项目

总顾问：李　坚　刘泽祥　胡景初
总策划：纪　亮　总主编：周京南

中国古典家具技艺全书

（第一批）

匠心营造 I

第三卷

（总三十卷）

主　编：袁进东　梅剑平　刘　岸
副主编：贾　刚　卢海华　李　鹏

中国林业出版社
·北京·

图书在版编目（CIP）数据

匠心营造．Ⅰ / 周京南总主编．-- 北京 ：中国林业出版社，2020.5
（中国古典家具技艺全书．第一批）

ISBN 978-7-5219-0613-4

Ⅰ．①匠… Ⅱ．①周… Ⅲ．①家具－介绍－中国－古代 Ⅳ．① TS666.202

中国版本图书馆 CIP 数据核字 (2020) 第 093870 号

责任编辑：王思源

出 版：中国林业出版社（100009 北京西城区德内大街刘海胡同 7 号）
印 刷：北京雅昌艺术印刷有限公司
发 行：中国林业出版社
电 话：010-8314 3518
版 次：2020 年 10 月 第 1 版
印 次：2020 年 10 月 第 1 次
开 本：889mm × 1194mm，1/16
印 张：17.5
字 数：200 千字
图 片：约 700 幅
定 价：360.00 元

《中国古典家具技艺全书》总编撰委员会

总 顾 问：李　坚　刘泽祥　胡景初

总 策 划：纪　亮

总 主 编：周京南

编委成员：

周京南　袁进东　刘　岸　梅剑平　蒋劲东

马海军　吴闻超　贾　刚　卢海华　董　君

方崇荣　李　峰　李　鹏　王景军　叶双陶

《中国古典家具技艺全书——匠心营造Ⅰ》

总主编：周京南

主　编：袁进东　梅剑平　刘　岸

副主编：贾　刚　卢海华　李　鹏

序　言

李　坚　中国工程院院士

讲到中国的古家具，可谓博大精深，灿若繁星。

从神秘庄严的商周青铜家具，到浪漫拙朴的秦汉大漆家具；从壮硕华美的大唐壶门结构，到精炼简雅的宋代框架结构；从秀丽俊逸的明式风格，到奢华繁复的清式风格，这一漫长而恢宏的演变过程，每一次改良，每一场突破，无不渗透着中国人的文化思想和审美观念，无不凝聚着中国人的汗水与智慧。

家具本是静物，却在中国人的手中活了起来。

木材，是中国古家具的主要材料。通过中国匠人的手，塑出家具的骨骼和形韵，更是其商品价值的重要载体。红木的珍稀世人多少知晓，紫檀、黄花梨、大红酸枝的尊贵和正统更是为人称道，若是再辅以金、骨、玉、瓷、珐琅、螺钿、宝石等珍贵的材料，其华美与金贵无须言表。

纹饰，是中国古家具的主要装饰。纹必有意，意必吉祥，这是中国传统工艺美术的一大特色。纹饰之于家具，不但起到点缀空间、构图美观的作用，还具有强化主题、烘托喜庆的功能。龙凤麒麟、喜鹊仙鹤、八仙八宝、梅兰竹菊，都寓意着美好和幸福，这些也是刻在中国人骨子里的信念和情结。

造型，是中国古家具的外化表现和功能诉求。流传下来的古家具实物在博物馆里，在藏家手中，在拍卖行里，向世人静静地展现着属于它那个时代的丰姿。即使是从未接触过古家具的人，大概也分得出桌椅几案，柜架床榻，这得益于中国家具的流传有序和中国人制器为用的传统。关于造型的研究更是理论深厚，体系众多，不一而足。

唯有技艺，是成就中国古家具的关键所在，当前并没有被系统地挖掘和梳理，尚处于失传和误传的边缘，显得格外落寞。技艺是连接匠人和器物的桥梁，刀削斧凿，木活生花，是熟练的手法，是自信的底气，也是“手随心驰，心从手思，心手相应”的炉火纯青之境界。但囿于中国传统各行各业间“以师带徒，口传心授”的传承方式的局限，家具匠人们的技艺并没有被完整的记录下来，没有翔实的资料，也无标准可依托，这使得中国古典家具技艺在当今社会环境中很难被传播和继承。

此时，由中国林业出版社策划、编辑和出版的《中国古典家具技艺全书》可以说是应运而生，责无旁贷。全套书共三十卷，分三批出版，并运用了当前最先进的技术手段，最生动的展现方式，对宋、明、清和现代中式的家具进行了一次系统的、全面的、大体量的收集和整理，通过对家具结构的拆解，家具部件的展示，家具工艺的挖掘，家具制作的考证，为世人揭开了古典家具技艺之美的面纱。图文资料的汇编、尺寸数据的测量、CAD和效果图的绘制以及对相关古籍的研究，以五年的时间铸就此套著作，匠人匠心，在家具和出版两个领域，都光芒四射。全书无疑是一次对古代家具文化的抢救性出版，是对古典家具行业“以师带徒，口传心授”的有益补充和锐意创新，为古典家具技艺的传承、弘扬和发展注入强劲鲜活的动力。

党的十八大以来，国家越发重视技艺，重视匠人，并鼓励“推动中华优秀传统文化创造性转化、创新性发展”，大力弘扬“精益求精的工匠精神”。《中国古典家具技艺全书》正是习近平总书记所强调的“坚定文化自信、把握时代脉搏、聆听时代声音，坚持与时代同步伐、以人民为中心、以精品奉献人民、用明德引领风尚”的具体体现和生动诠释。希望《中国古典家具技艺全书》能在全体作者、编辑和其他工作人员的严格把关下，成为家具文化的精品，成为世代流传的经典，不负重托，不辱使命。

2020年5月

前言

纪亮　全书总策划

中国的古家具，有着悠久的历史。传说上古之时，神农氏发明了床，有虞氏时出现了俎。商周时代，出现了曲几、屏风、衣架。汉魏以前，家具形体一般较矮，属于低型家具。自南北朝开始，出现了垂足坐，于是凳、靠背椅等高足家具随之产生。隋唐五代时期，垂足坐的休憩方式逐渐普及，高低型家具并存。宋代以后，高型家具及垂足坐才完全代替了席地坐的生活方式。高型家具经过宋、元两朝的普及发展，到明代中期，已取得了很高的艺术成就，使家具艺术进入成熟阶段，形成了被誉为具有高度艺术成就的“明式家具”。清代家具，承明余绪，在造型特征上，骨架粗壮结实，方直造型多于明式曲线造型，题材生动且富于变化，装饰性强，整体大方而局部装饰细致入微。到了近现代，特别是近20年来，随着我国经济的发展，文化的繁荣，古典家具也随之迅猛发展。在家具风格上，现代古典家具在传承明清家具的基础上，又有了一定的发展，并形成了独具中国特色的现代中式家具，亦有学者称之为中式风格家具。

中国的古典家具，通过唐宋的积淀，明清的飞跃，现代的传承，成为“东方艺术的一颗明珠”。中国古典家具是我国传统造物文化的重要组成和载体，也深深影响着世界近现代的家具设计，国内外研究并出版的古典家具历史文化类、图录资料类的著作较多，而从古典家具技艺的角度出发，挖掘整理的著作少之又少。技艺——是古典家具的精髓，是原汁原味地保护发展我国古典家具的核心所在。为了更好地传承和弘扬我国古典家具文化，全面系统地介绍我国古典家具的制作技艺，提高国家文化软实力，提升民族自信，实现古典家具创造性转化、创新性发展，中国林业出版社聚集行业之力组建“中国古典家具技艺全书”编写工作组。技艺全书以制作技艺为线索，详细介绍了古典家具中的结构、造型、制作、解析、鉴赏等内容，全书共三十卷，分为榫卯构造、匠心营造、大成若缺、解析经典、美在久成这五个系列，并通过数字化手段搭建“中国古典家具技艺网”和“家具技艺APP”等。全书力求通过准确的测量、绘制、挖掘、梳理，向读者展示中国古典家具的结构美、造型美、雕刻美、装饰美、材质美。

《匠心营造》为全书的第二个系列，共分四卷。照图施艺是木工匠人的制作本领。木工图的绘制是古典家具制作技艺中的必修课，这部分内容按照坐具、承具、卧具、庋具、杂具等类别进行研究、测量、绘制、整理，最终形成了近千款源自宋、明、清和现代这几个时期的古典家具CAD图录，这些丰富而翔实的图录将为我们研究和制作古典家具提供重要的参考和学习研究资料。为了将古典家具器形结构全面而准确地呈现给读者，编写人员多次走访各地实地考察、实地测绘，大家不辞辛劳，力求全面。研讨和编写过程都让人称赞。然而，中国古典家具文化源远流长、家具技艺博大精深，要想系统、全面地挖掘，科学、完善地测量，精准、细致地绘制，是很难的。加之编写人员较多、编写经验不足等因素导致测绘不精确、绘制有误差等现象时有出现，具体体现在尺寸标注方法不一致、不精准，器形绘制不流畅、不细腻，技艺挖掘不系统、不全面等问题，望广大读者批评和指正，我们将在未来的修订再版中予以更正。

最后，感谢国家新闻出版署将本项目列为“十三五”国家重点图书出版规划，感谢国家出版基金规划管理办公室对本项目的支持，感谢为全书的编撰而付出努力的每位匠人、专家、学者和绘图人员。

纪亮

2020年5月

目录

目　　录

匠心营造 I（第三卷）

目录

目

录

目　　录

目录

目
录

目　　录

目
录

目　录

匠心营造II（第四卷）

匠心营造III（第五卷）

目录

匠心营造Ⅳ（第六卷）

中国古典家具木工营造图解之坐具

一

一、中国古典家具木工营造图解之坐具

在制作家具时，家具木工营造图是中国古代工匠制作家具的重要参考和传承资料。木工工匠们有矩可循并按图施艺，根据图纸在传承中弘扬发展中国古典家具，设计制作出门类齐全的各式家具。在这些家具中有宽厚浑圆的唐代家具、简洁儒雅的宋代家具、精炼细致的明代家具、厚重华贵的清代家具、新颖潮流的现代中式家具，这些精美的器物，共同创造了辉煌的中国家具文化史。

中国古典家具按使用功能的不同，可分成“五大门类”：坐具（椅凳类）、承具（桌案类）、卧具（床榻类）、庋具（柜架类）、杂具（杂项类）。本部分汇集且精选了坐、承、卧、庋、杂这五大类的主要经典款式，并按照宋代、明代、清代等几个时期进行系统展现，并适当地吸收近年来部分现代中式家具的代表作品，供制造者、爱好者和研究人员进行古典家具复制、学习和研究。

（一）坐具

坐具主要分为：

（1）椅：交椅、太师椅、官帽椅、圈椅、玫瑰椅、灯挂椅、皇宫圈椅等；

（2）凳：方凳、圆凳、条凳、马扎、脚凳、杌凳等；

（3）墩：圆墩、梅花形墩等；

（4）宝座等。

（二）古典家具木工营造图解之坐具

本章选取坐具中的宋式、明式、清式、现代中式等代表性家具，对其木工营造图进行深度解读和研究，并形成珍贵而翔实的图片资料。

主要研究的器形如下：

（1）宋式家具：宋式扇形南官帽椅、宋式藤屉矮圈椅等；

（2）明式家具：明式漆心大方凳、明式藤屉罗锅枨方凳等；

（3）清式家具：清式云纹牙头小条凳、清式小方凳等；

（4）现代中式家具：现代中式麒麟卷云纹扶手椅、现代中式西番莲纹扶手椅等。

图片资料详见 P4 ~ 254。

说明：在坐具的测量和绘制过程中存在少量国标允许的误差。

坐具图版

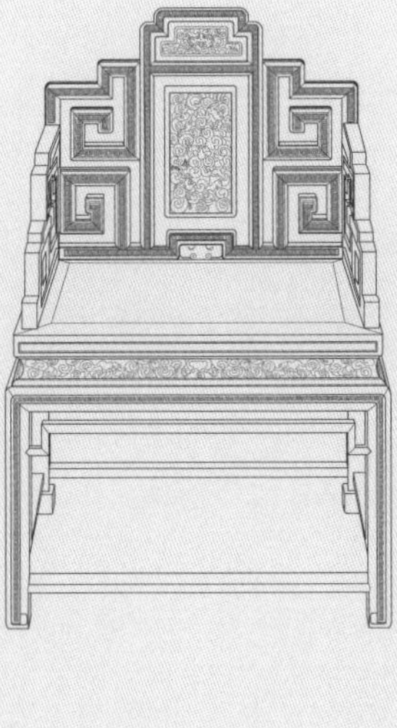

宋式扇形南官帽椅

材质：黄花梨

年款：宋代

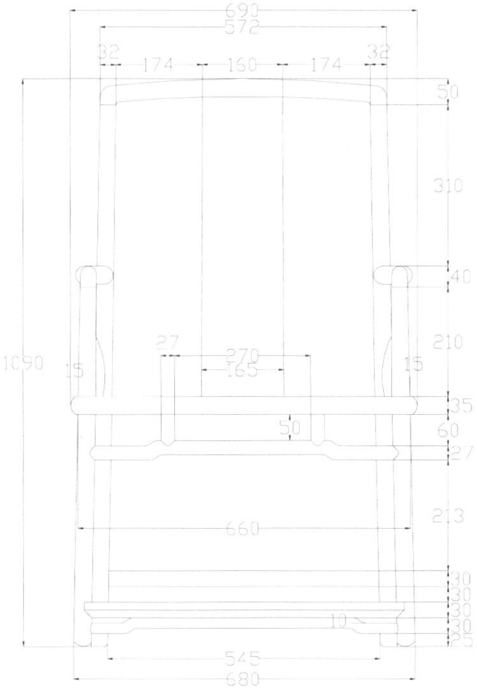

主视图

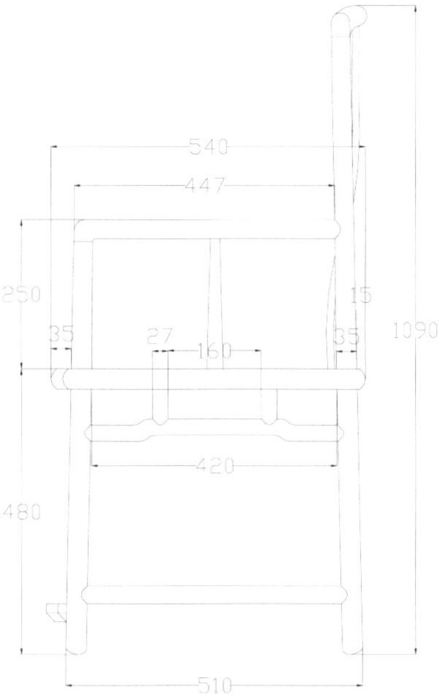

右视图

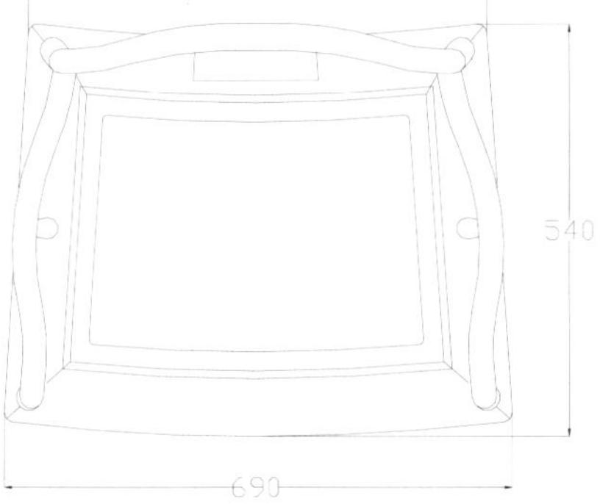

俯视图

图版清单（宋式扇形南官帽椅）：
主视图
右视图
俯视图

注：全书计量单位为毫米（mm）。

宋式藤屉矮圈椅

材质：榆木

年款：宋代

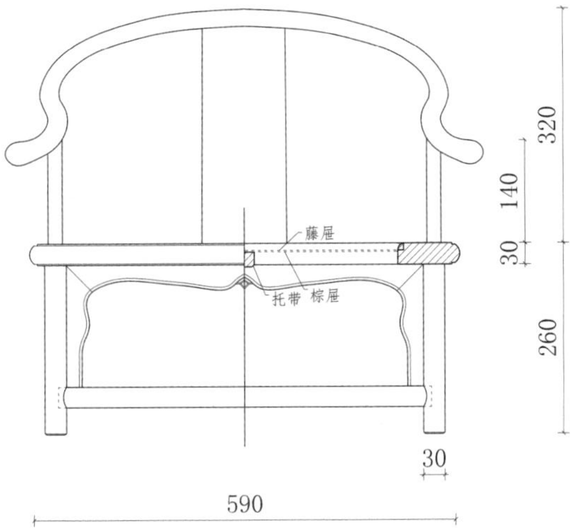

主视图

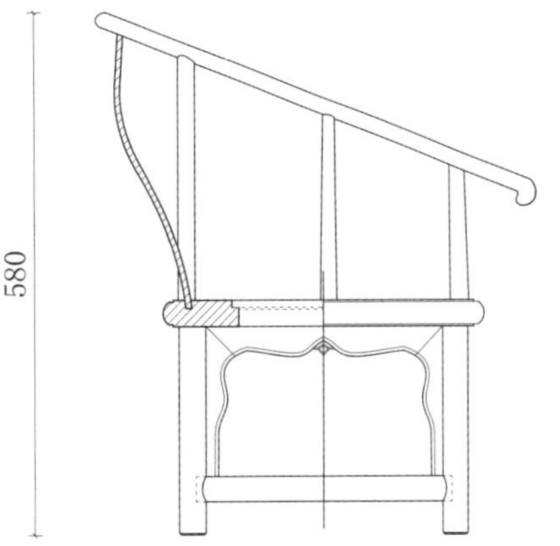

左视图

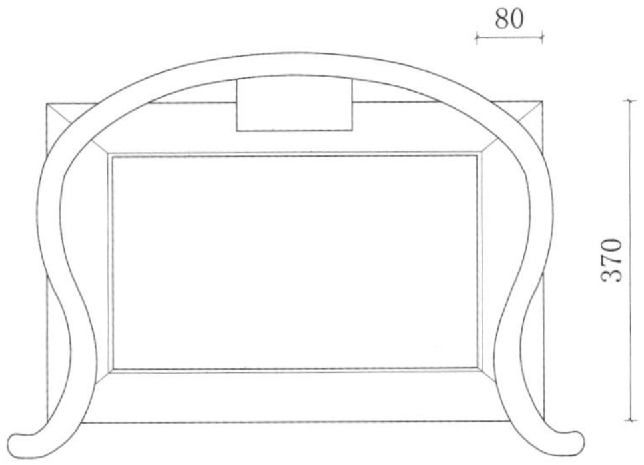

俯视图

图版清单（宋式藤屉矮圈椅）：
主视图
左视图
俯视图

宋式雕心藤屉交椅

材质：黄花梨

年款：宋代

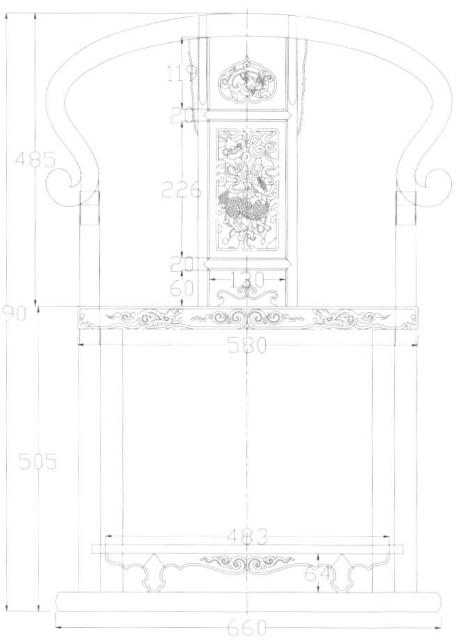

主视图

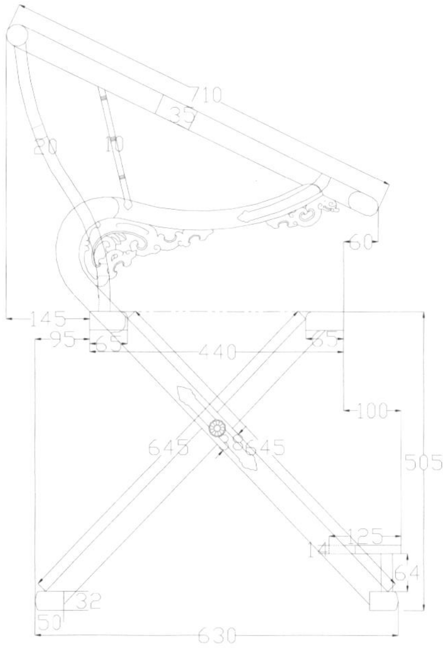

左视图

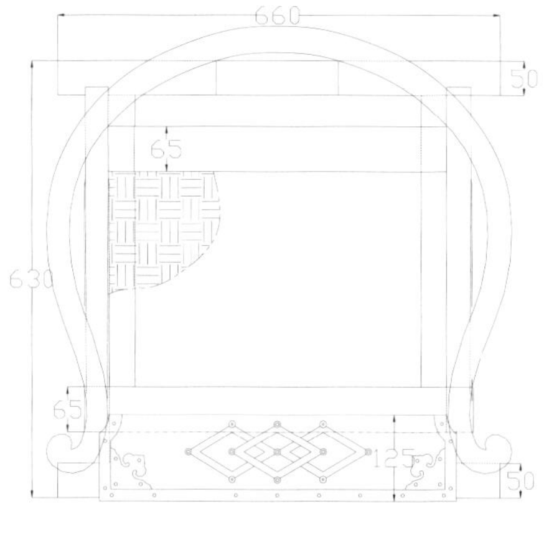

俯视图

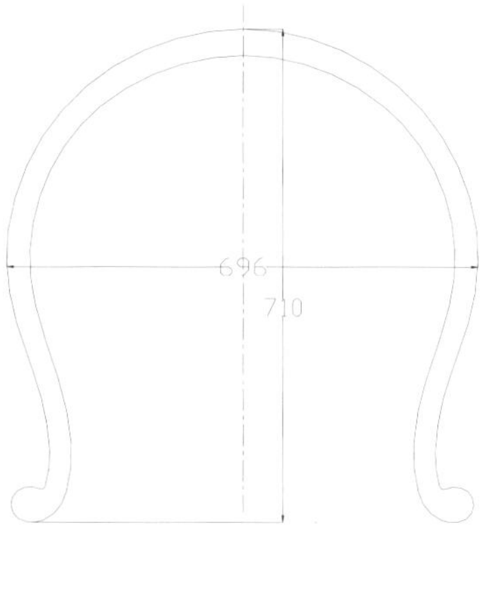

细节图（椅圈）

图版清单（宋式雕心藤屉交椅）：

主视图

左视图

俯视图

细节图（椅圈）

宋式靠背椅三件套

材质：榉木

年款：宋代

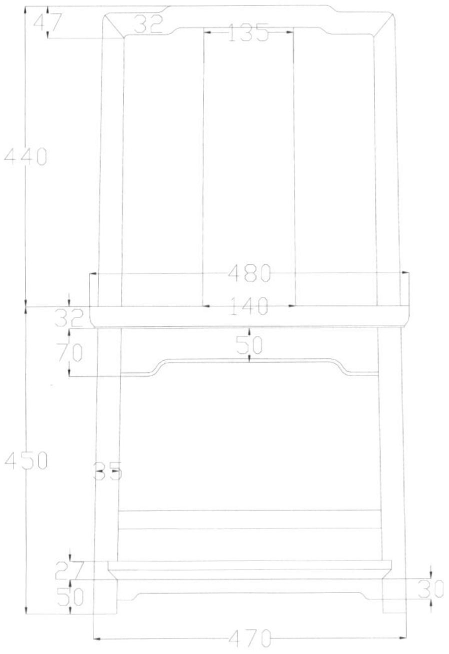

椅－主视图

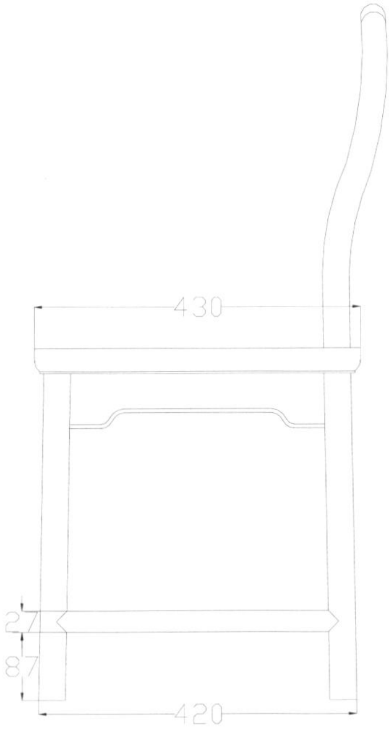

椅－右视图

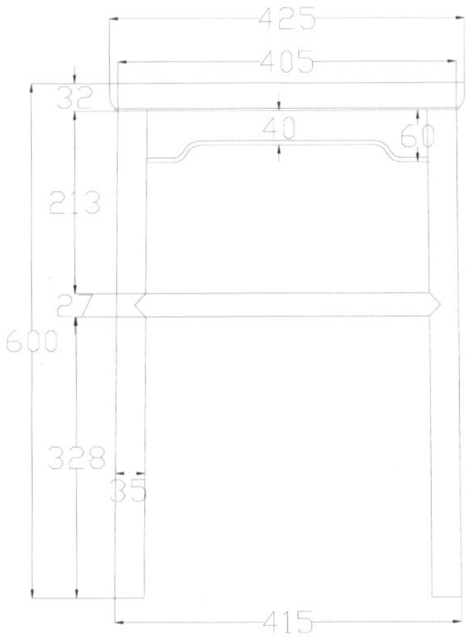

几－主视图

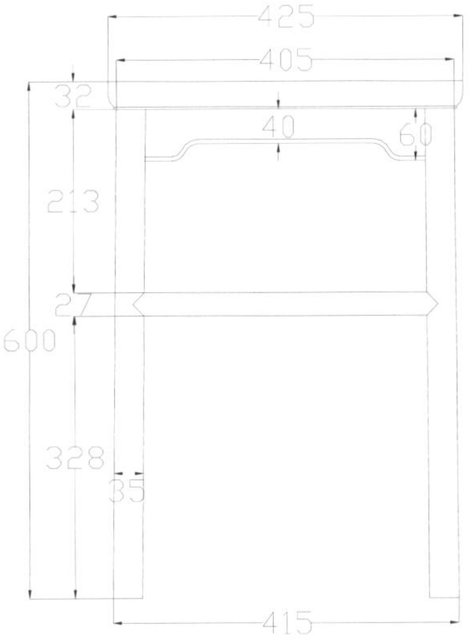

几－右视图

图版清单（宋式靠背椅三件套）：
椅－主视图
椅－右视图
几－主视图
几－右视图

注：此三件套中椅为2件，几为1件。

宋式禅椅三件套

材质：榆木

年款：宋代

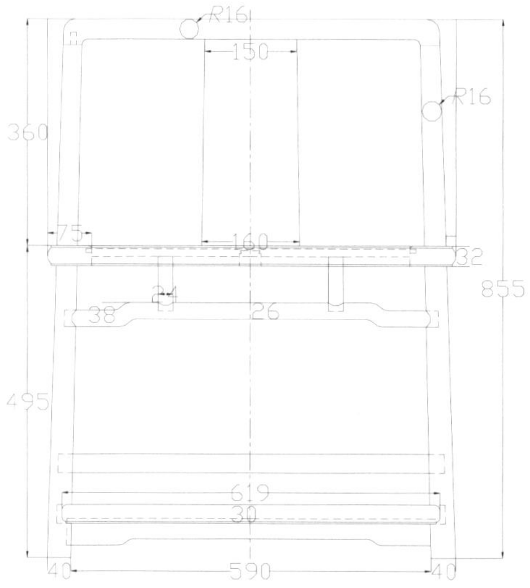

椅－主视图

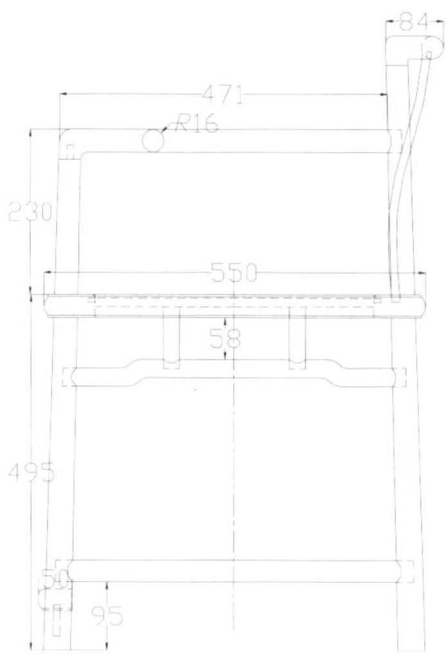

椅－细节图（搭脑）

椅－右视图

注：此三件套中椅为 2 件，几为 1 件。

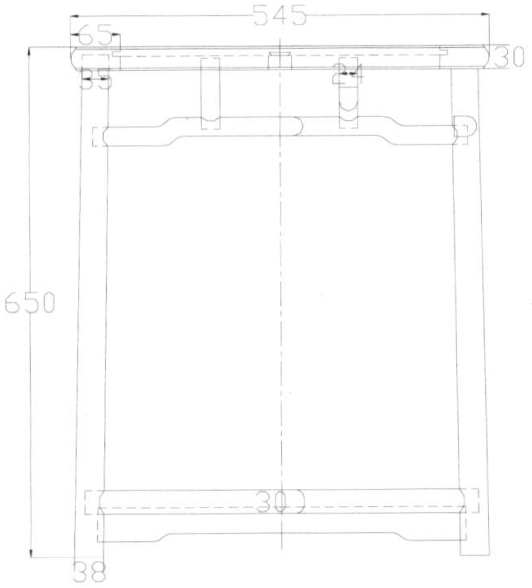

几－主视图

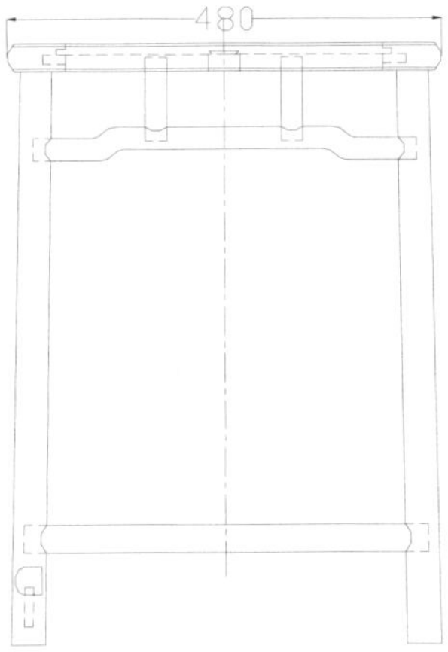

几－右视图

图版清单（宋式禅椅三件套）：
椅—主视图
椅—右视图
椅—细节图（搭脑）
几—主视图
几—右视图

明式漆心大方凳

材质：黄花梨（大漆）

年款：明代

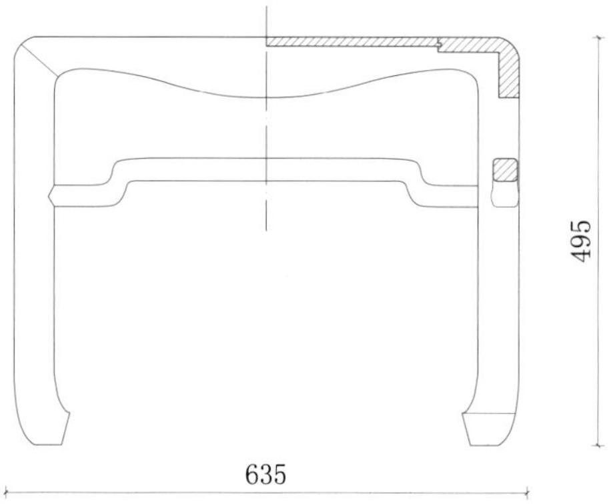

主视图

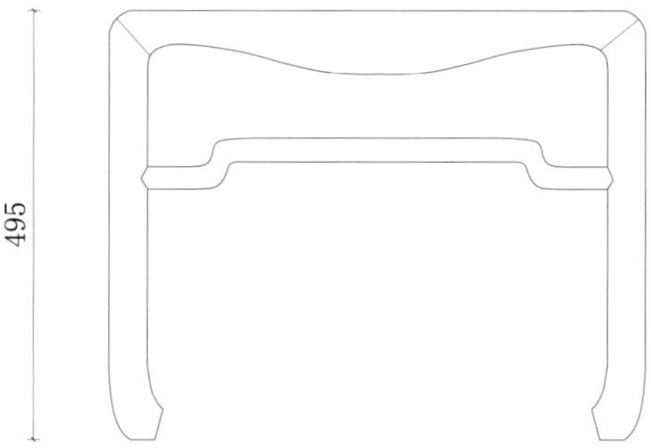

左视图

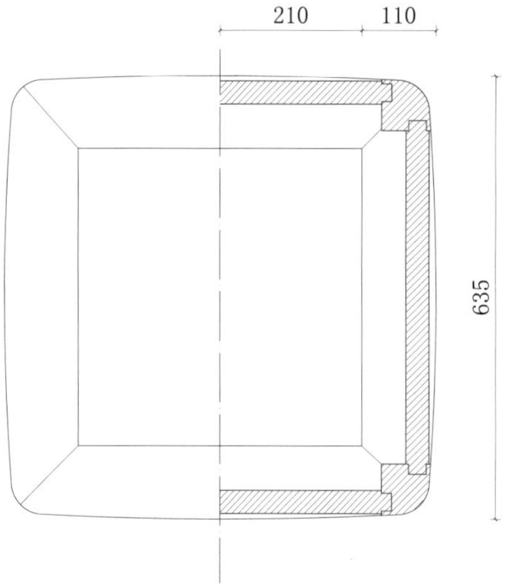

俯视图

图版清单（明式漆心大方凳）：
主视图
左视图
俯视图

明式藤屉罗锅枨方凳

材质：黄花梨

年款：明代（清宫旧藏）

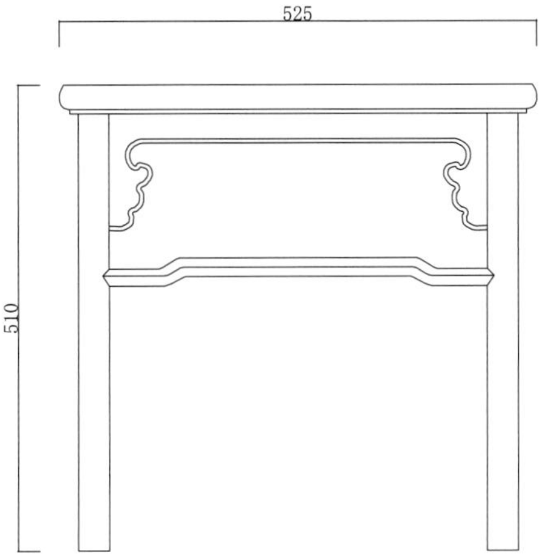

主视图

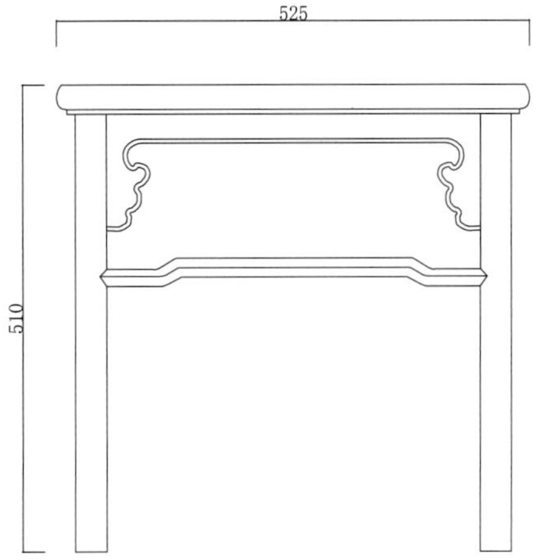

左视图

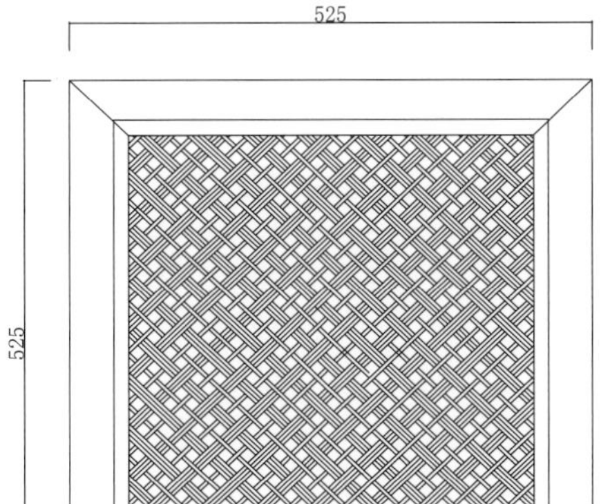

俯视图

图版清单（明式藤屉罗锅枨方凳）：
主视图
左视图
俯视图

明式嵌楠木长方杌

材质：紫檀

年款：明代（清宫旧藏）

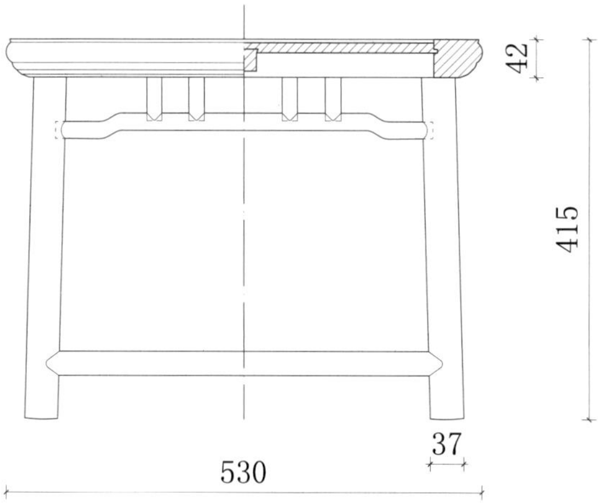

主视图

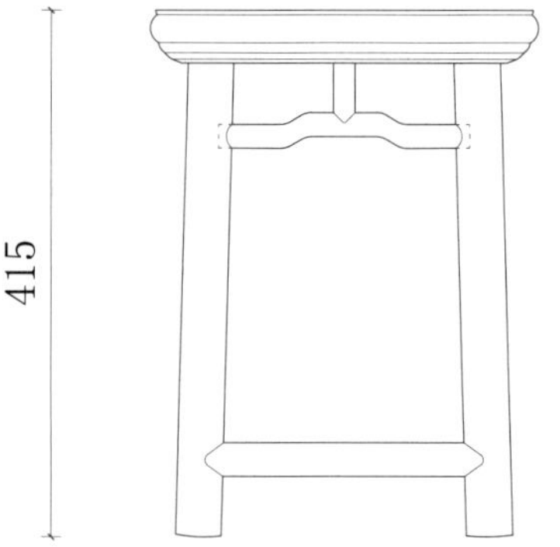

左视图

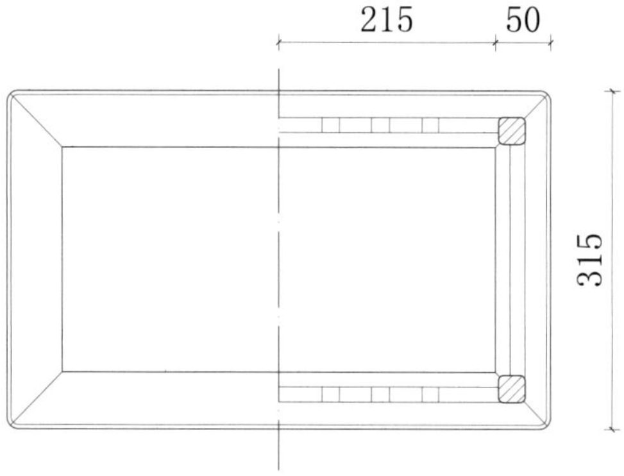

俯视图

图版清单（明式嵌楠木长方杌）：
主视图
左视图
俯视图

明式罗锅枨加矮老小方杌

材质：黄花梨

年款：明代（清宫旧藏）

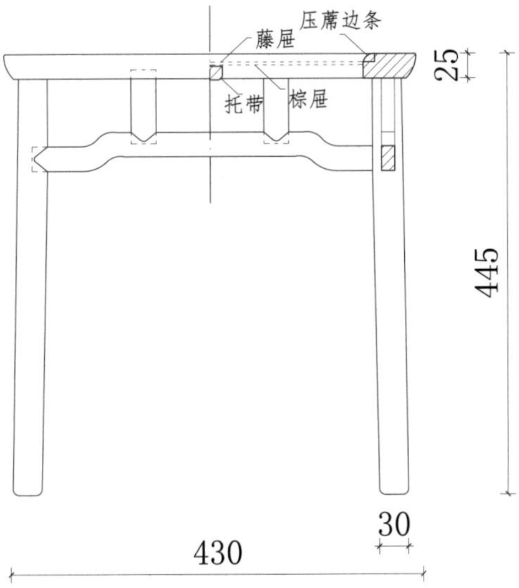

主视图

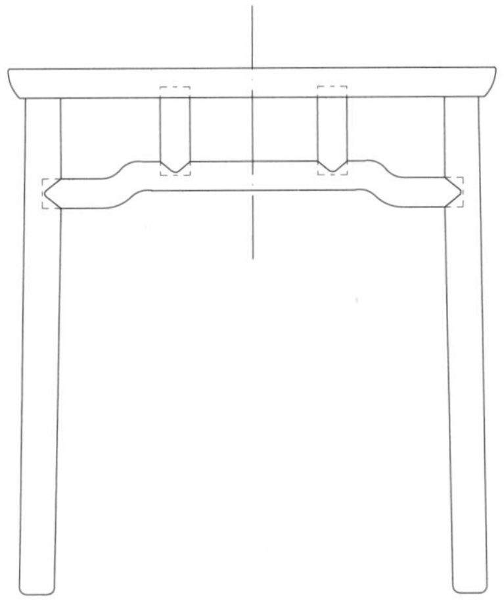

左视图

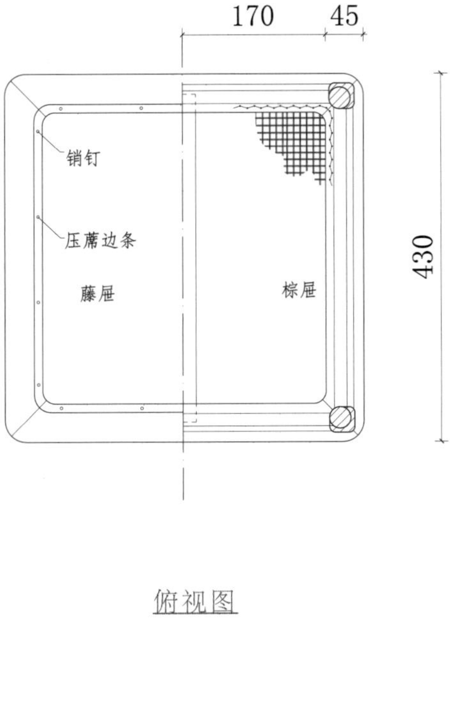

俯视图

图版清单（明式罗锅枨加矮老小方杌）：
主视图
左视图
俯视图

明式藤屉素牙板大方杌

材质：黄花梨

年款：明代

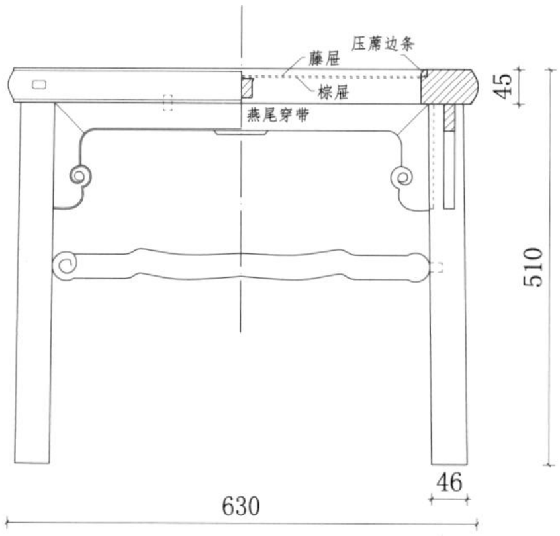

主视图

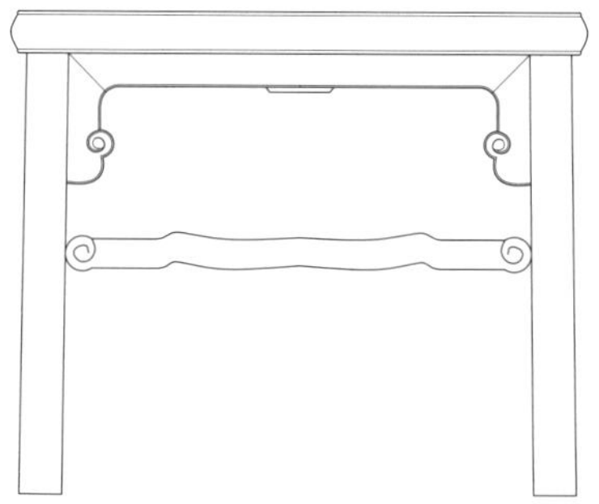

左视图

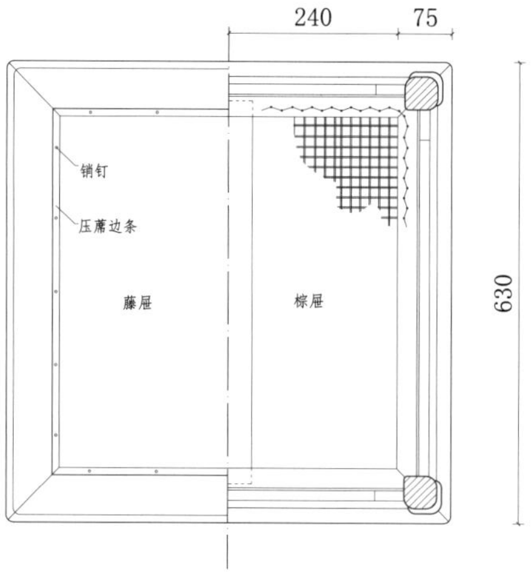

俯视图

图版清单（明式藤屉素牙板大方杌）：
主视图
左视图
俯视图

明式藤屉瓜棱腿大方杌

材质：黄花梨

年款：明代

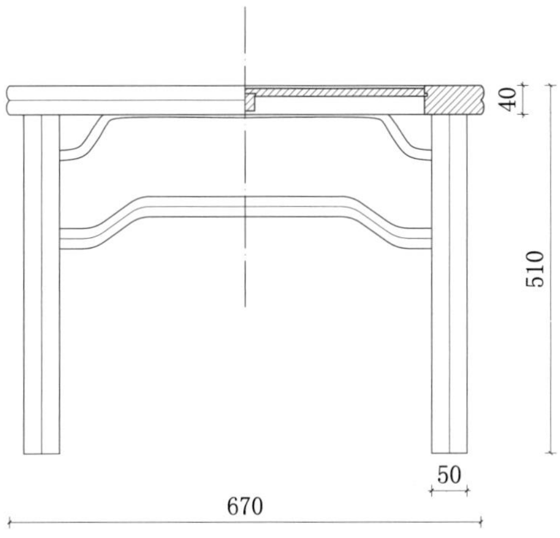

主视图

左视图

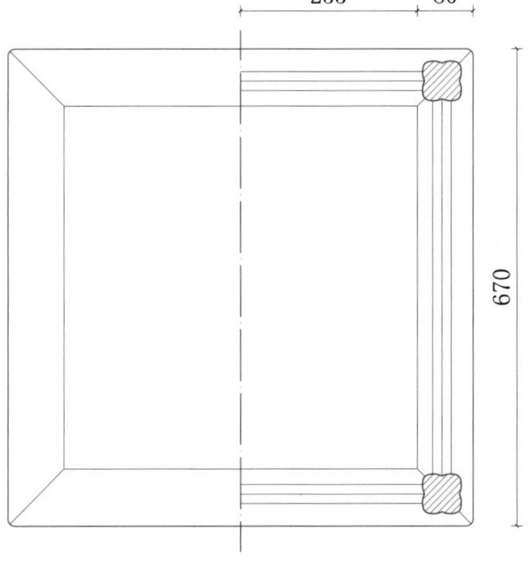

俯视图

图版清单（明式藤屉瓜棱腿大方杌）：
主视图
左视图
俯视图

明式鼓腿彭牙内翻马蹄足圆凳

材质：老红木

年款：明代（清宫旧藏）

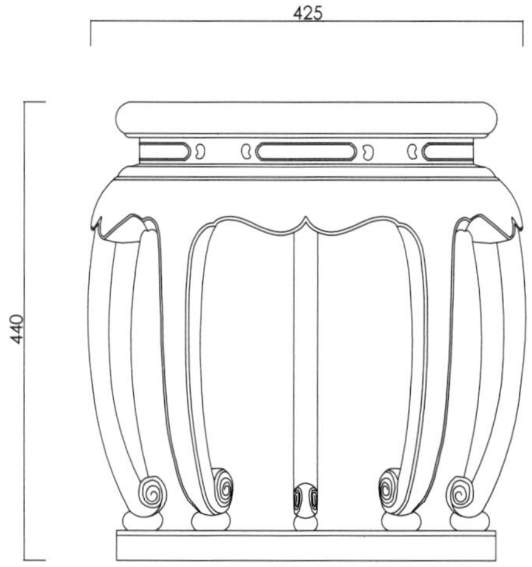

主视图

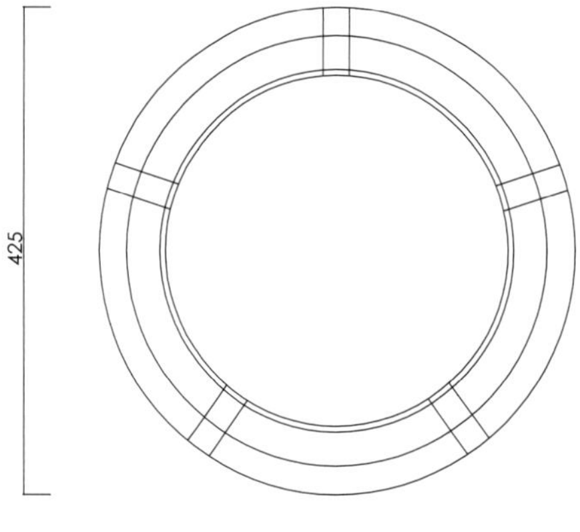

俯视图

图版清单（明式鼓腿彭牙内翻马蹄足圆凳）：
主视图
俯视图

明式内翻马蹄足圆凳

材质：老红木

年款：明代（清宫旧藏）

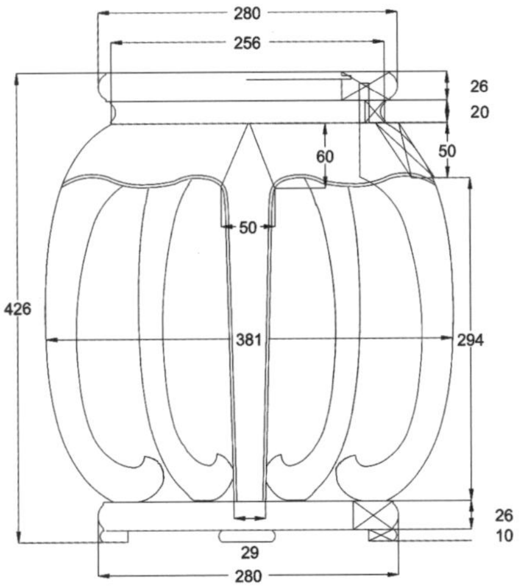

主视图

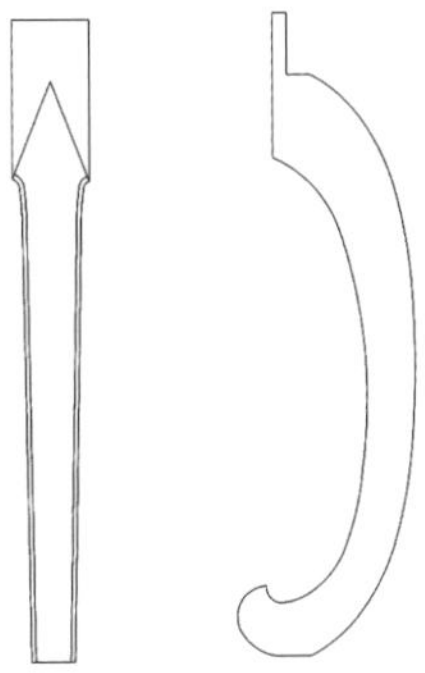

细节图 1（腿足）

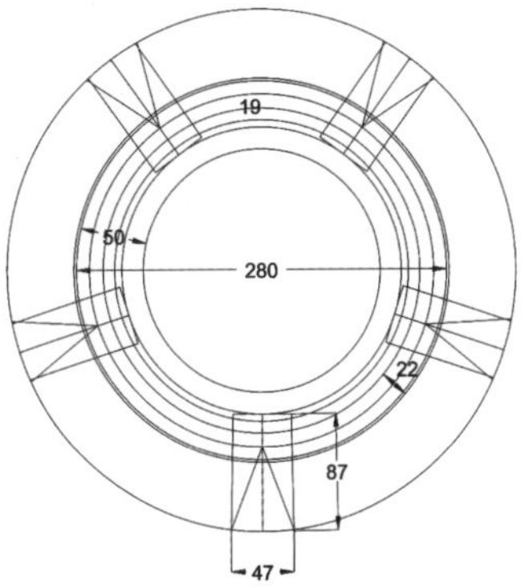

俯视图

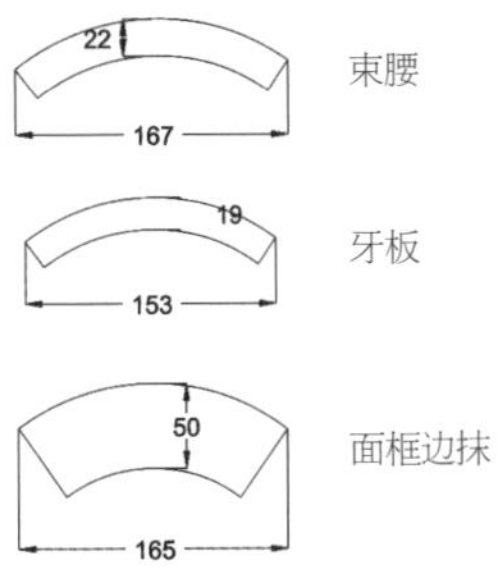

细节图 2

图版清单（明式内翻马蹄足圆凳）：
主视图
俯视图
细节图 1（腿足）
细节图 2

明式直牙板条凳

材质：花梨木

年款：明代

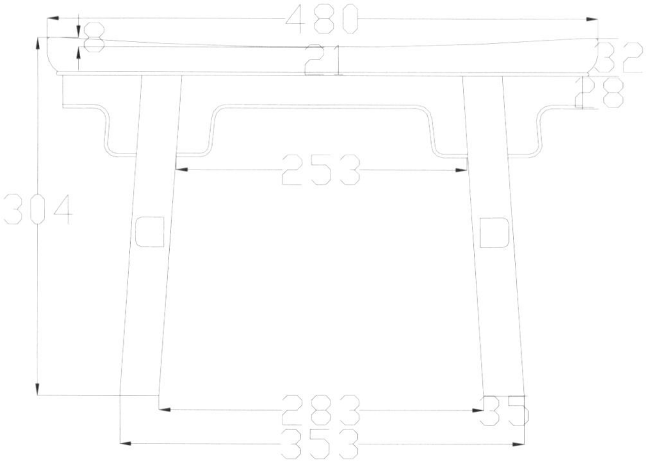

主视图

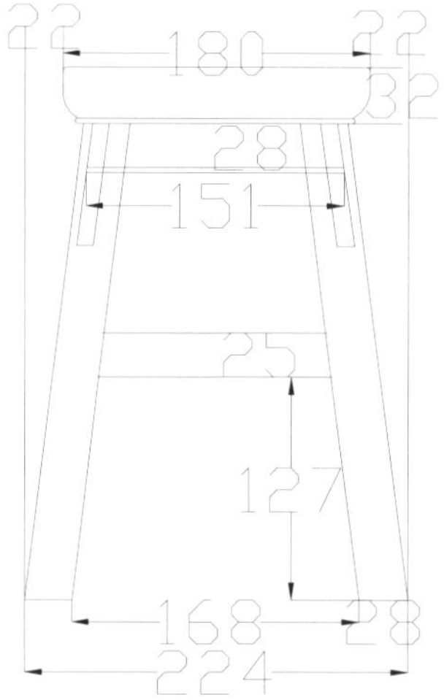

左视图

图版清单（明式直牙板条凳）：
主视图
左视图

明式云纹牙头二人凳

材质：黄花梨

年款：明代（清宫旧藏）

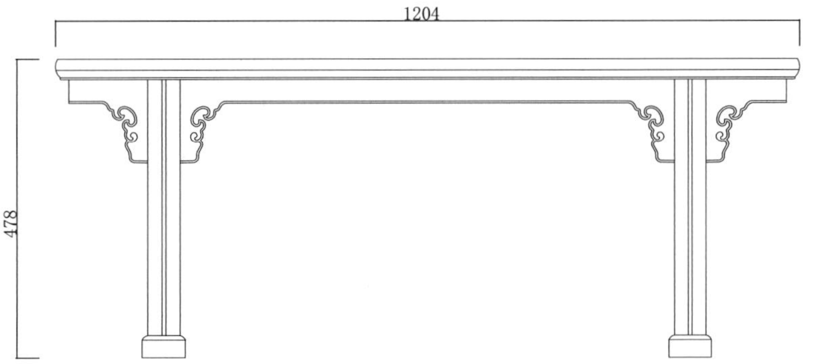

主视图

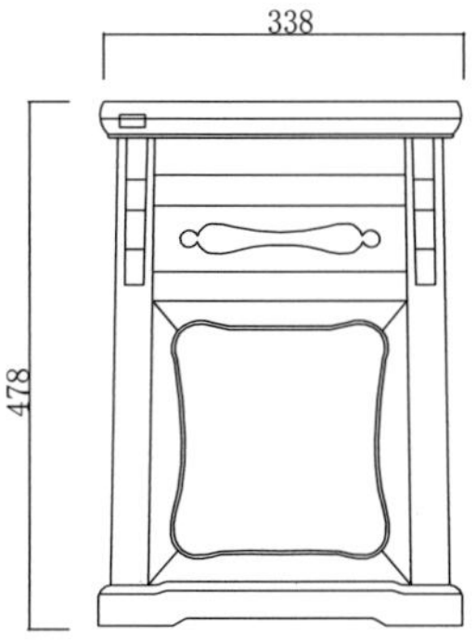

左视图

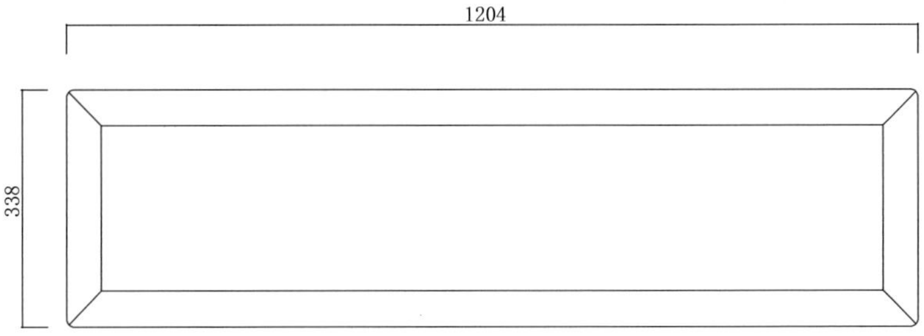

俯视图

图版清单（明式云纹牙头二人凳）：
主视图
左视图
俯视图

明式雕花靠背椅

材质：花梨木

年款：明代（清宫旧藏）

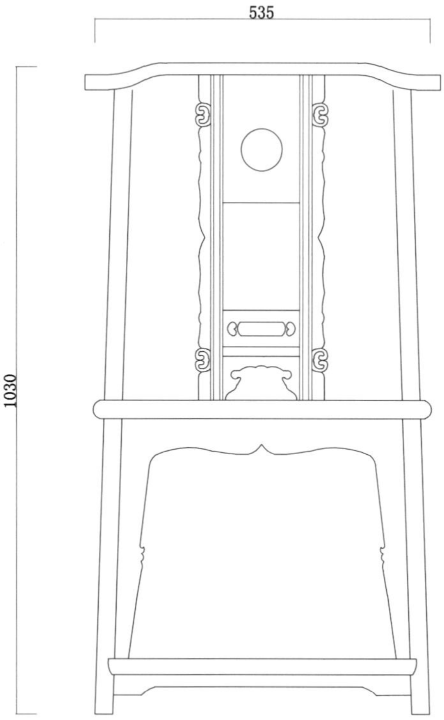

主视图

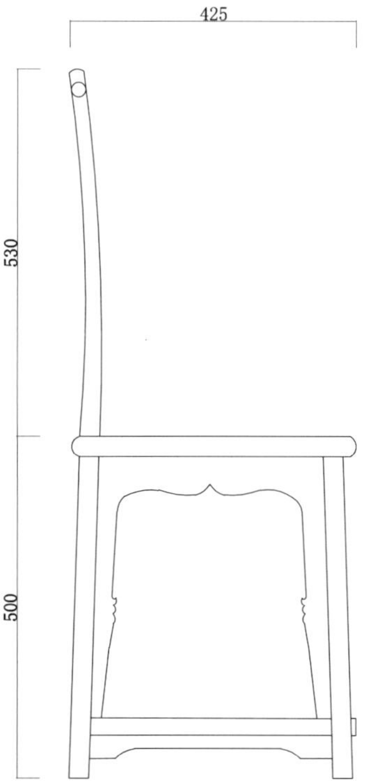

左视图

图版清单（明式雕花靠背椅）：
主视图
左视图
俯视图

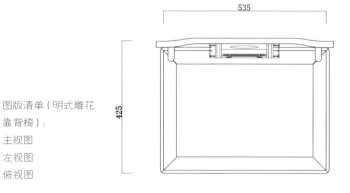

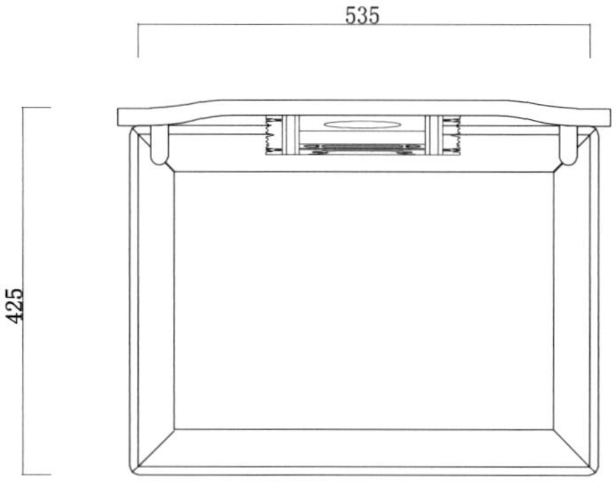

俯视图

明式竹节拐子纹扶手椅

材质：花梨木

年款：明代

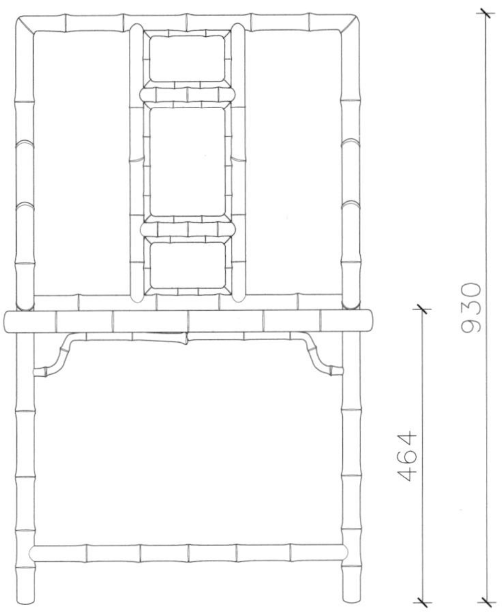

主视图

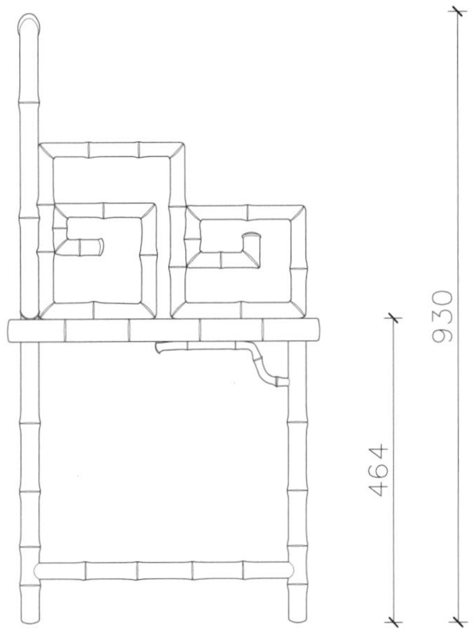

左视图

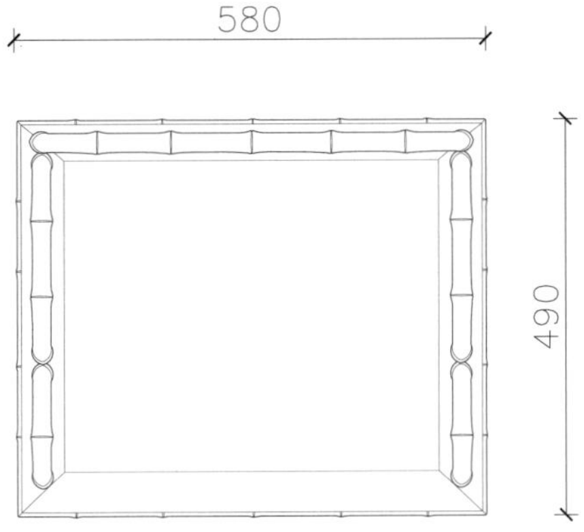

俯视图

图版清单（明式竹节拐子纹扶手椅）：
主视图
左视图
俯视图

明式卷草纹玫瑰椅

材质：黄花梨

年款：明代

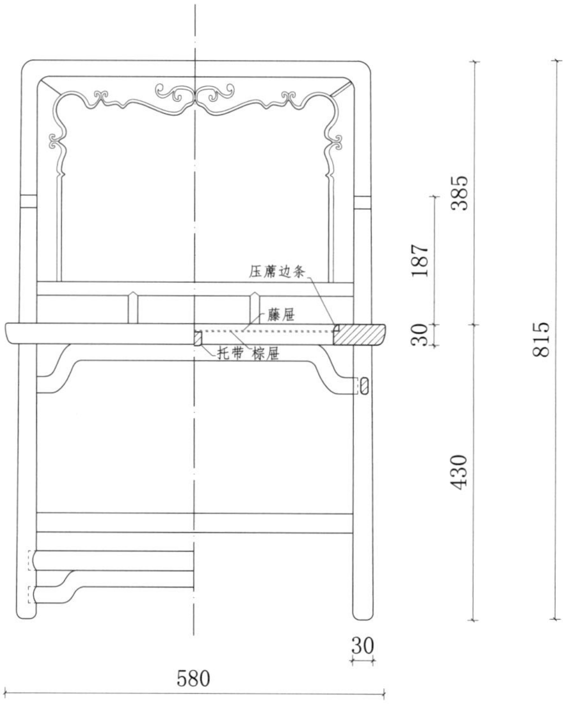

主视图

左视图

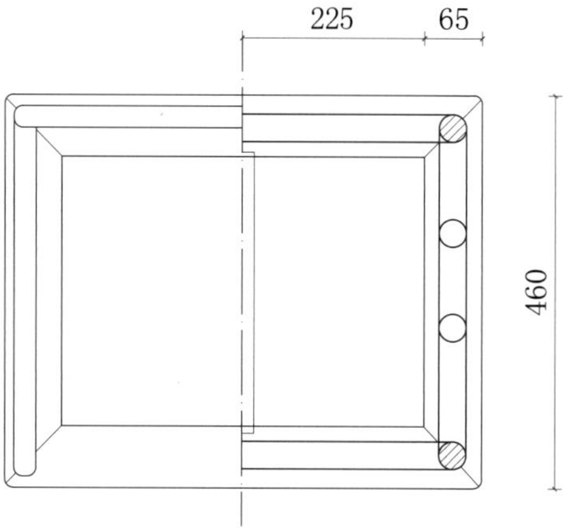

图版清单（明式卷草纹玫瑰椅）：
主视图
左视图
俯视图

俯视图

明式六螭捧寿纹玫瑰椅

材质：黄花梨

年款：明代

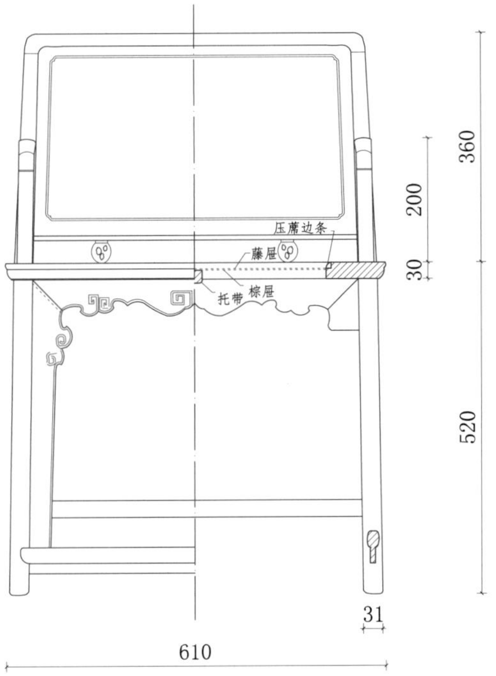

主视图

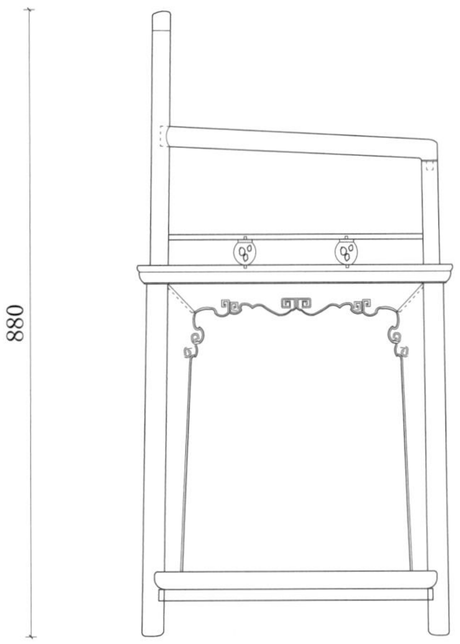

左视图

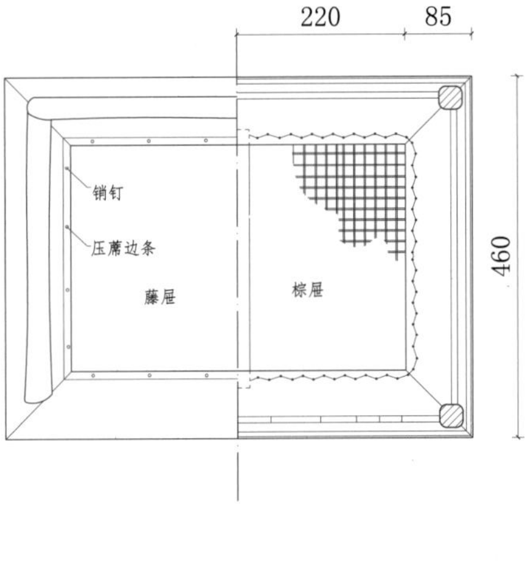

俯视图

图版清单（明式六螭捧寿纹玫瑰椅）：
主视图
左视图
俯视图

明式双螭龙纹玫瑰椅

材质：黄花梨

年款：明代（清宫旧藏）

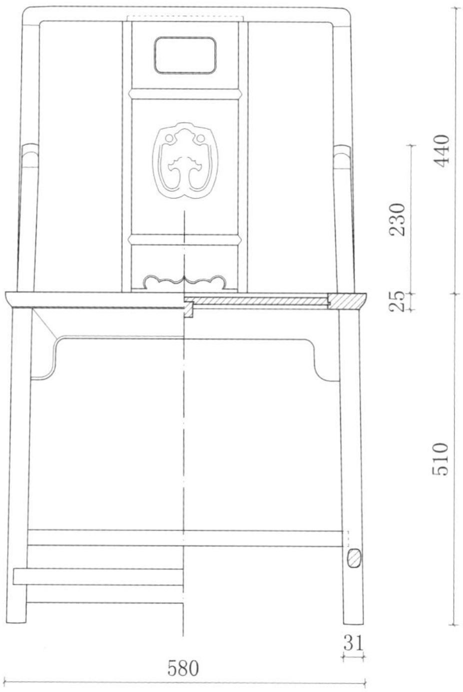

主视图

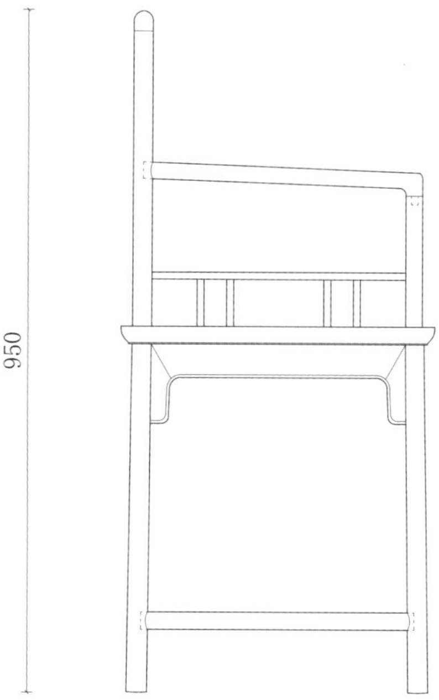

左视图

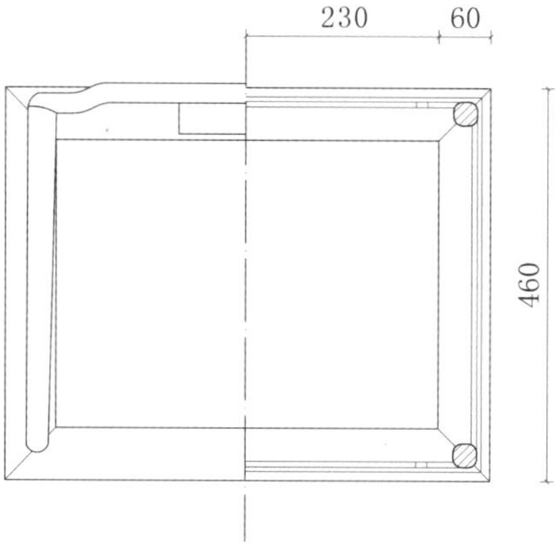

俯视图

图版清单（明式双螭龙纹玫瑰椅）：
主视图
左视图
俯视图

明式圈口靠背玫瑰椅

材质：紫檀

年款：明代

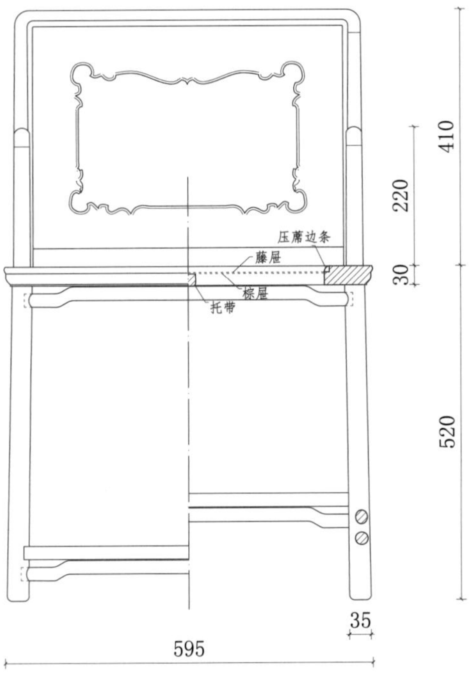

主视图

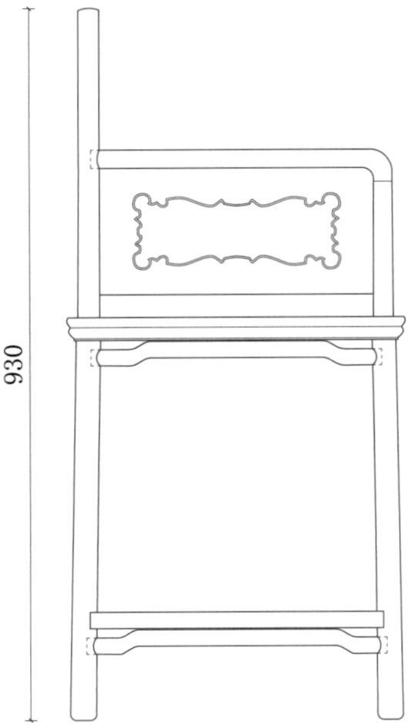

左视图

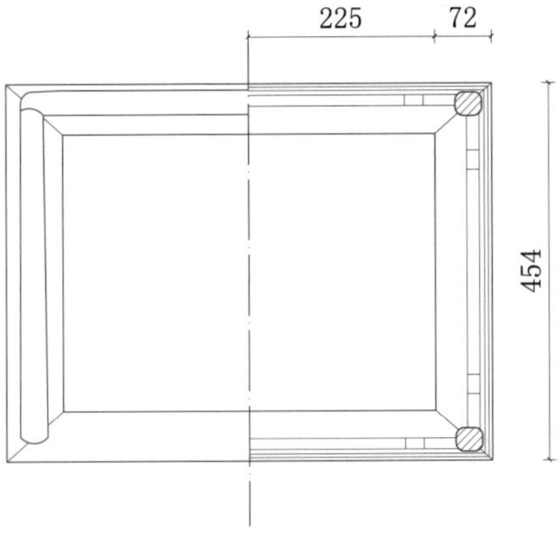

俯视图

图版清单（明式圈口靠背玫瑰椅）：
主视图
左视图
俯视图

明式联二玫瑰椅

材质：黄花梨

年款：明代（清宫旧藏）

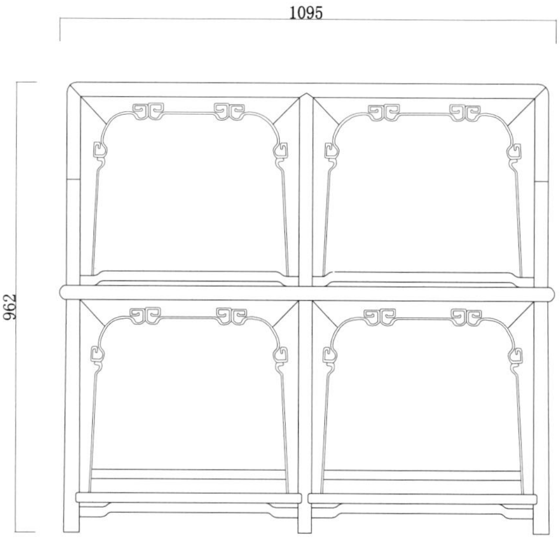

主视图

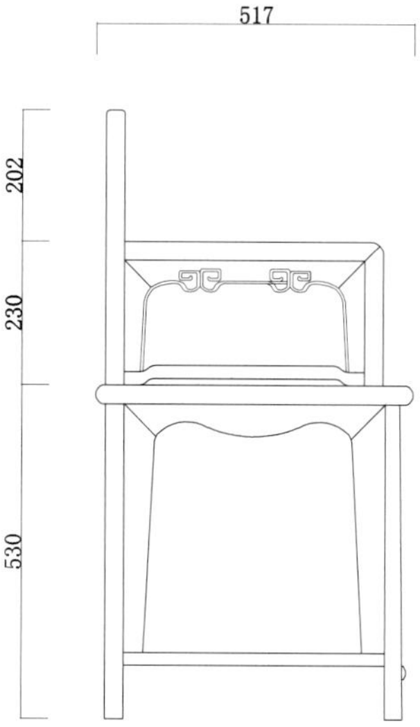

左视图

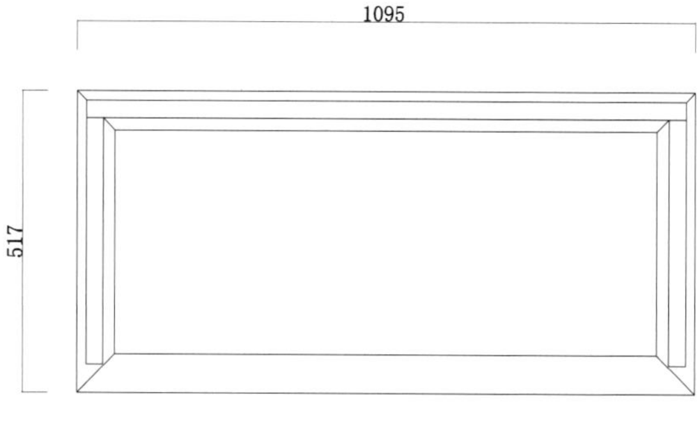

俯视图

图版清单（明式联二玫瑰椅）：
主视图
左视图
俯视图

明式藤屉禅椅

材质：花梨木

年款：明代

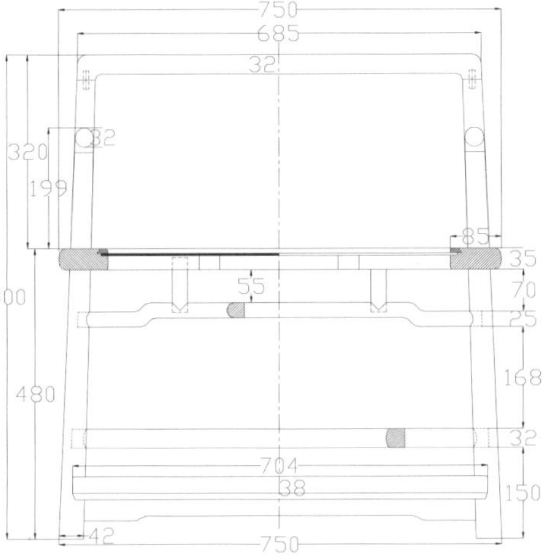

主视图

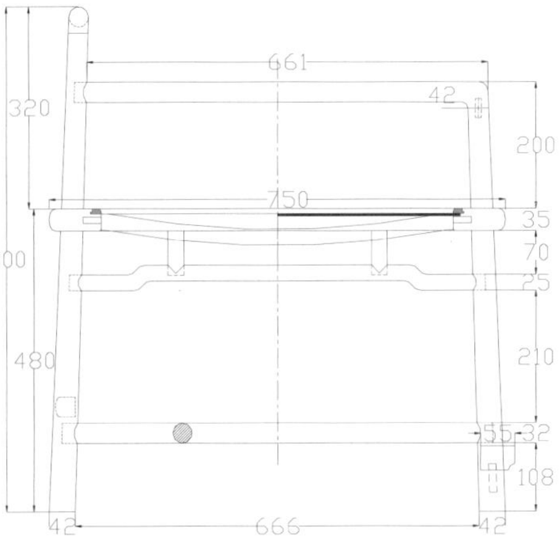

左视图

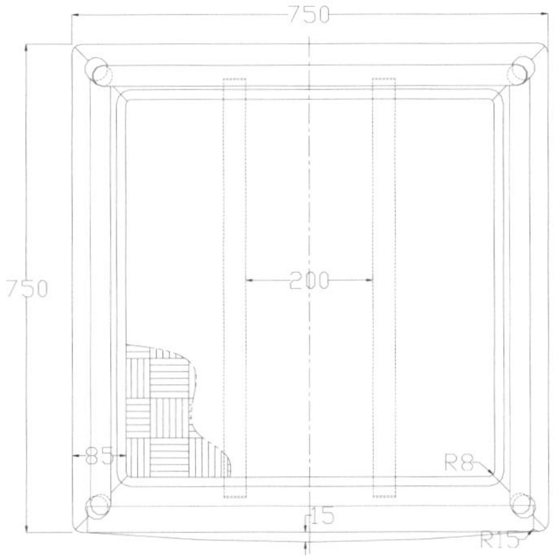

俯视图

图版清单（明式藤屉禅椅）：
主视图
左视图
俯视图

明式六方形官帽椅

材质：黄花梨

年款：明代

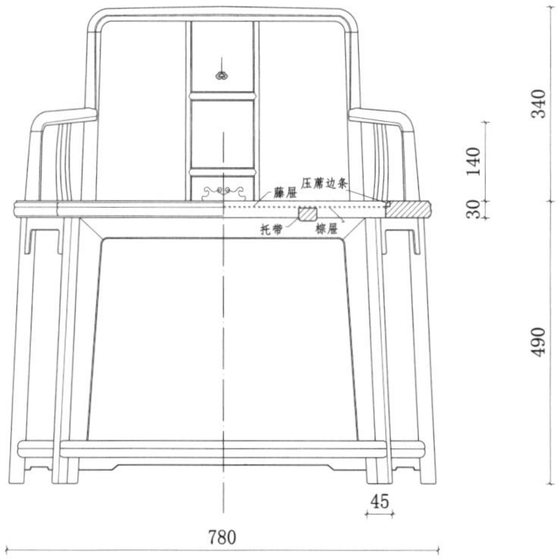

主视图

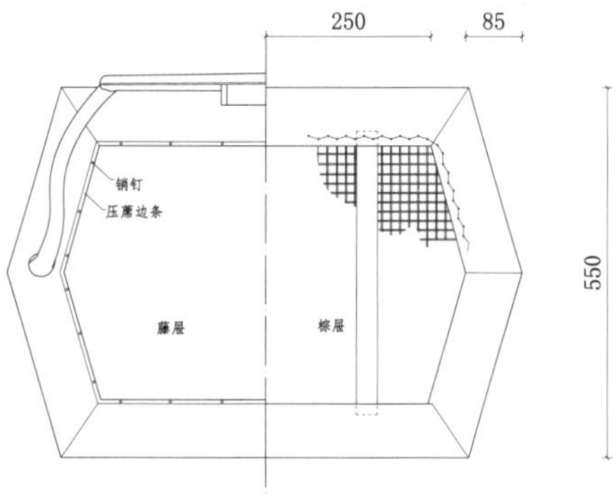

俯视图

透视图

图版清单（明式六方形官帽椅）：
主视图
俯视图
透视图

注：为便于读者理解，增加透视图。

明式四出头官帽椅

材质：黄花梨

年款：明代（清宫旧藏）

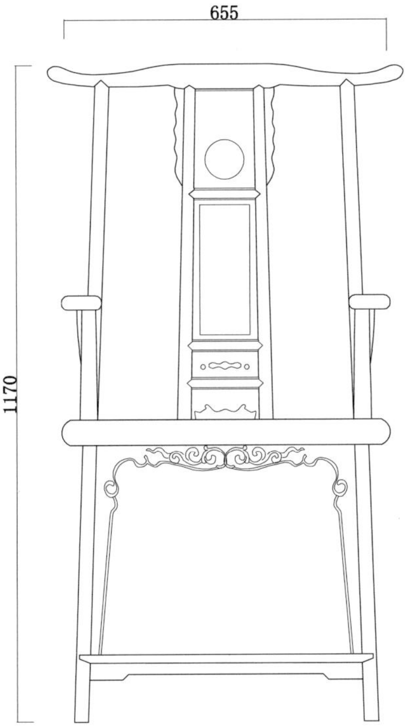

主视图

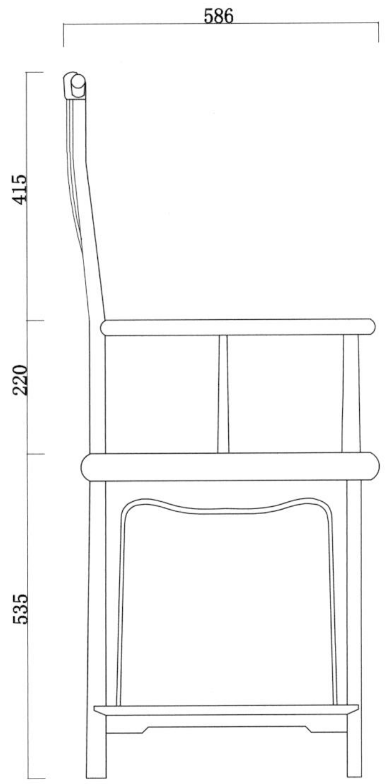

左视图

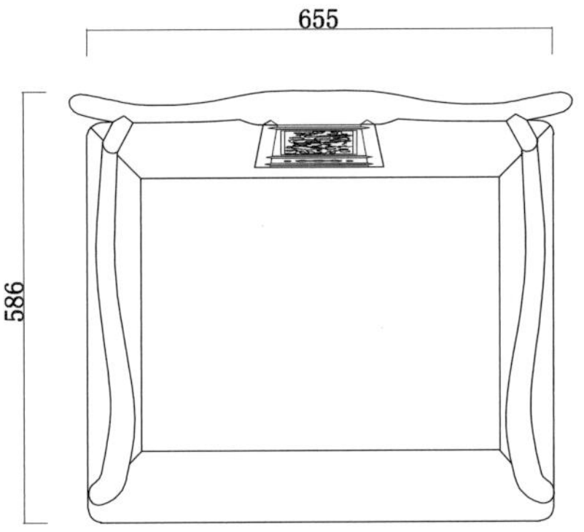

俯视图

图版清单（明式四出头官帽椅）：
主视图
左视图
俯视图

明式亮脚南官帽椅

材质：黄花梨

年款：明代

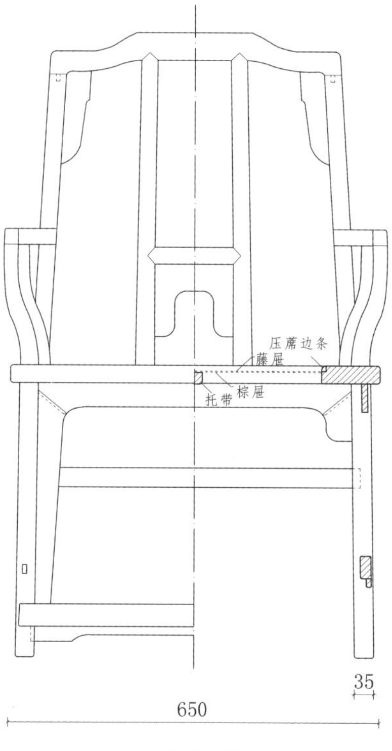

主视图

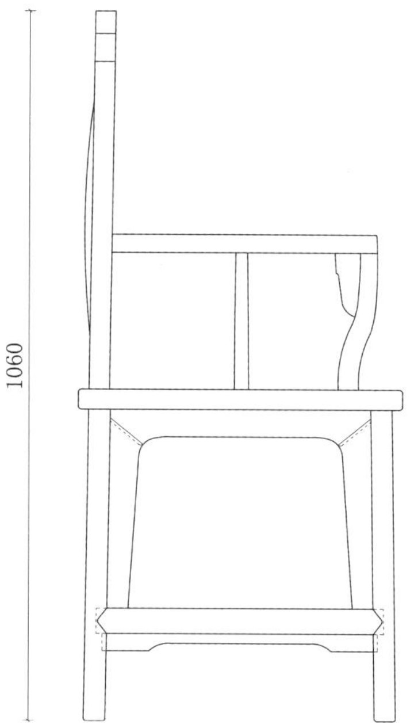

左视图

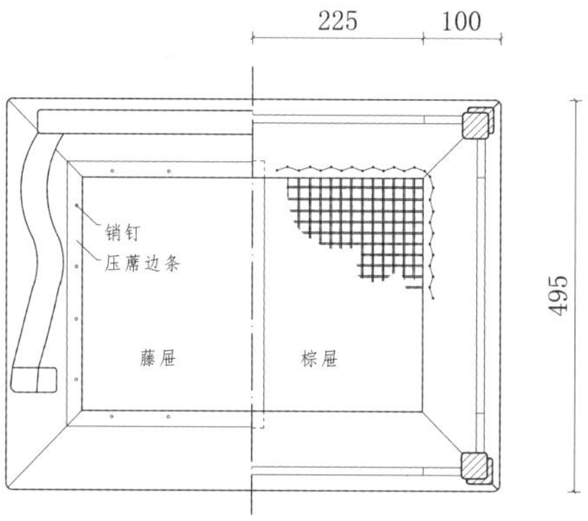

俯视图

图版清单（明式亮脚南官帽椅）：
主视图
左视图
俯视图

明式云头透光南官帽椅

材质：黄花梨

年款：明代

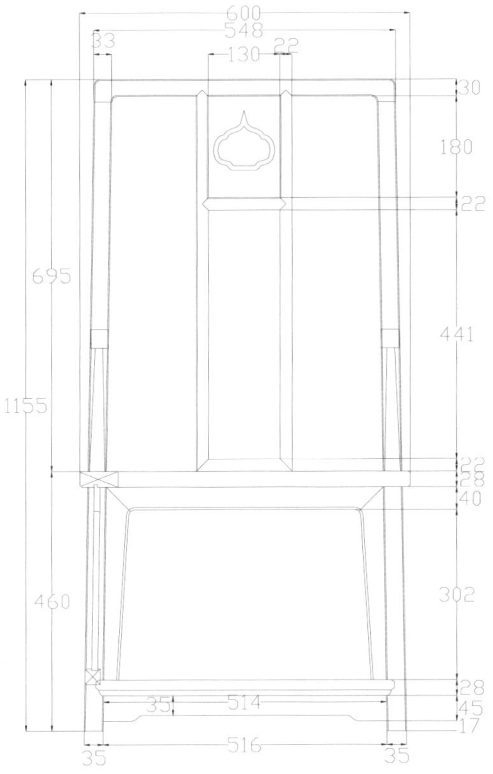

主视图

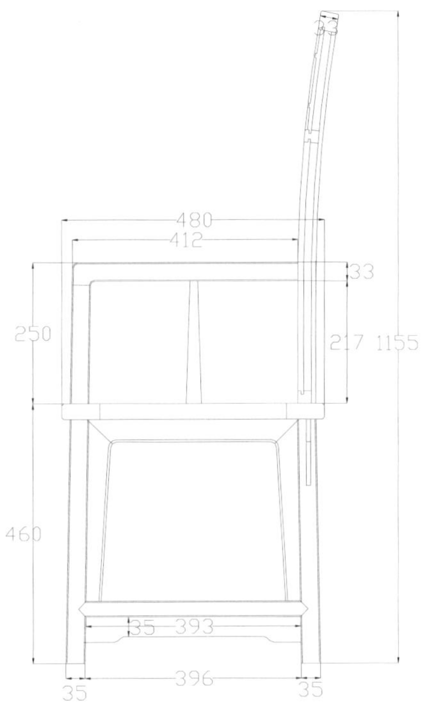

右视图

图版清单（明式云头透光南官帽椅）：
主视图
右视图

明式螭龙纹南官帽椅

材质：黄花梨

年款：明代

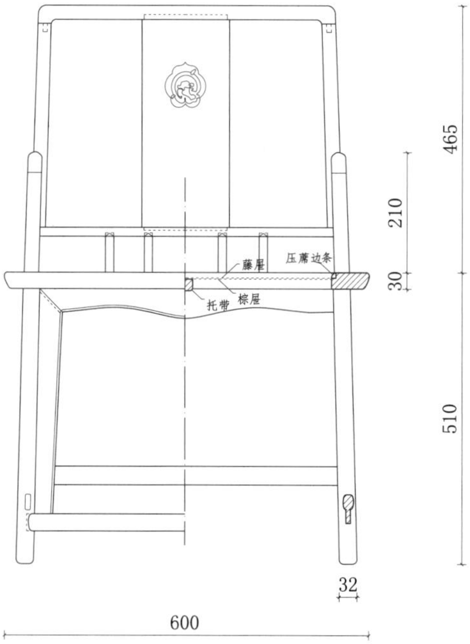

主视图

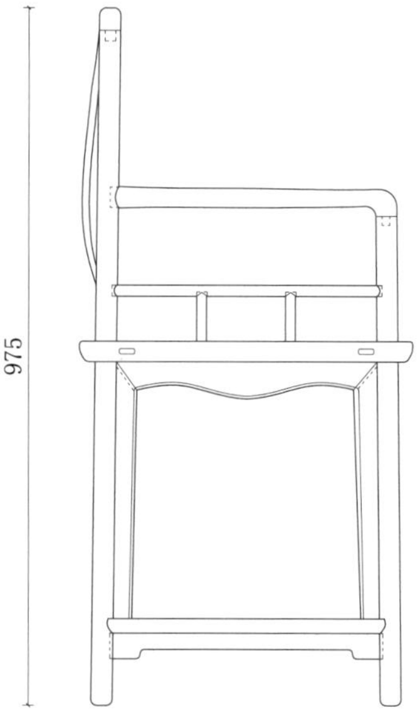

左视图

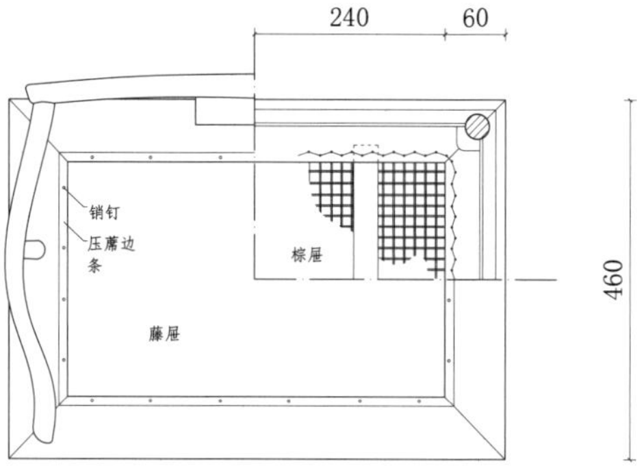

俯视图

图版清单（明式螭龙纹南官帽椅）：
主视图
左视图
俯视图

明式黑漆南官帽椅

材质：榆木（大漆）

年款：明代

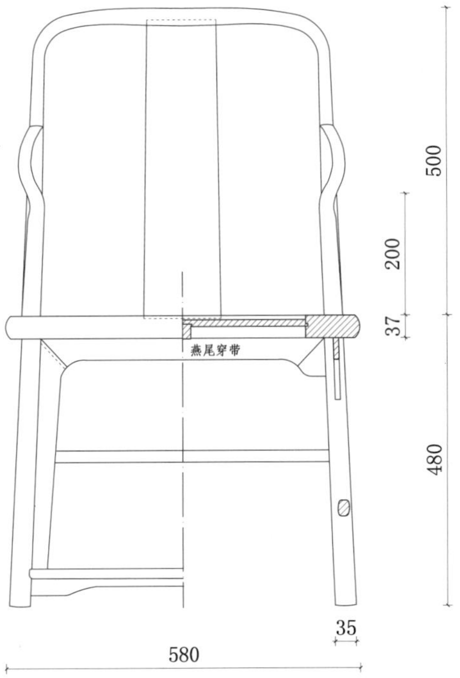

主视图

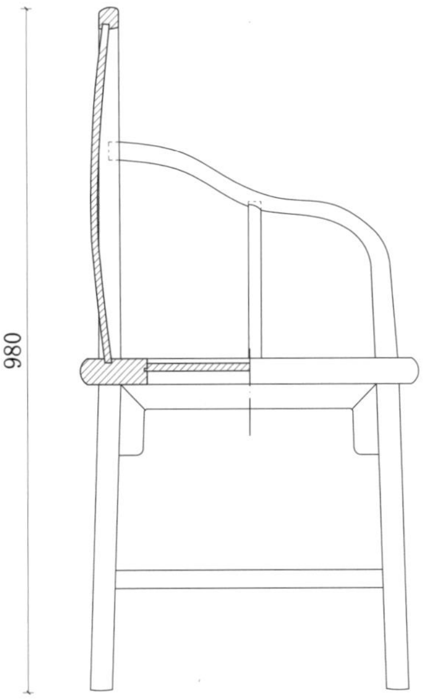

左视图

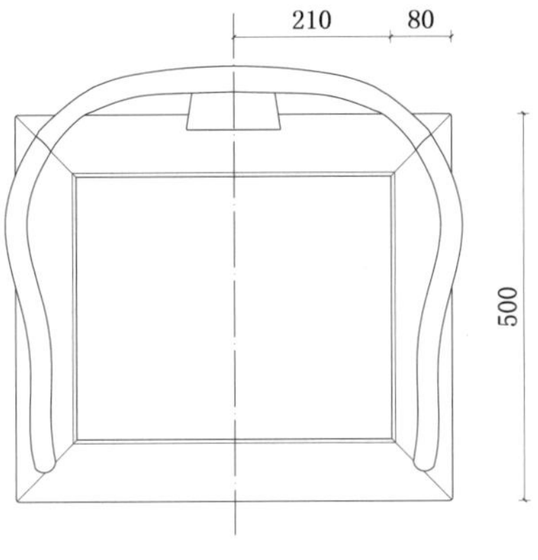

俯视图

图版清单（明式黑漆南官帽椅）：
主视图
左视图
俯视图

明式寿字纹南官帽椅

材质：黄花梨

年款：明代

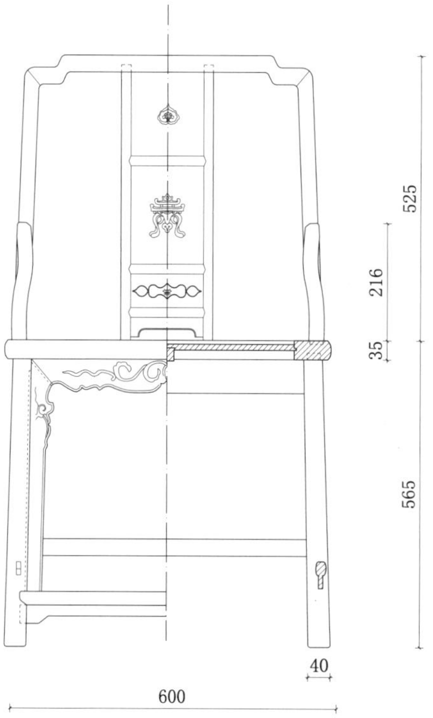

主视图

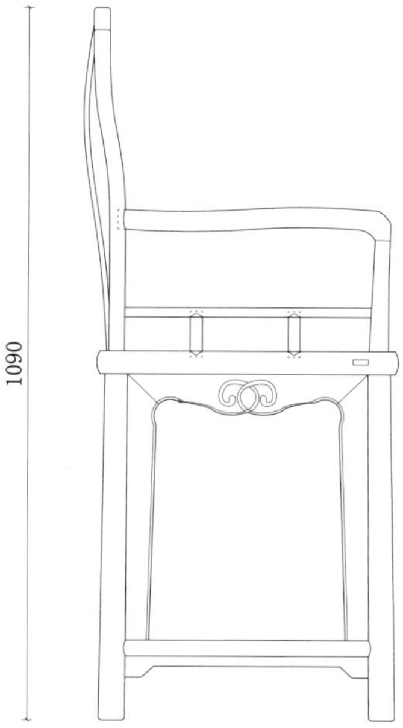

左视图

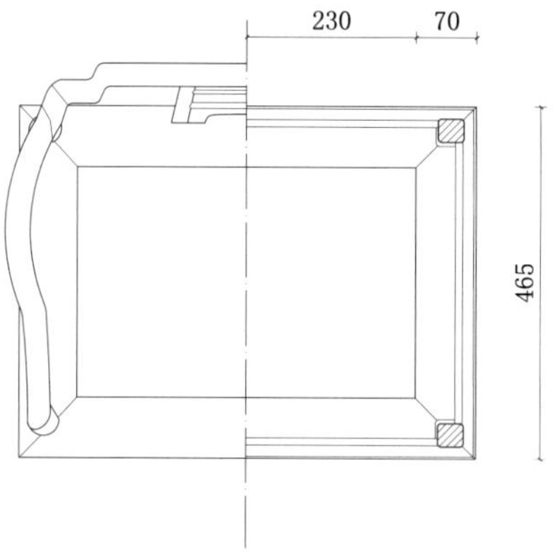

俯视图

图版清单（明式寿字纹南官帽椅）：

主视图

左视图

俯视图

明式寿字八宝纹圈椅

材质：紫檀

年款：明代

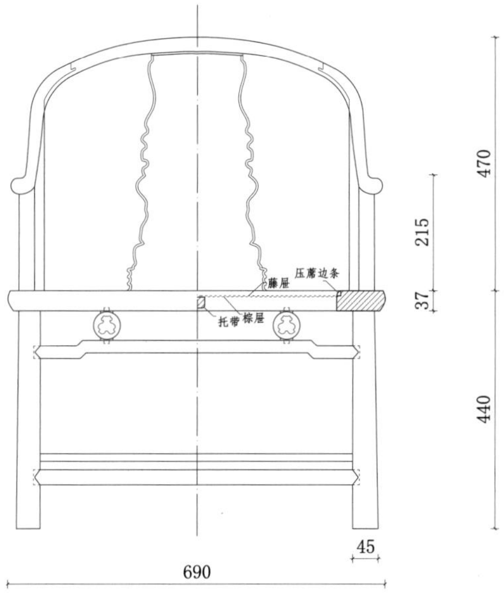

主视图

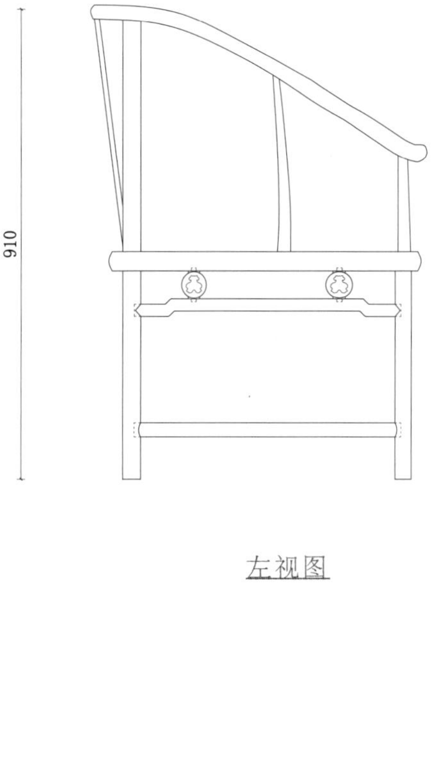

左视图

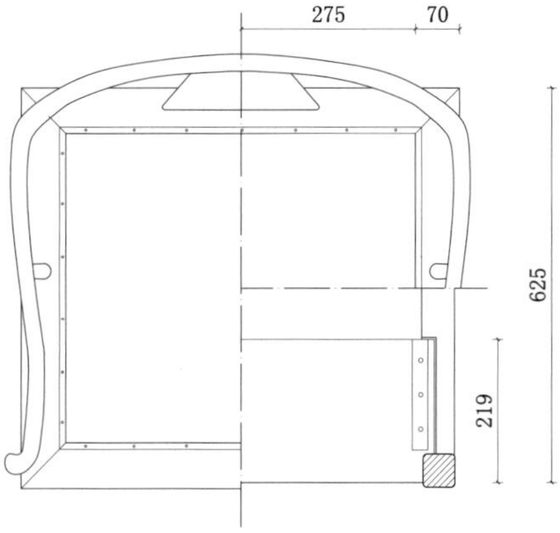

俯视图

图版清单（明式寿字八宝纹圈椅）：

主视图

左视图

俯视图

明式卷草纹圈椅

材质：黄花梨

年款：明代（清宫旧藏）

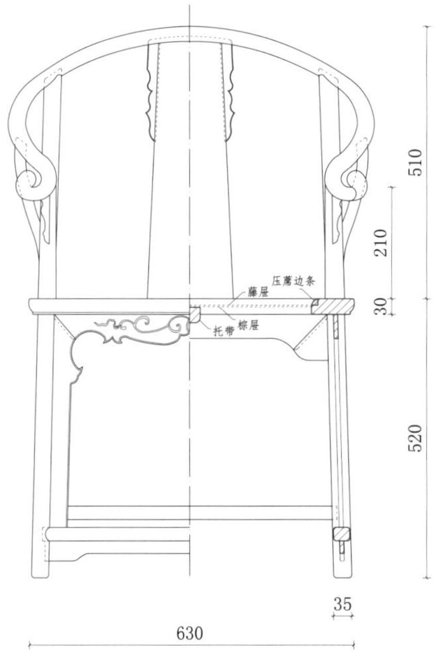

主视图

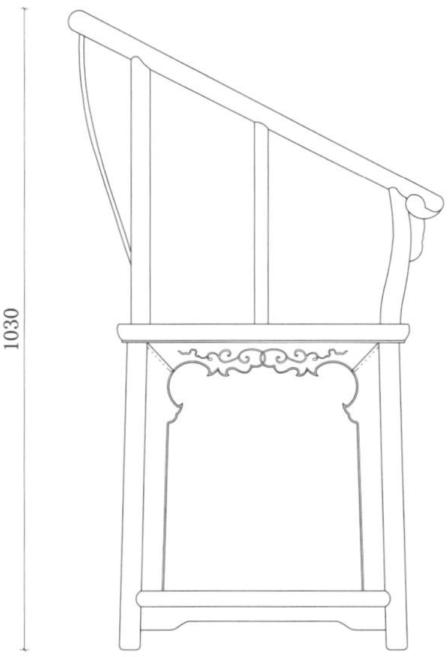

左视图

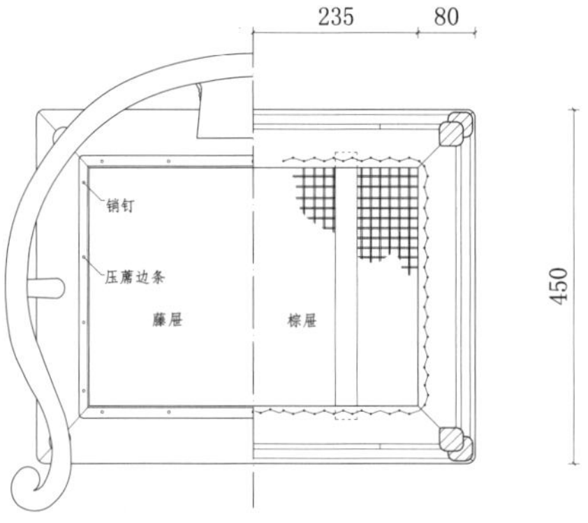

俯视图

图版清单（明式卷草纹圈椅）：

主视图

左视图

俯视图

明式如意云头纹圈椅

材质：黄花梨

年款：明代（清宫旧藏）

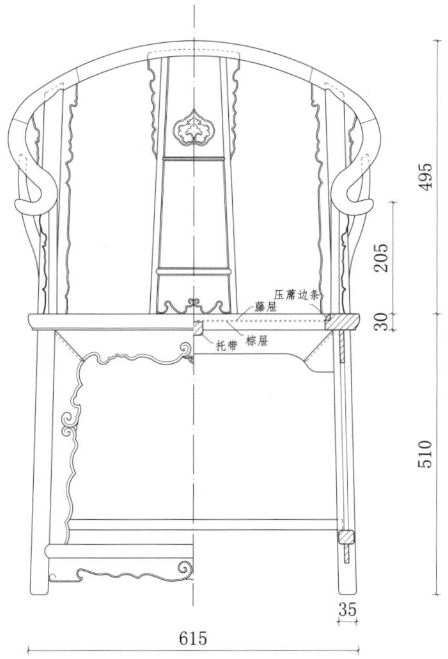

主视图

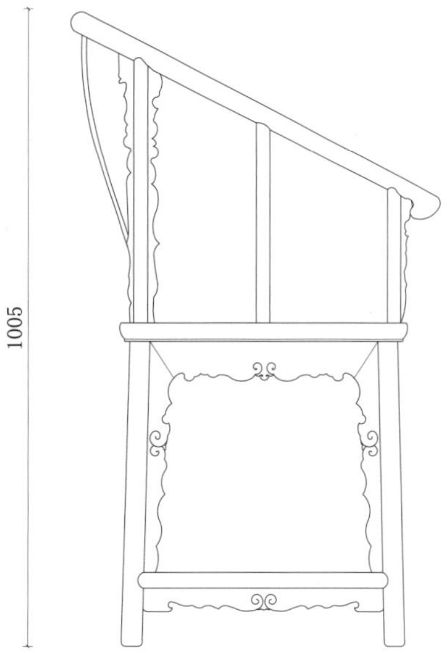

左视图

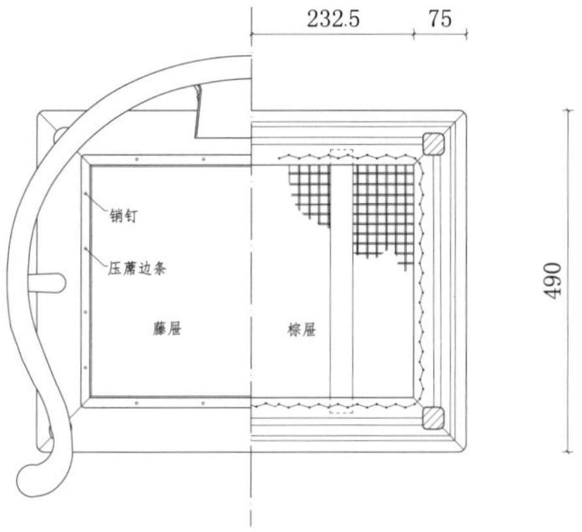

俯视图

图版清单（明式如意云头纹圈椅）：
主视图
左视图
俯视图

明式麒麟纹圈椅

材质：老红木

年款：明代（清宫旧藏）

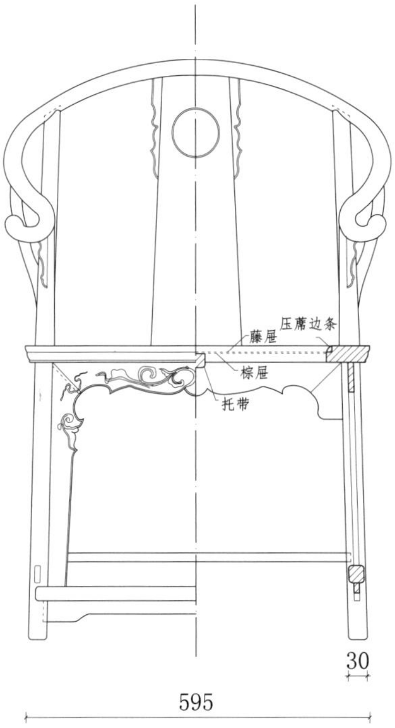

主视图

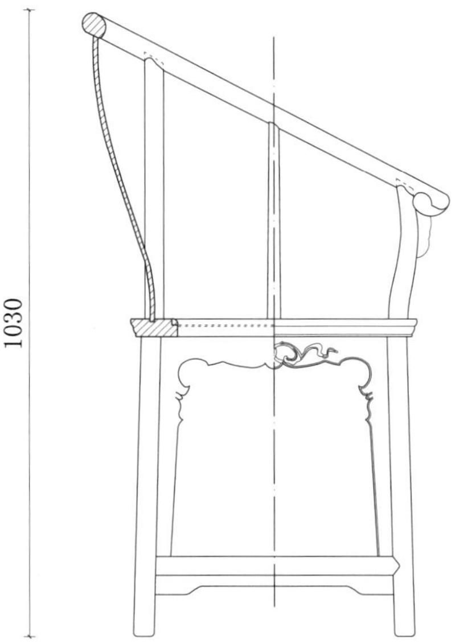

左视图

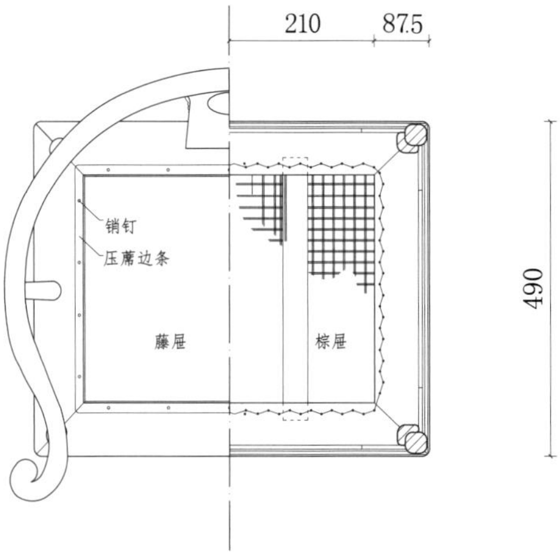

俯视图

图版清单（明式麒麟纹圈椅）：
主视图
左视图
俯视图

明式卷书式圈椅

材质：黄花梨

年款：明代

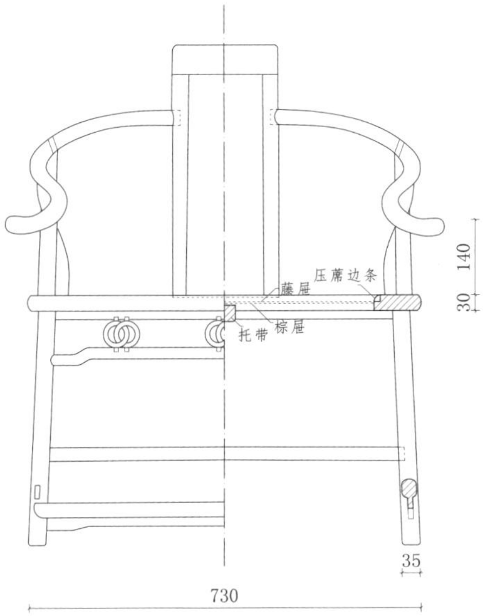

主视图

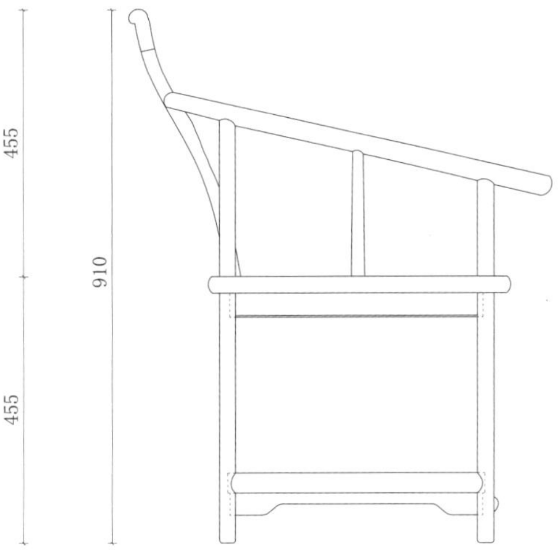

左视图

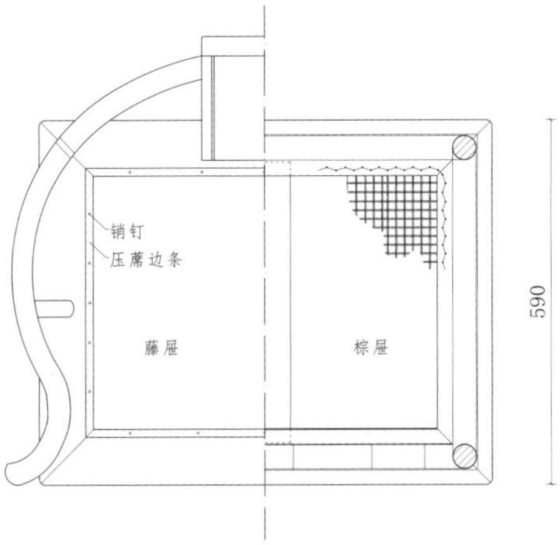

俯视图

图版清单（明式卷书式圈椅）：
主视图
左视图
俯视图

明式螭龙开光圈椅

材质：紫檀

年款：明代（清宫旧藏）

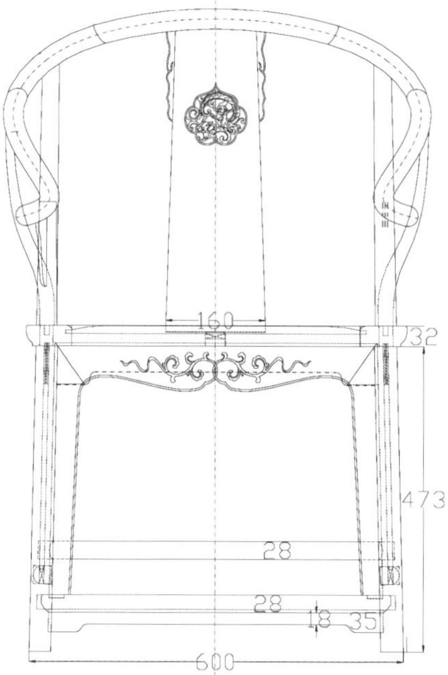

主视图

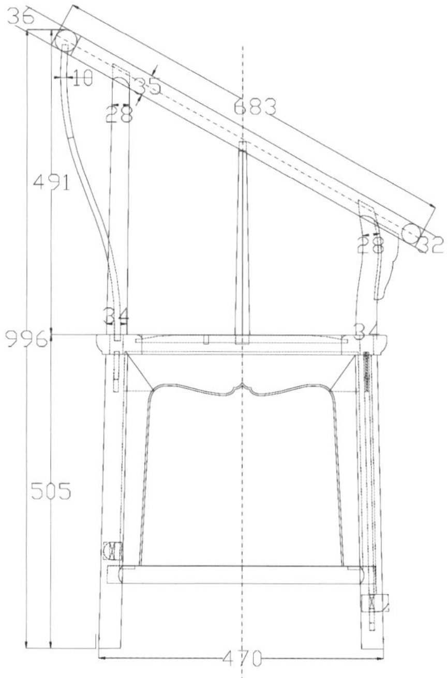

左视图

图版清单（明式螭龙开光圈椅）：
主视图
左视图
俯视图

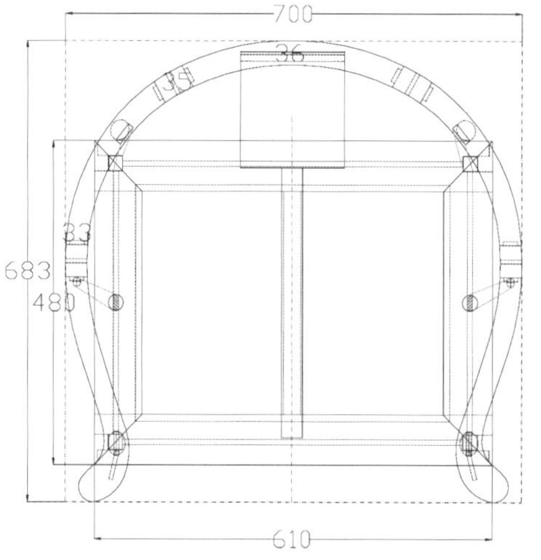

俯视图

明式夔龙捧寿纹宝座

材质：榆木（大漆）

年款：明代（清宫旧藏）

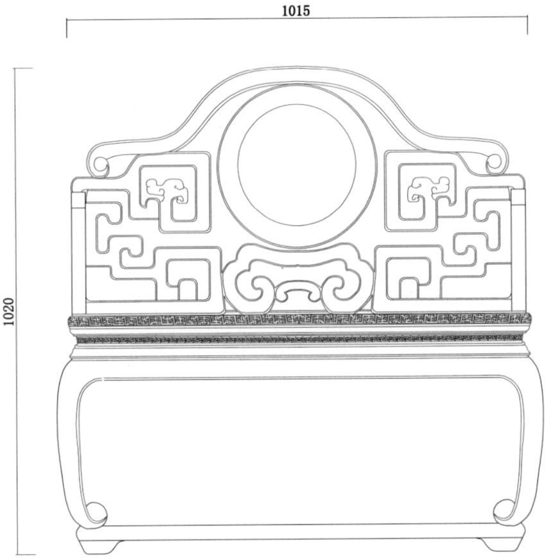

主视图

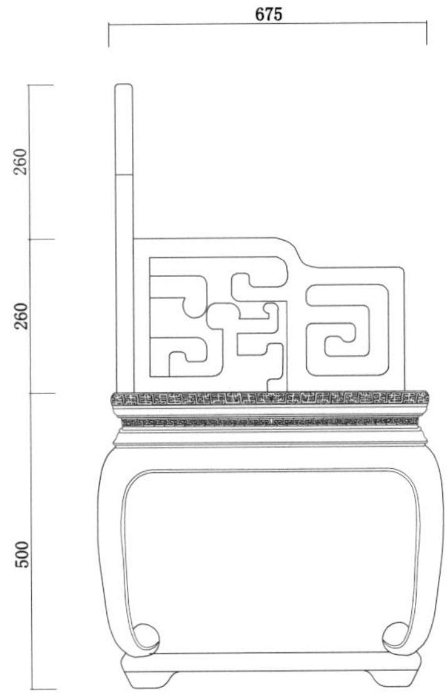

左视图

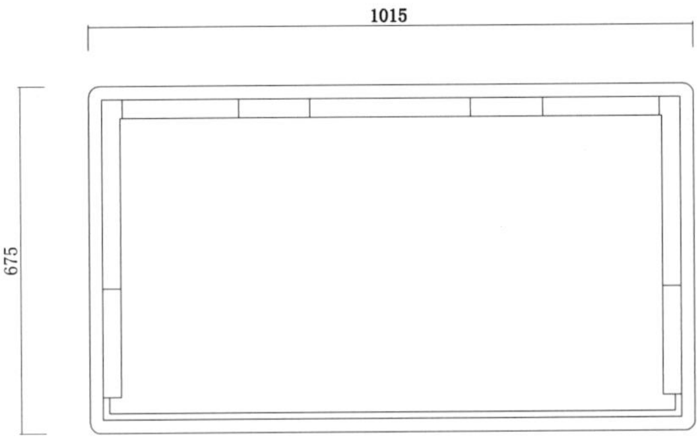

俯视图

图版清单（明式夔龙捧寿纹宝座）：
主视图
左视图
俯视图

明式云纹角牙圈椅三件套

材质：榉木

年款：明代

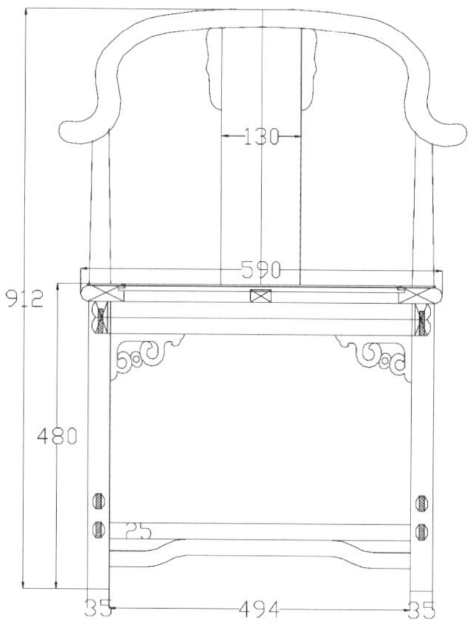

椅 — 主视图

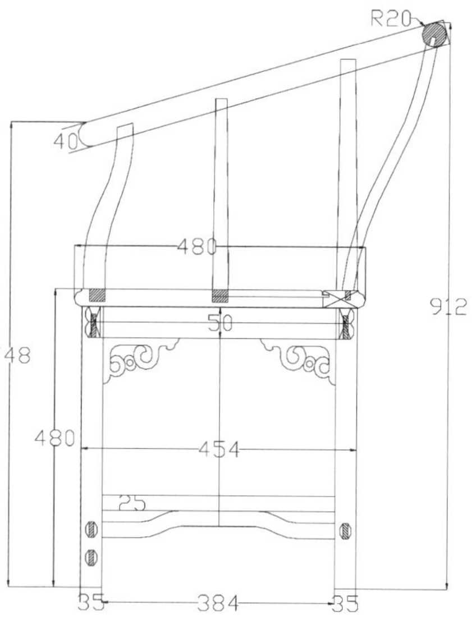

椅 — 右视图

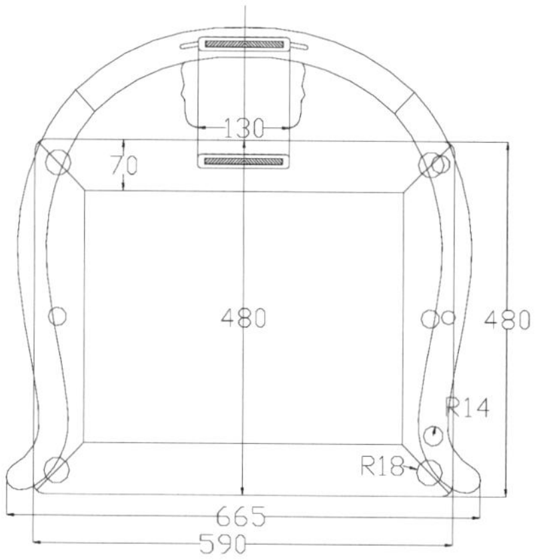

椅 — 俯视图

注：此三件套中椅为 2 件，几为 1 件。

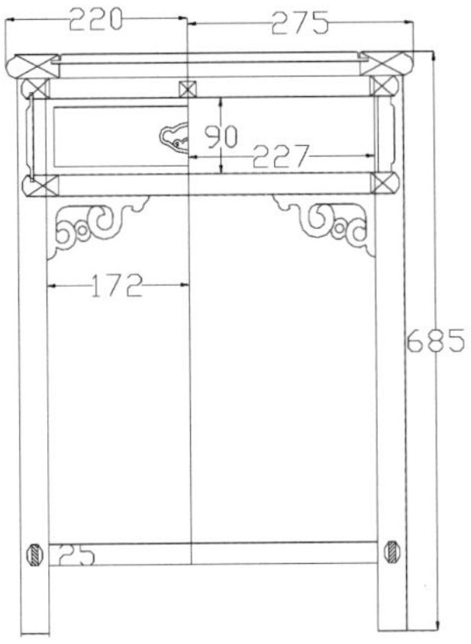

几－主视图

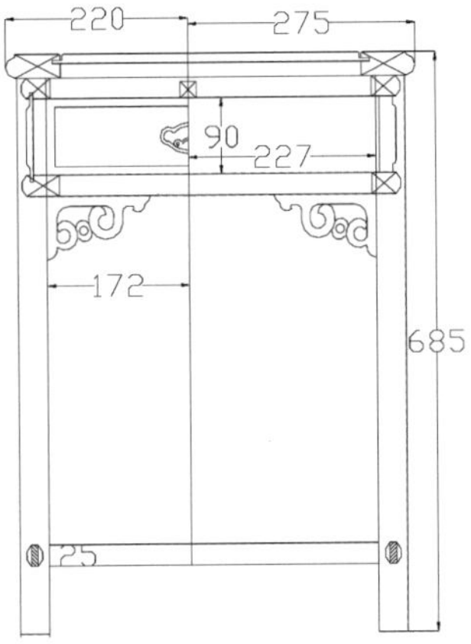

几－右视图

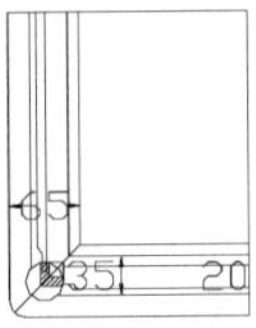

几－细节图

图版清单（明式云纹角牙圈椅三件套）：

椅－主视图
椅－右视图
椅－俯视图
几－主视图
几－右视图
几－细节图

明式南官帽椅三件套

材质：黄花梨

年款：明代

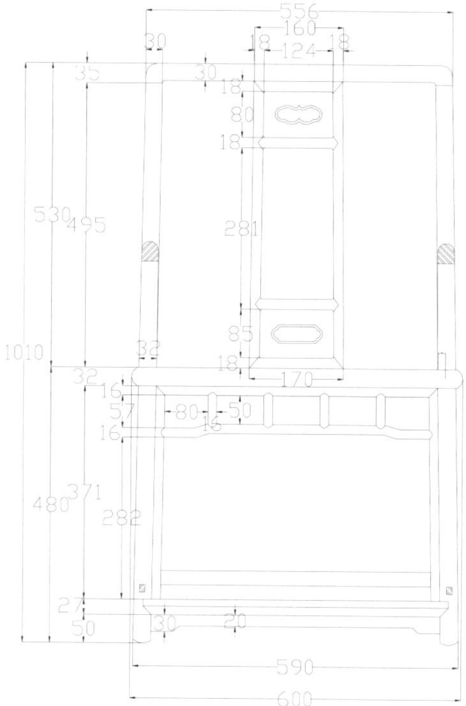

椅－主视图

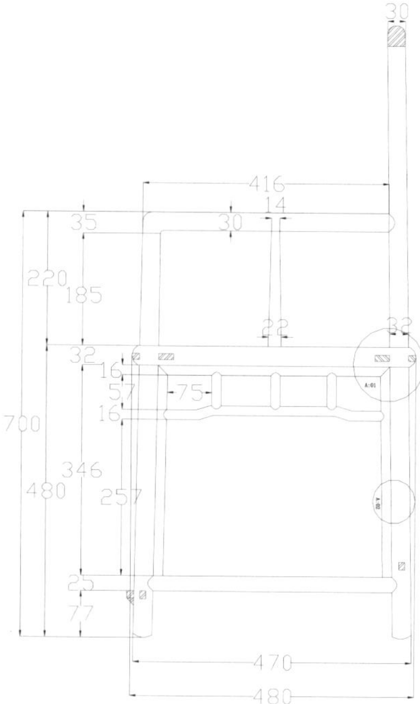

椅－右视图

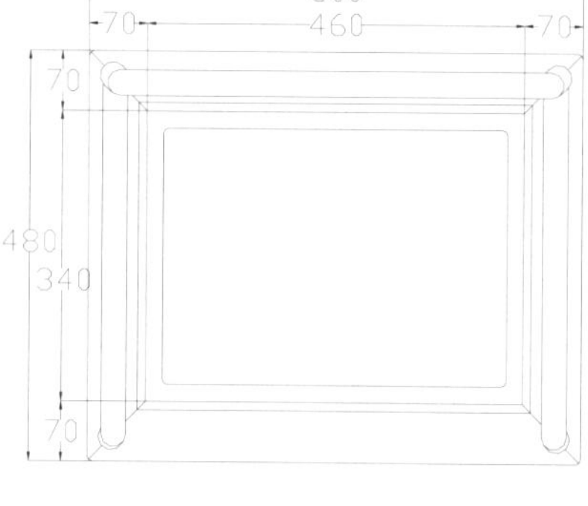

椅－俯视图

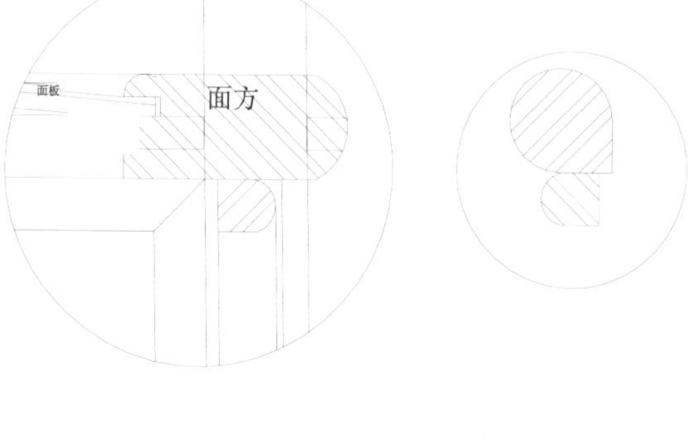

椅－细节图

注：此三件套中椅为 2 件，几为 1 件。

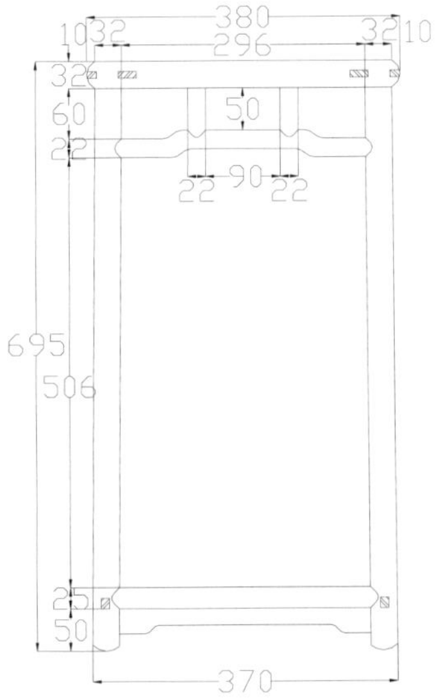

几－主视图

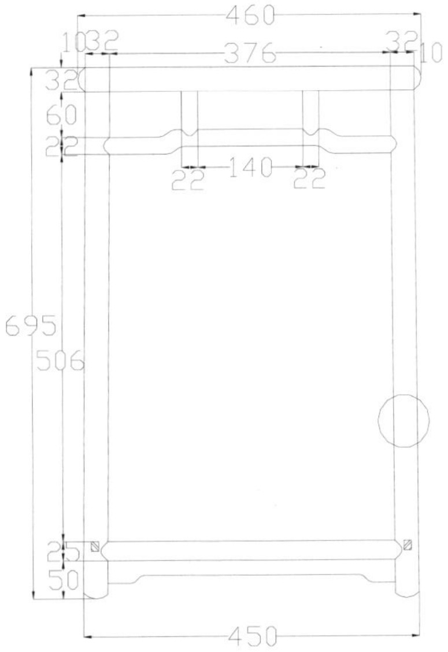

几－左视图

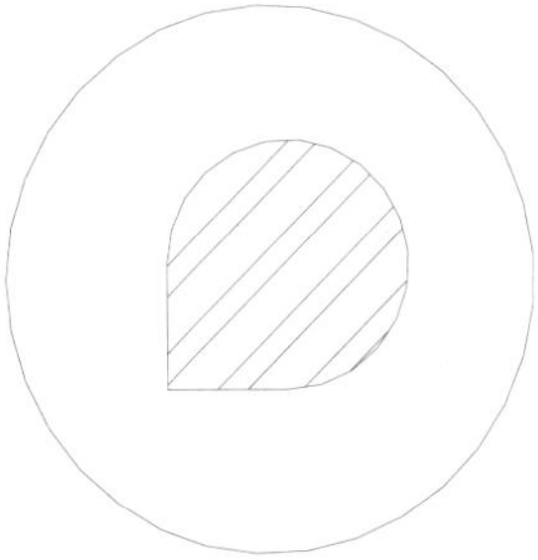

几－细节图

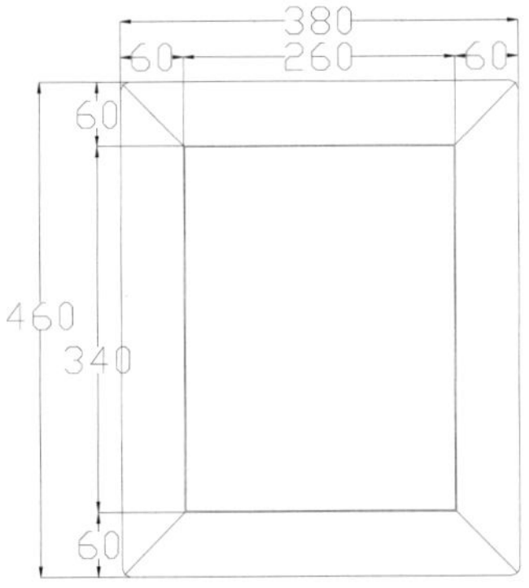

几－俯视图

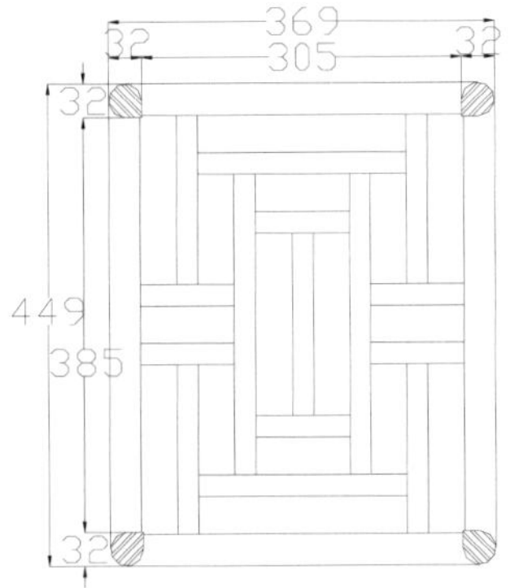

几－剖视图（屉板）

图版清单（明式南官帽椅三件套）：

椅—主视图

椅—右视图

椅—俯视图

椅—细节图

几—主视图

几—左视图

几—细节图

几—俯视图

几—剖视图（屉板）

明式四出头官帽椅三件套

材质：黄花梨

年款：明代（清宫旧藏）

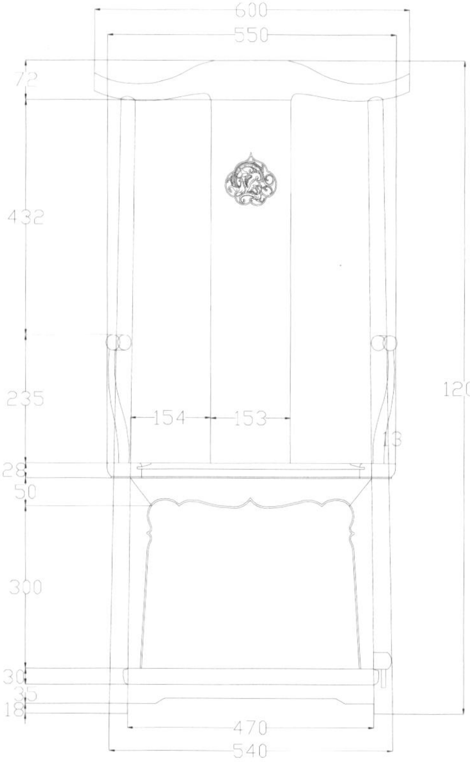

椅－主视图

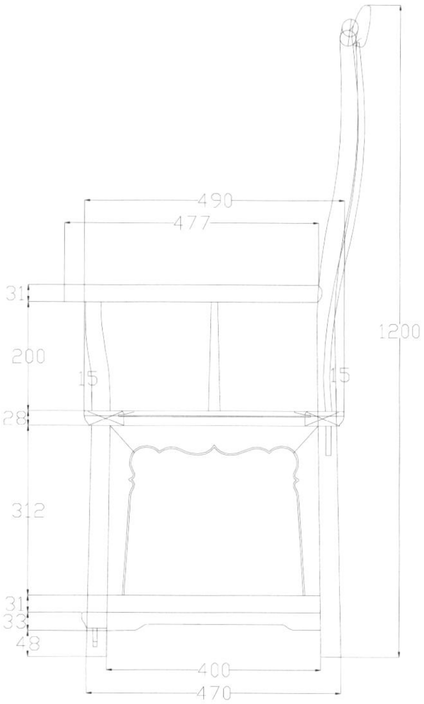

椅－右视图

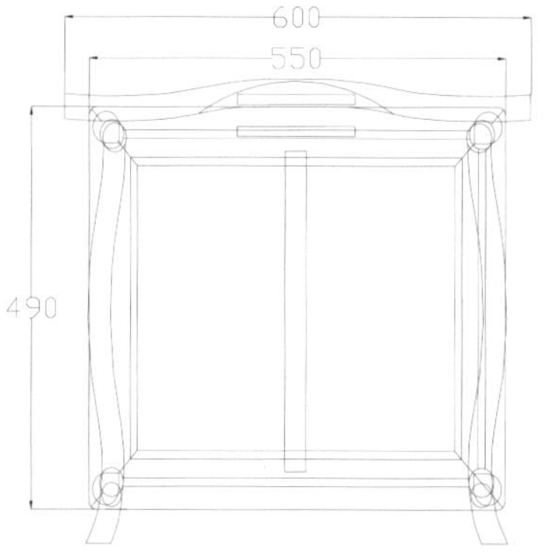

椅－俯视图

注：此三件套中椅为 2 件，几为 1 件。

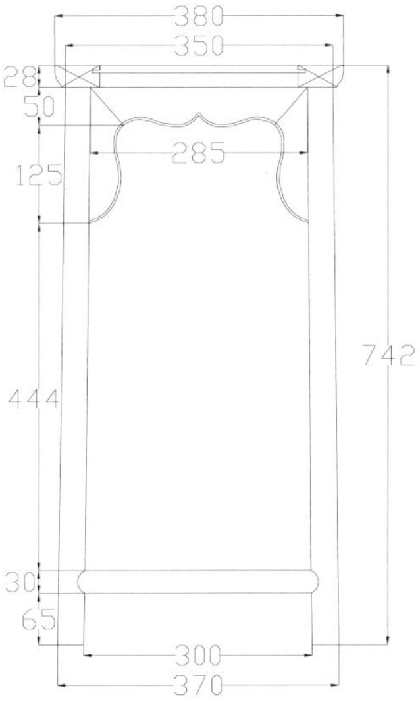

几－主视图

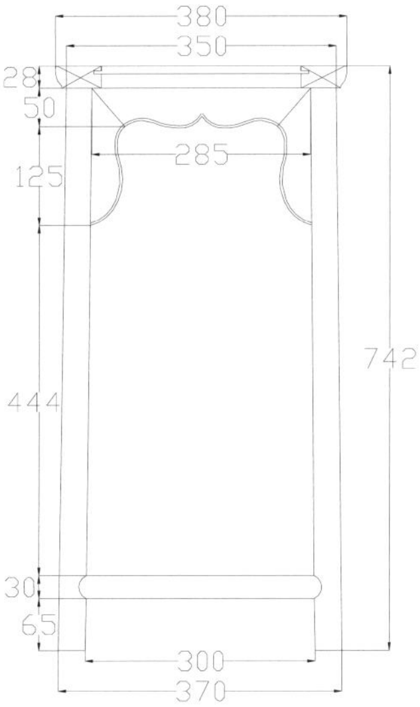

几－左视图

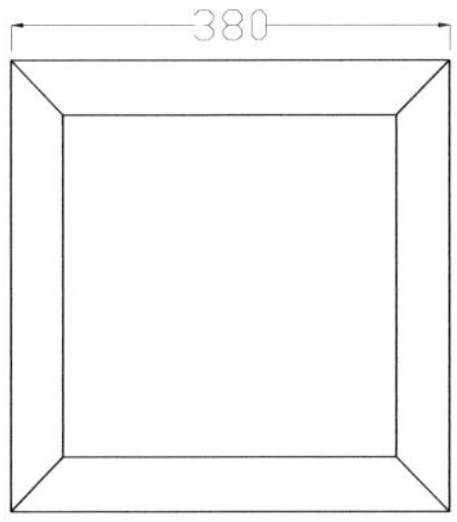

几－俯视图

图版清单（明式四出头官帽椅三件套）：

椅—主视图

椅—右视图

椅—俯视图

几—主视图

几—左视图

几—俯视图

明式四出头官帽椅三件套

材质：黄花梨

年款：明代（清宫旧藏）

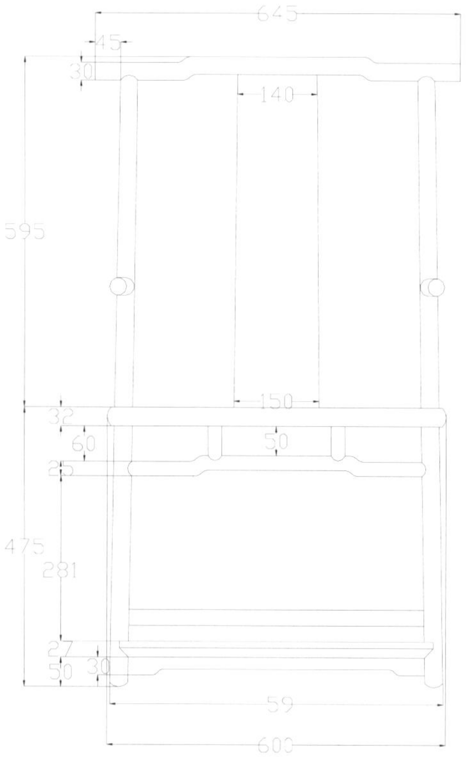

椅－主视图

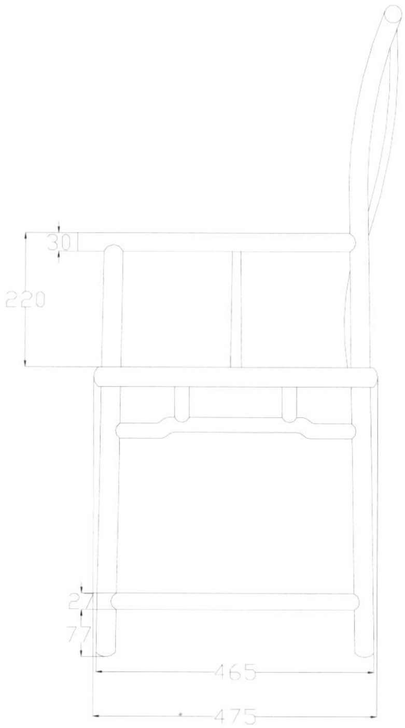

椅－右视图

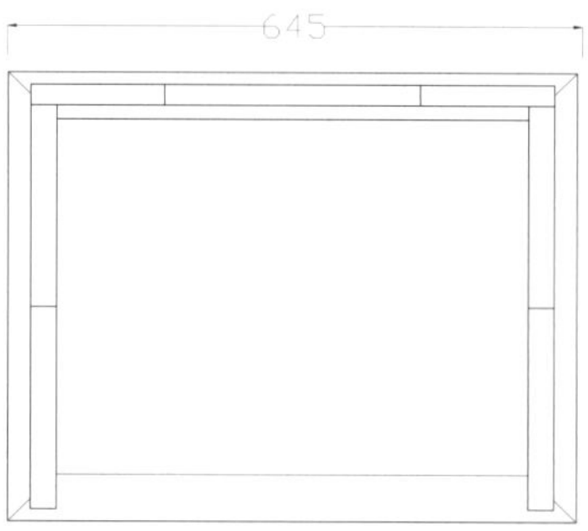

椅－俯视图

注：此三件套中椅为 2 件，几为 1 件。

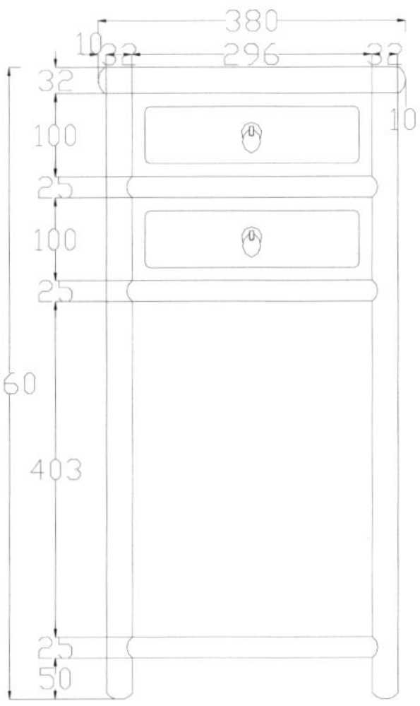

几－主视图

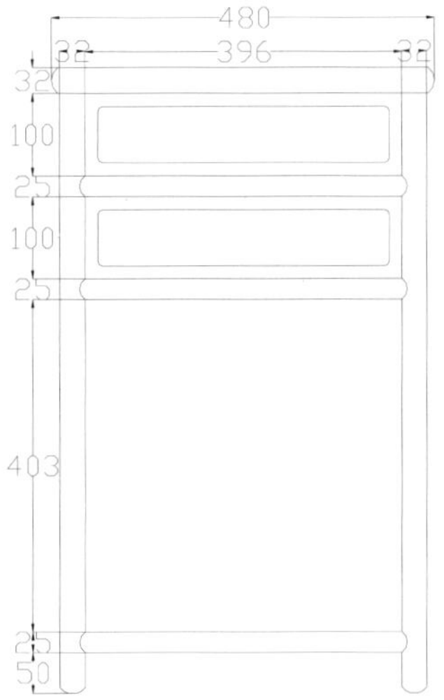

几－右视图

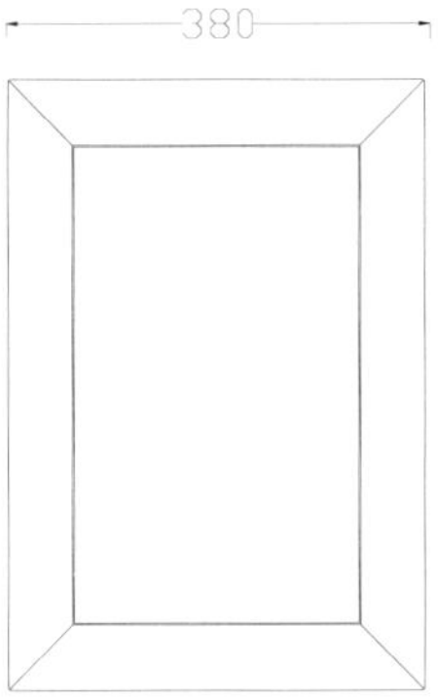

几－俯视图

图版清单（明式四出头官帽椅三件套）：

椅—主视图

椅—右视图

椅—俯视图

几—主视图

几—右视图

几—俯视图

清式云纹牙头小条凳

材质：紫檀

年款：清代

主视图

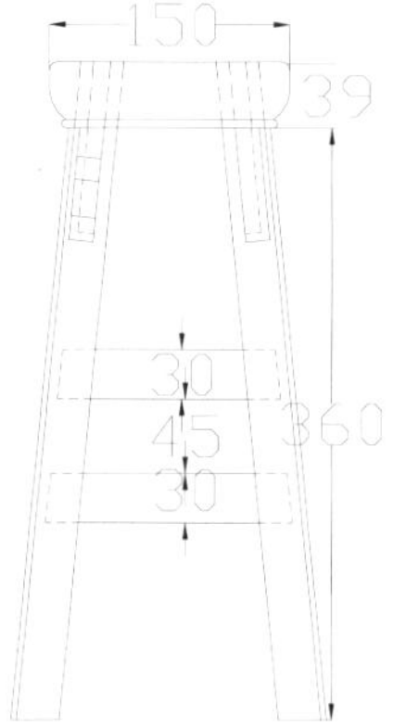

左视图

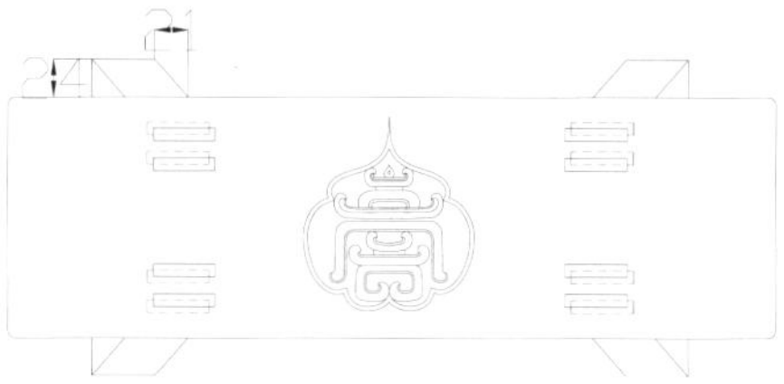

俯视图

细节图

图版清单（清式云纹牙头小条凳）：

主视图

左视图

俯视图

细节图

清式小方凳

材质：花梨木

年款：清代

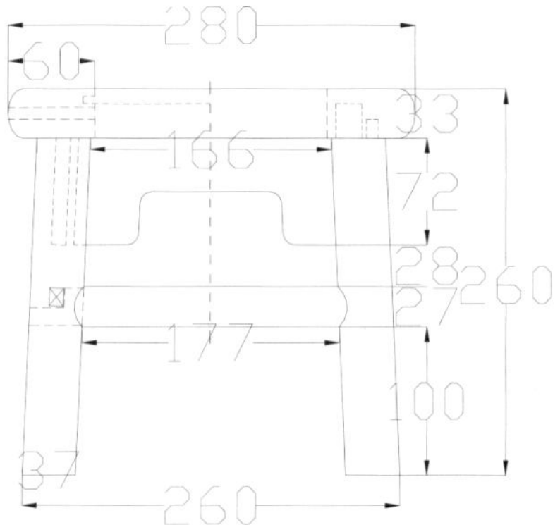

主视图

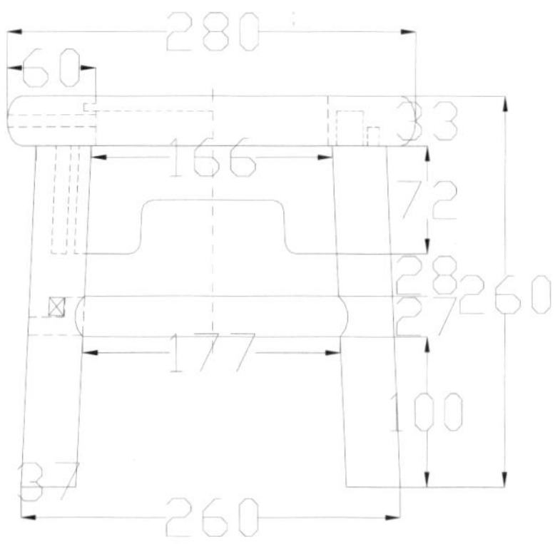

左视图

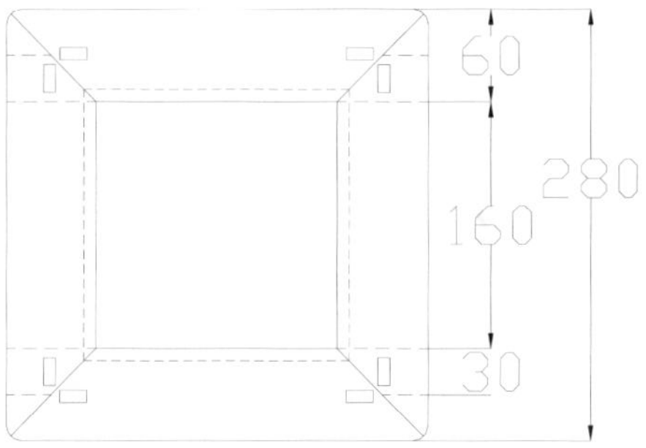

俯视图

图版清单（清式小方凳）：

主视图

左视图

俯视图

清式夹头榫小条凳

材质：紫檀

年款：清代（清宫旧藏）

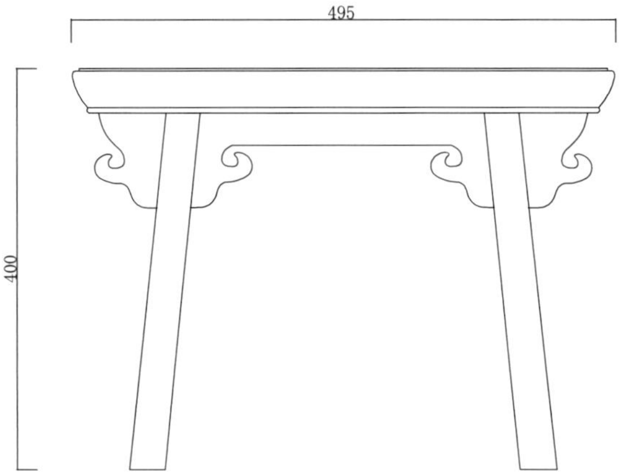

主视图

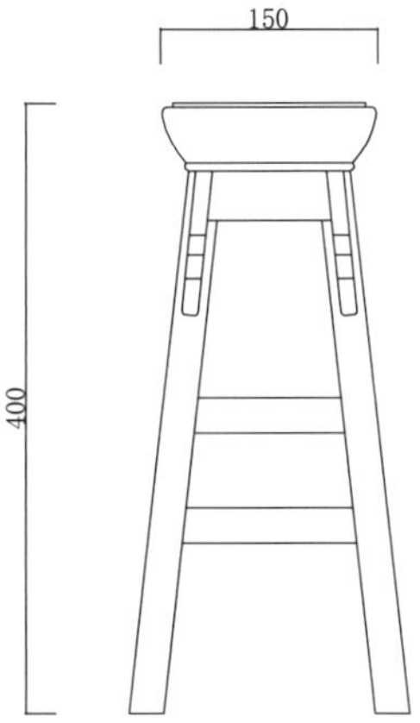

左视图

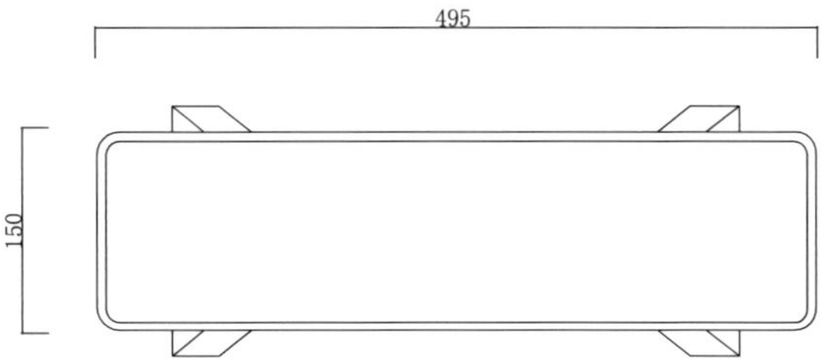

俯视图

图版清单（清式夹头榫小条凳）：
主视图
左视图
俯视图

清式内翻马蹄足方凳

材质：紫檀

年款：清代（清宫旧藏）

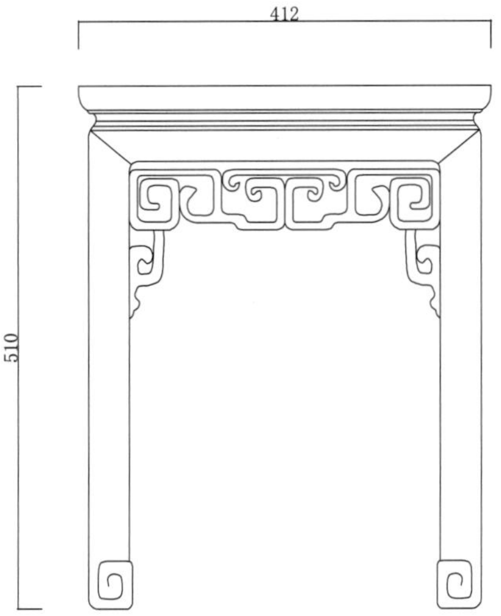

主视图

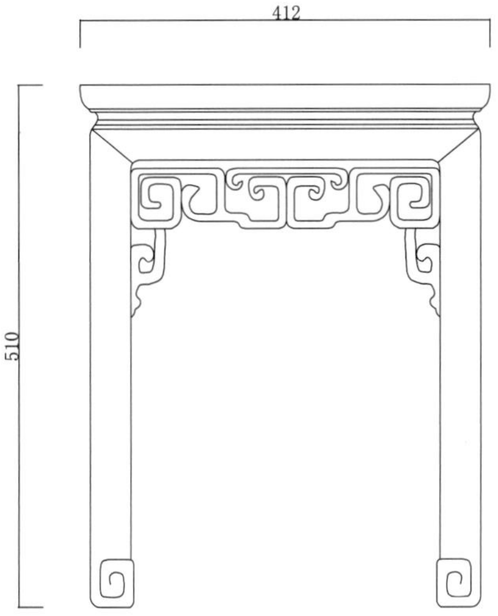

左视图

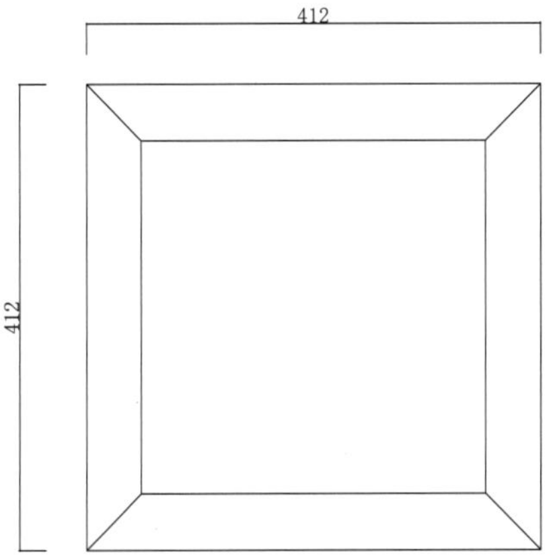

俯视图

图版清单（清式内翻马蹄足方凳）：
主视图
左视图
俯视图

清式如意纹长方凳

材质：紫檀

年款：清代

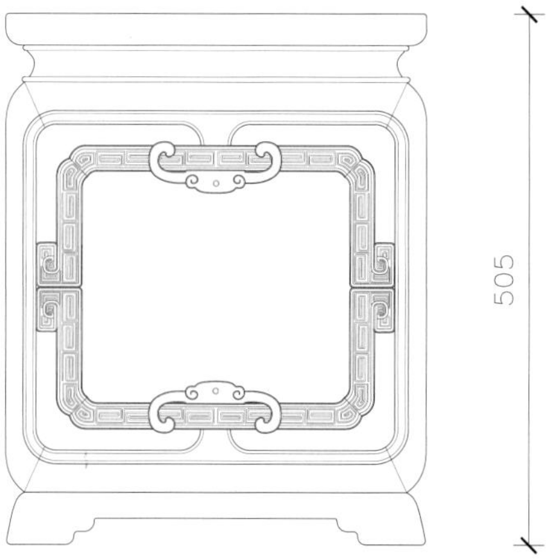

主视图

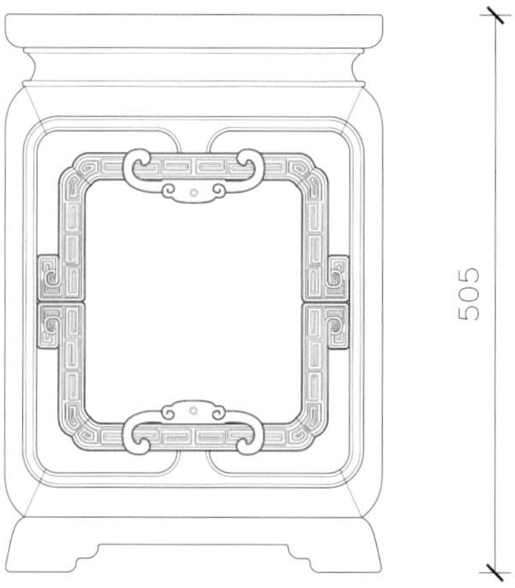

左视图

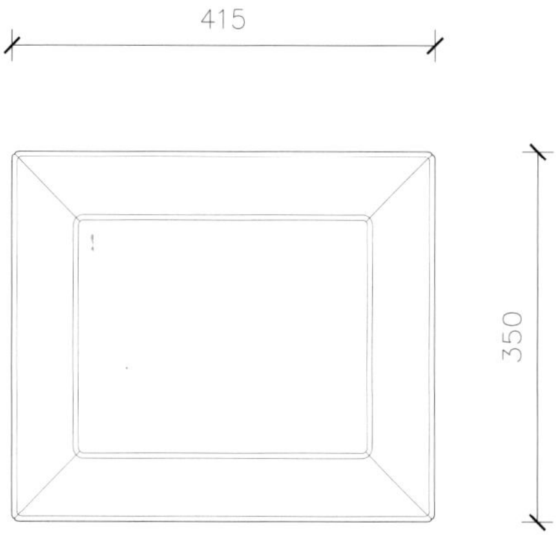

俯视图

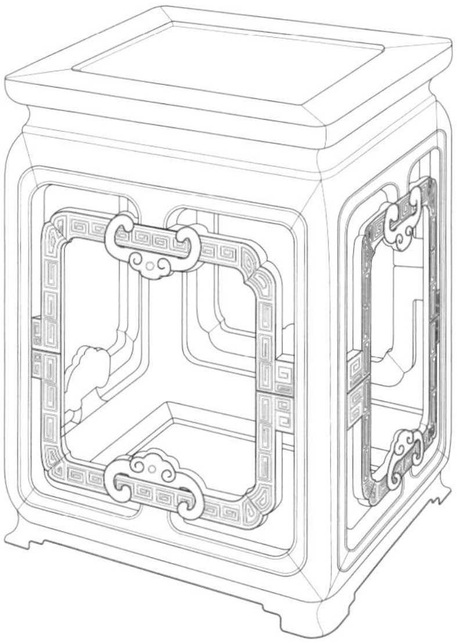

透视图

图版清单（清式如意纹长方凳）：
主视图
左视图
俯视图
透视图

注：为便于读者理解，增加透视图。

清式回纹方凳

材质：紫檀

年款：清代（清宫旧藏）

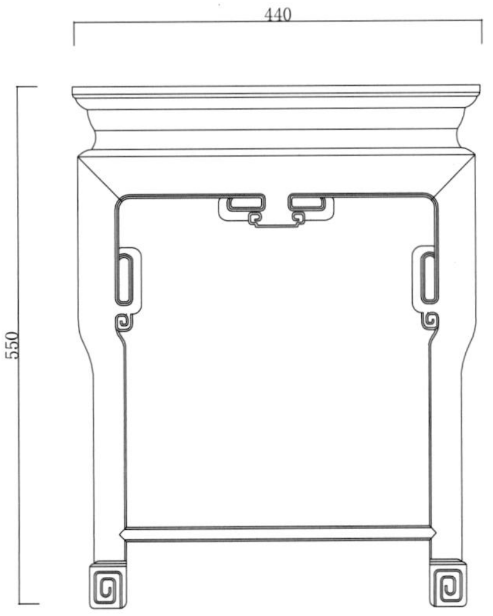

主视图

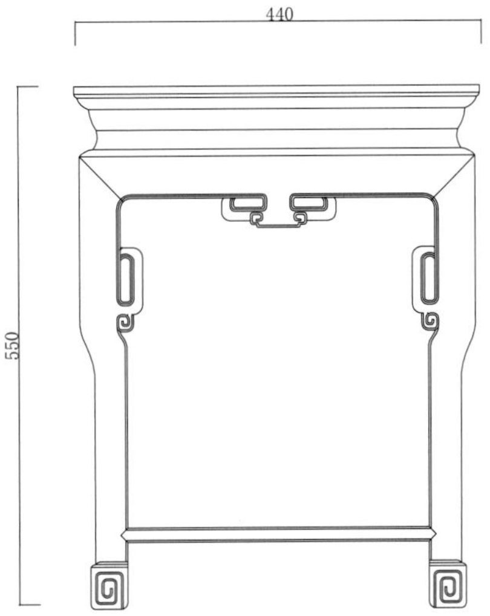

左视图

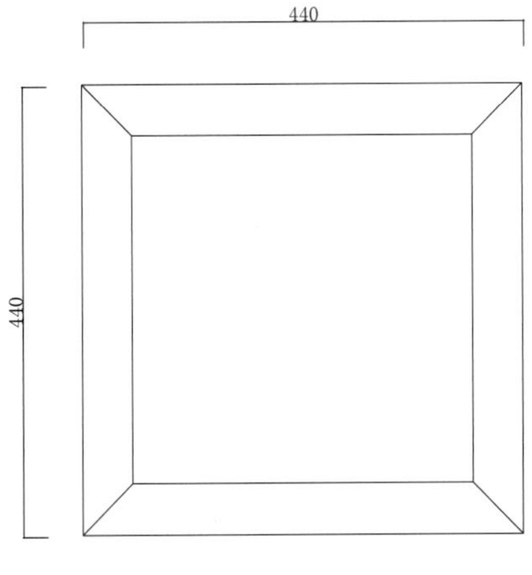

俯视图

图版清单（清式回纹方凳）：
主视图
左视图
俯视图

清式卷草纹长方凳

材质：紫檀

年款：清代（清宫旧藏）

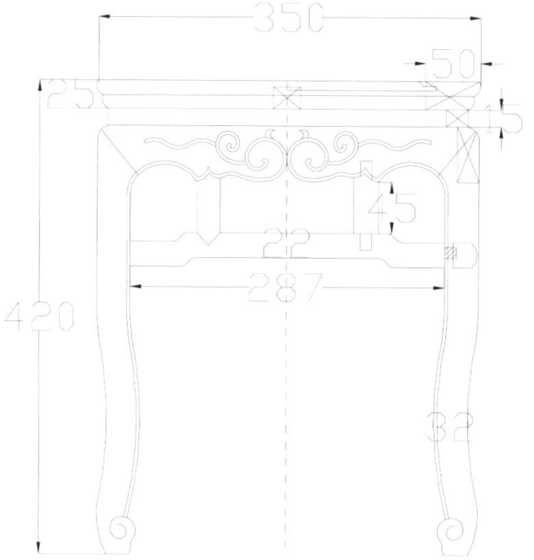

主视图

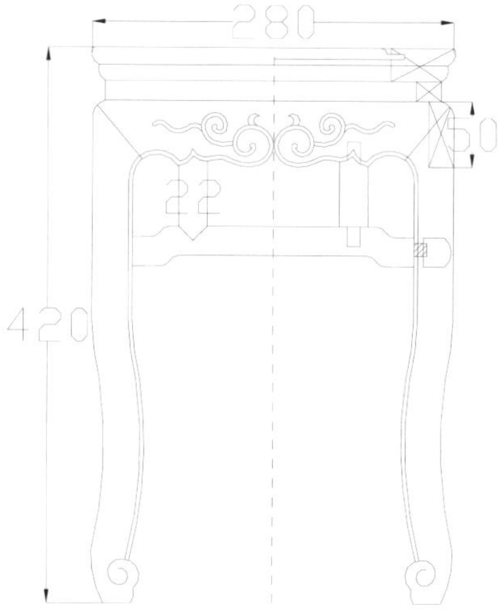

左视图

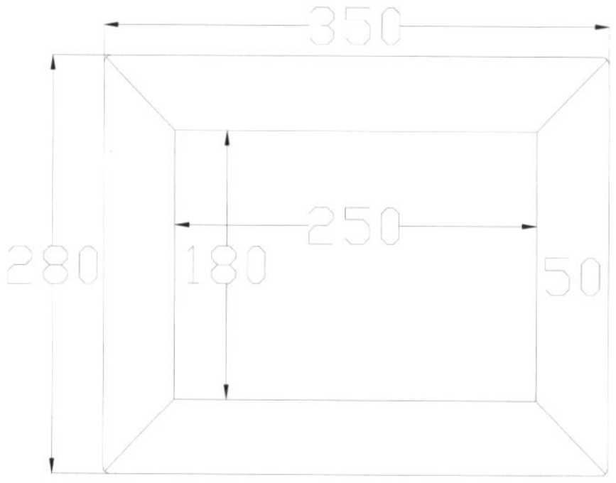

俯视图

图版清单（清式卷草纹长方凳）：
主视图
左视图
俯视图

清式圆足方凳

材质：紫檀

年款：清代（清宫旧藏）

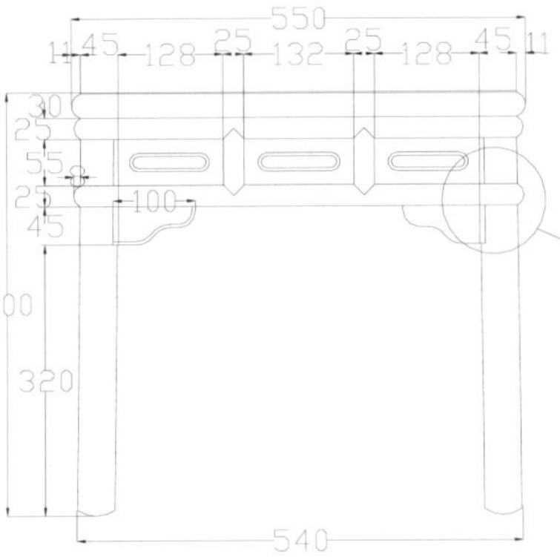

主视图

细节图 1

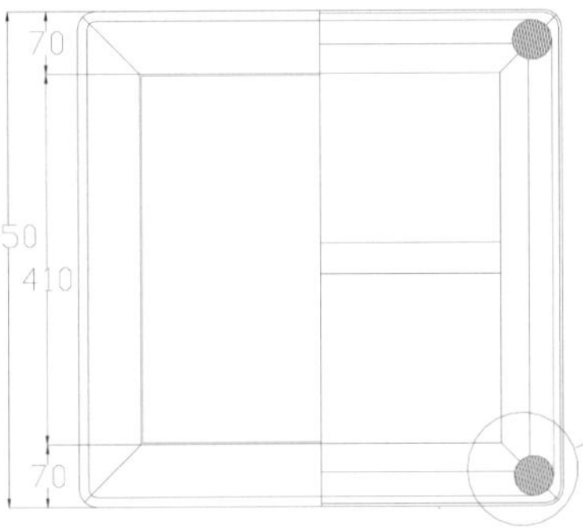

俯视图

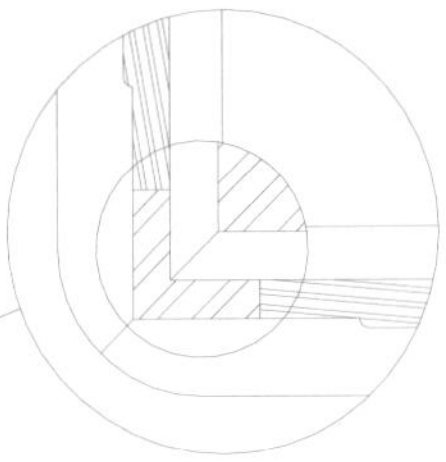

细节图 2

图版清单（清式圆足方凳）：

主视图

俯视图

细节图 1

细节图 2

清式有束腰马蹄足方凳

材质：紫檀

年款：清代（清宫旧藏）

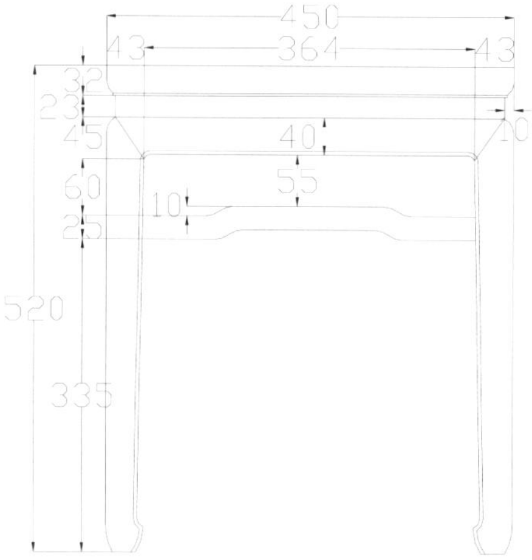

主视图

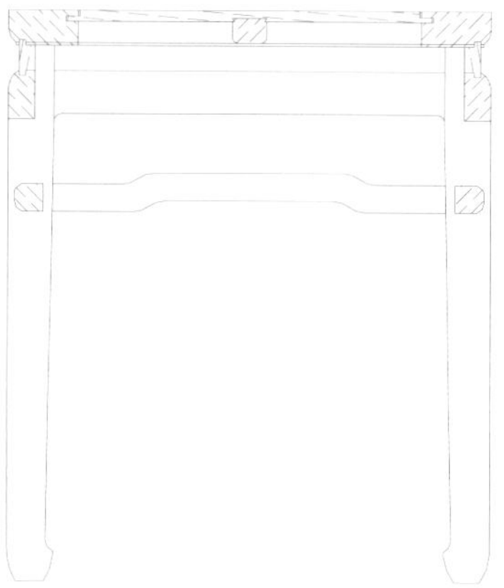

左视图

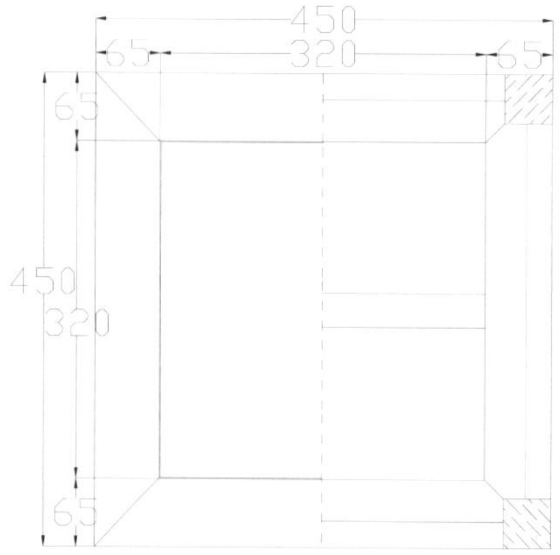

俯视图

图版清单（清式有束腰马蹄足方凳）：
主视图
左视图
俯视图

清式有束腰鼓腿彭牙方凳

材质：老红木

年款：清代（清宫旧藏）

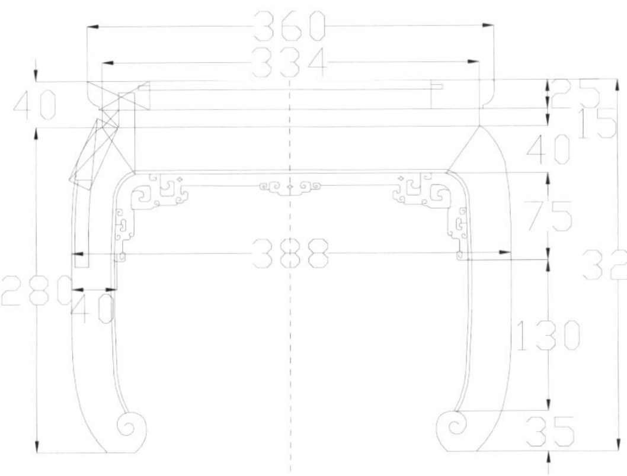

主视图

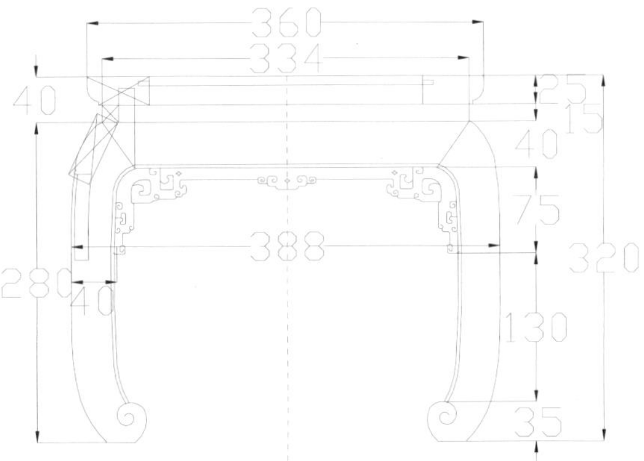

左视图

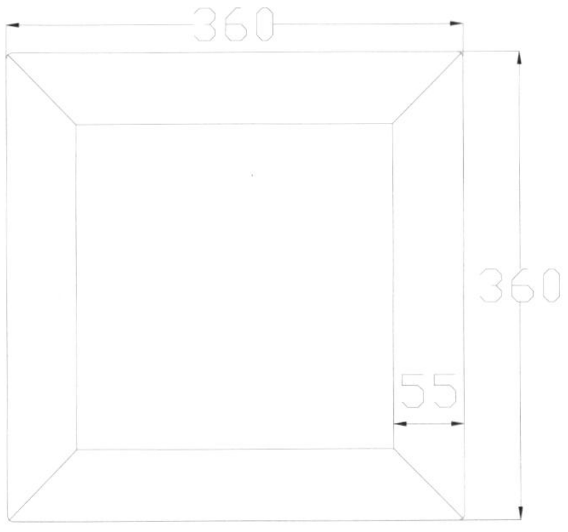

俯视图

图版清单（清式有束腰鼓腿彭牙方凳）：
主视图
左视图
俯视图

清式如意纹长方凳

材质：紫檀

年款：清代（清宫旧藏）

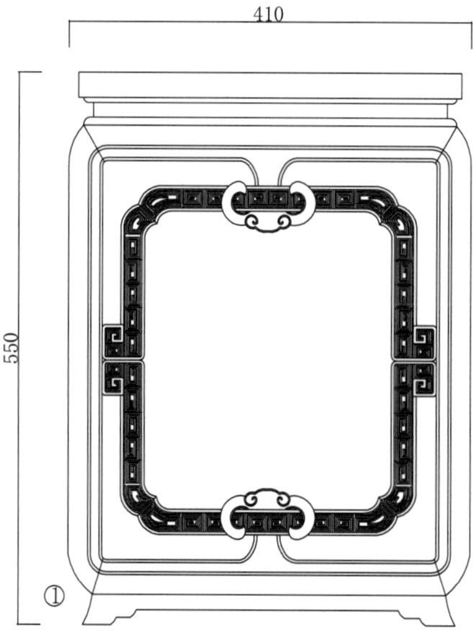

主视图

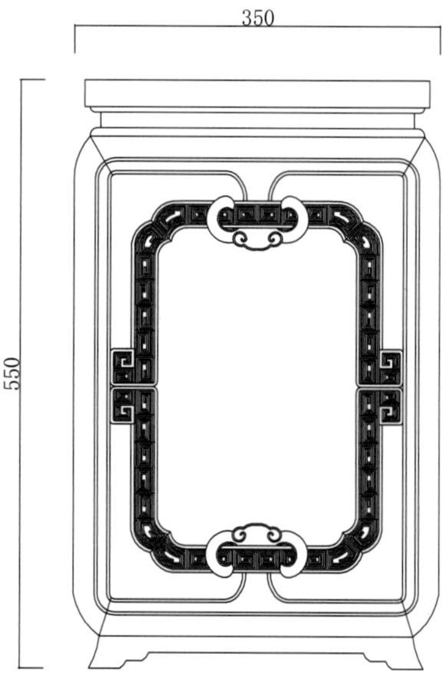

左视图

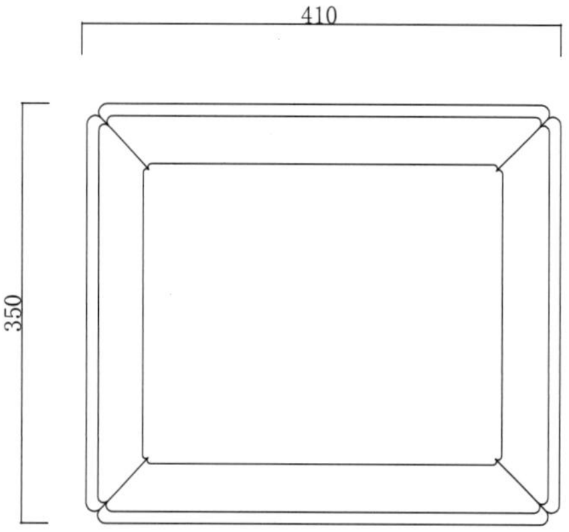

俯视图

图版清单（清式如意纹长方凳）：
主视图
左视图
俯视图

清式嵌瓷板展腿方凳

材质：紫檀

年款：清代（清宫旧藏）

主视图

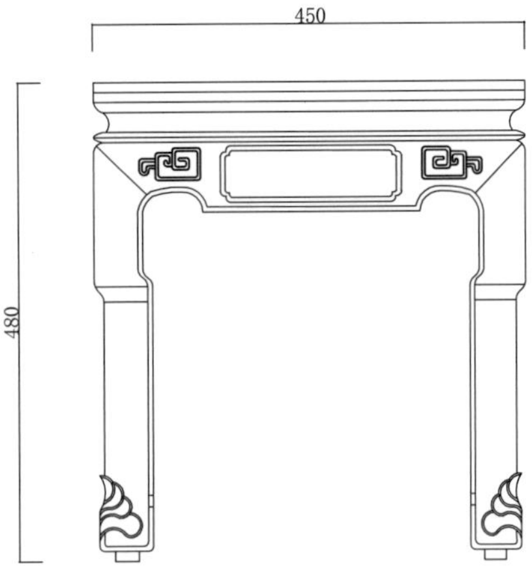

左视图

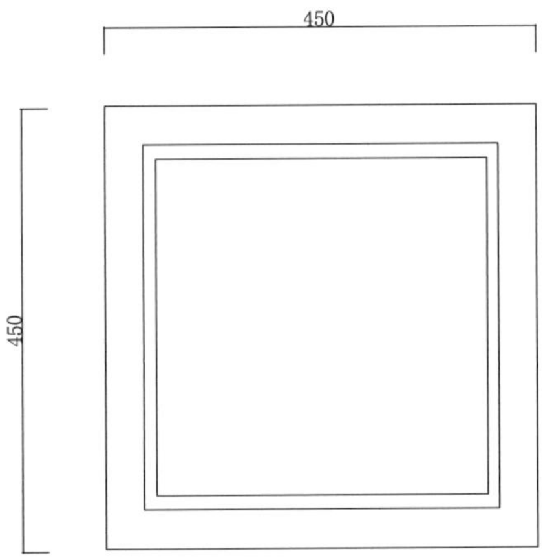

俯视图

图版清单（清式嵌瓷板展腿方凳）：
主视图
左视图
俯视图

清式如意云头纹方凳

材质：紫檀

年款：清代（清宫旧藏）

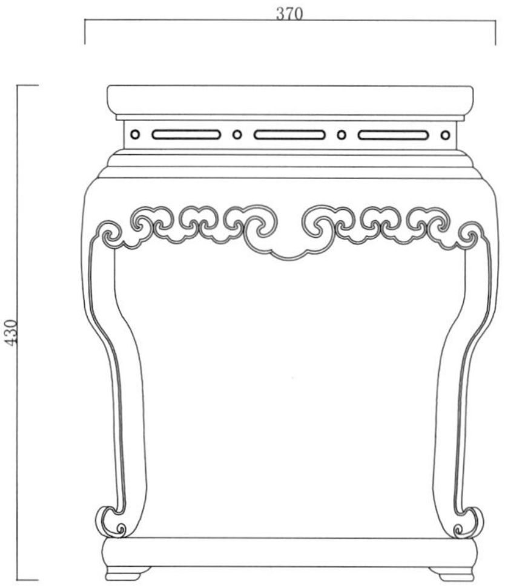

主视图

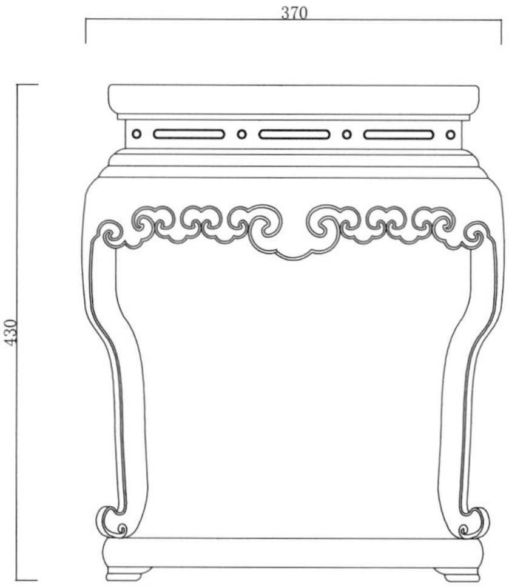

左视图

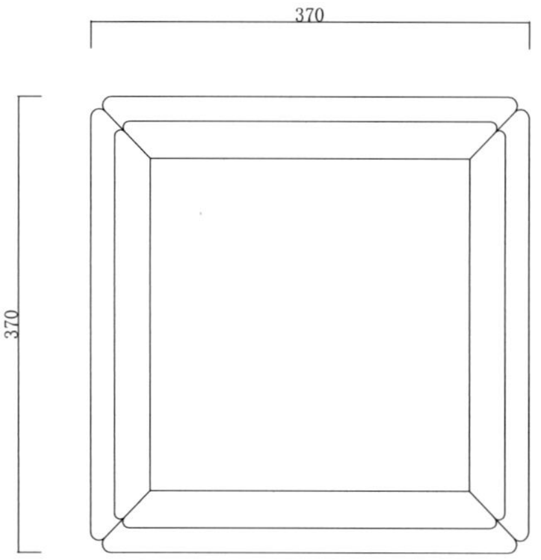

俯视图

图版清单（清式如意云头纹方凳）：
主视图
左视图
俯视图

清式藤屉方凳

材质：紫檀

年款：清代（清宫旧藏）

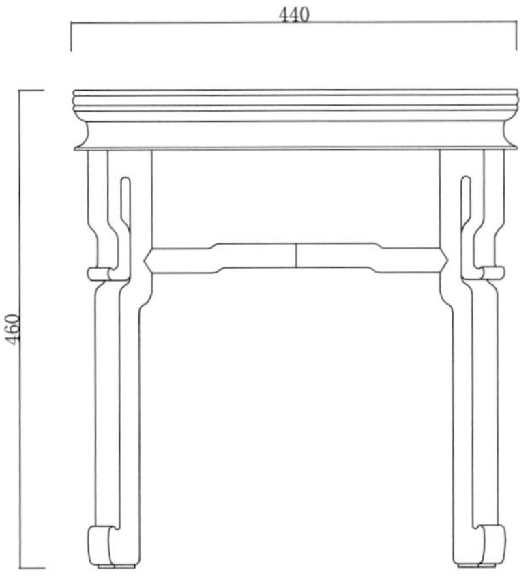

主视图

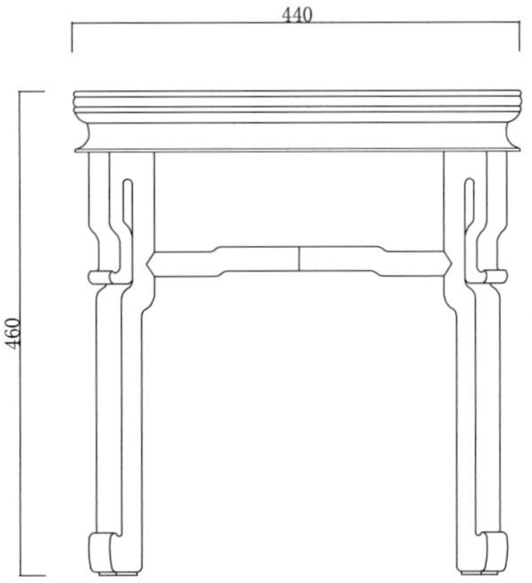

左视图

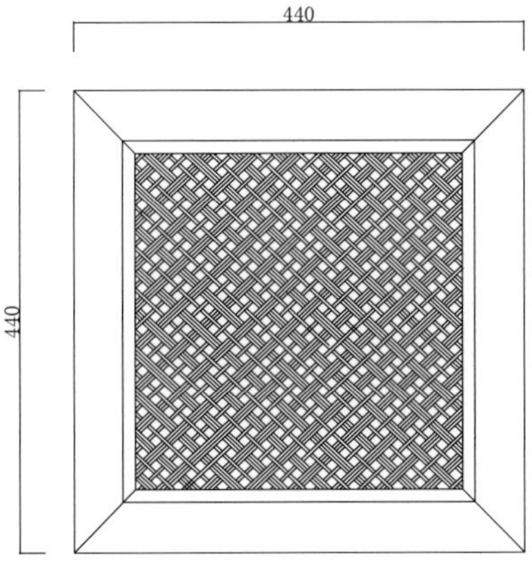

俯视图

图版清单（清式藤屉方凳）：
主视图
左视图
俯视图

清式团花拐子纹方凳

材质：紫檀

年款：清乾隆（清宫旧藏）

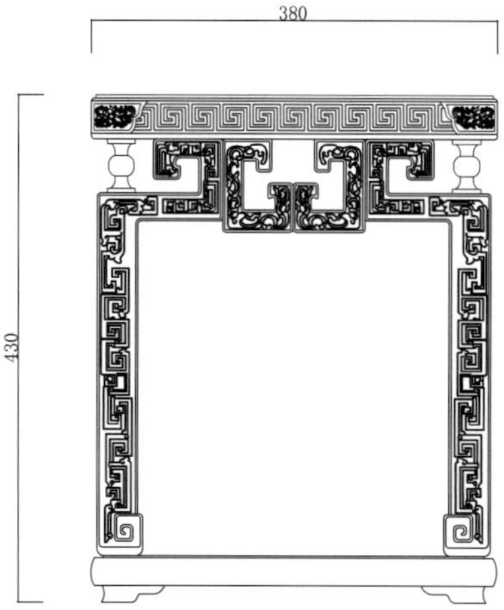

主视图

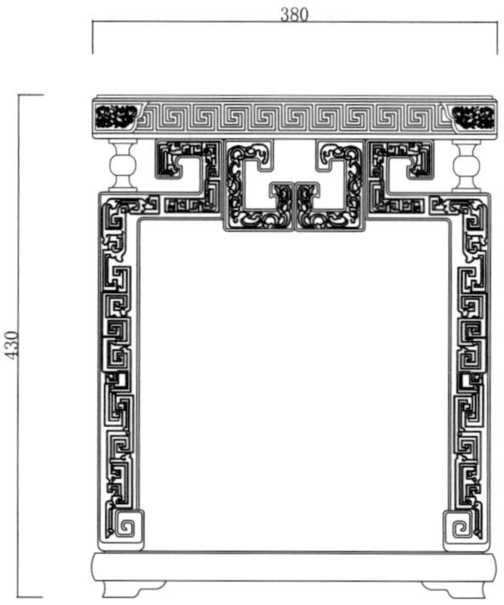

左视图

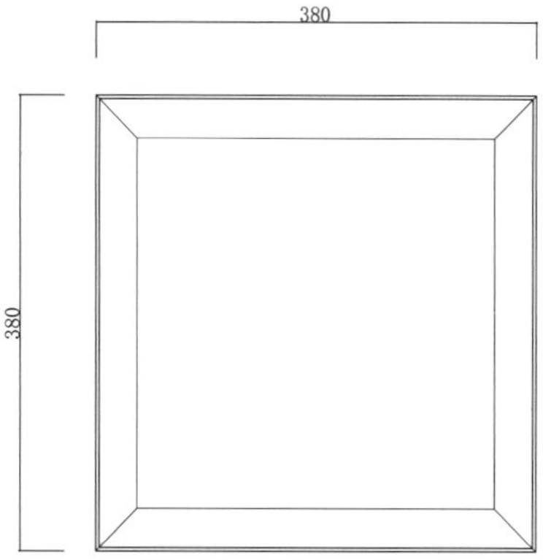

俯视图

图版清单（清式团花拐子纹方凳）：
主视图
左视图
俯视图

清式如意纹长方凳

材质：紫檀

丰款：清代（清宫旧藏）

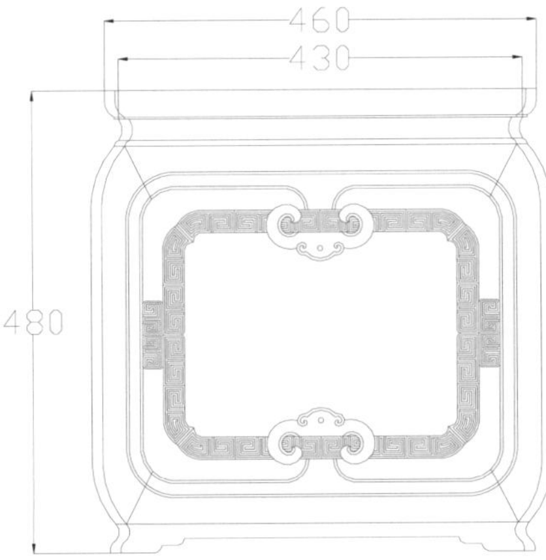

主视图

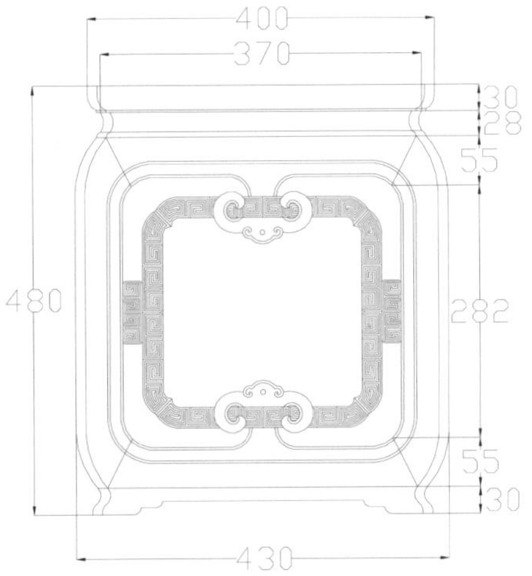

左视图

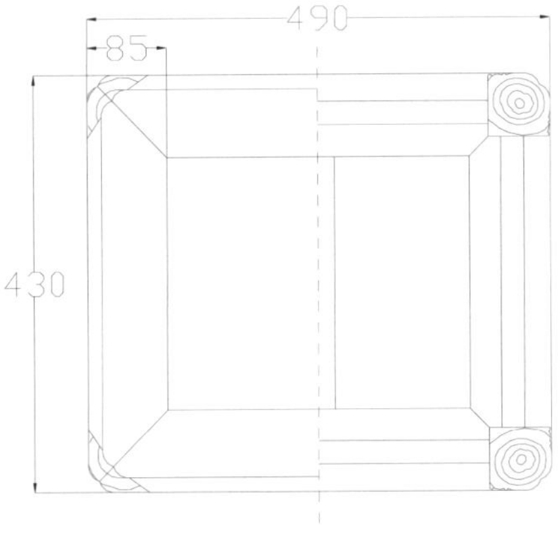

俯视图

图版清单（清式如意纹长方凳）：
主视图
左视图
俯视图

清式梅花式凳

材质：紫檀

年款：清代

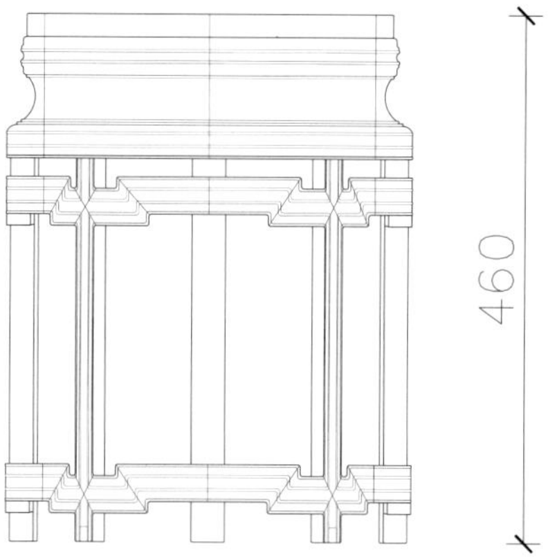

主视图

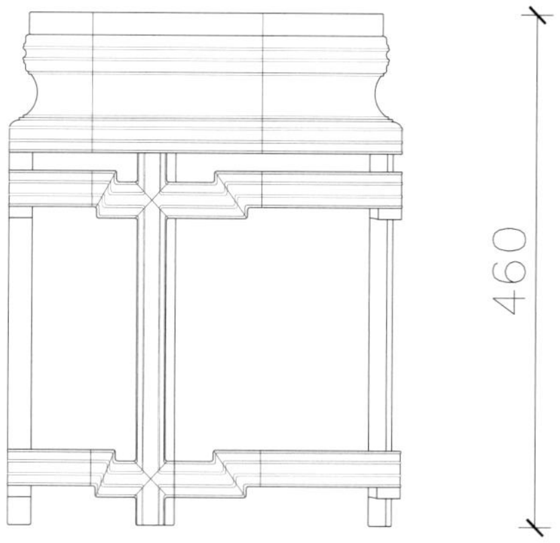

左视图

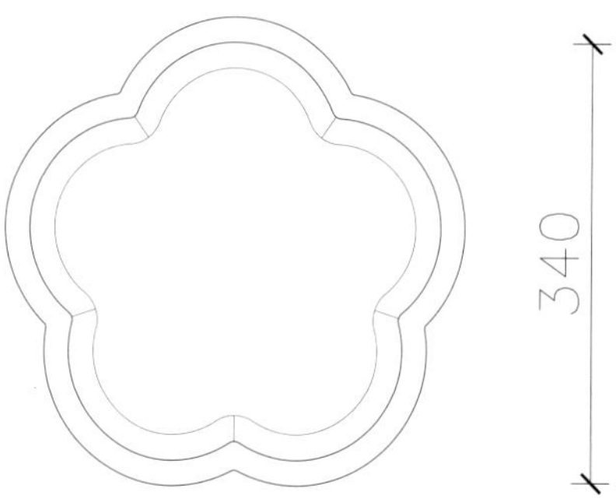

俯视图

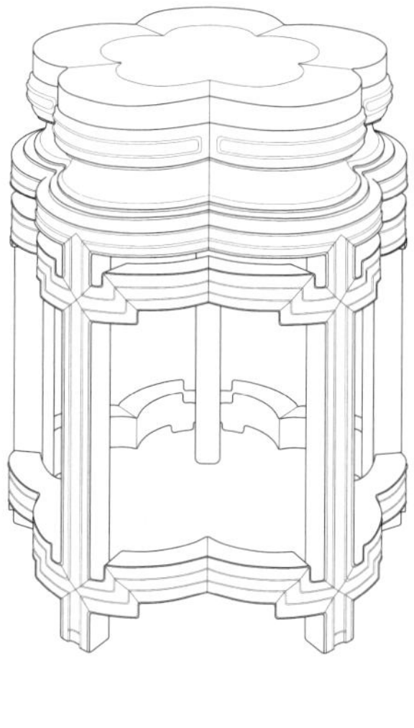

透视图

图版清单（清式梅花式凳）：
主视图
左视图
俯视图
透视图

注：为便于读者理解，增加透视图。

清式方形抹脚文竹凳

材质：紫檀

年款：清代

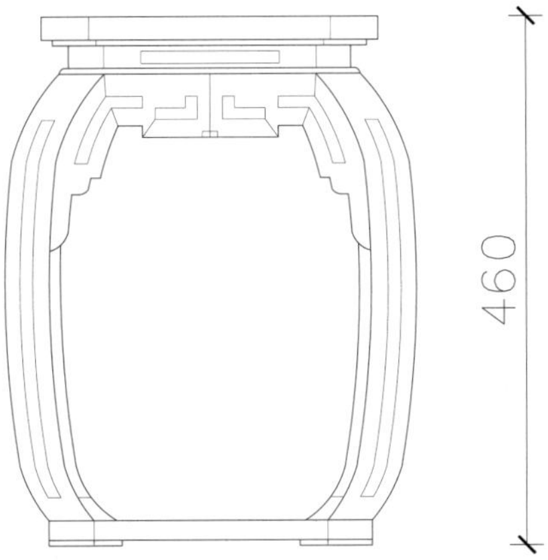

主视图

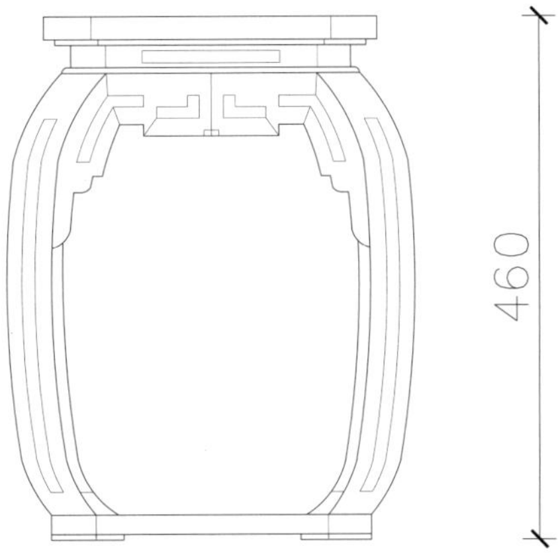

左视图

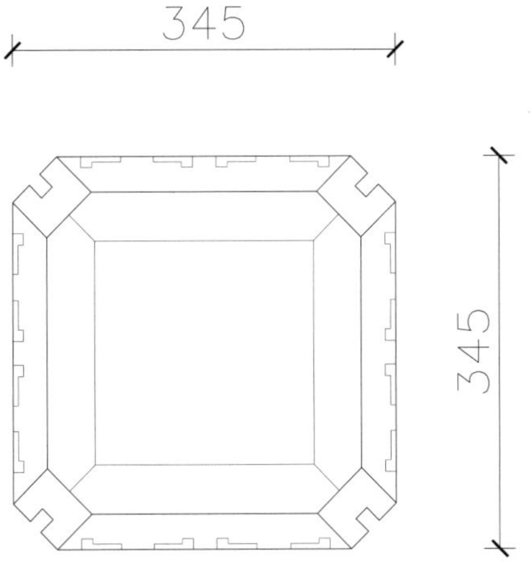

俯视图

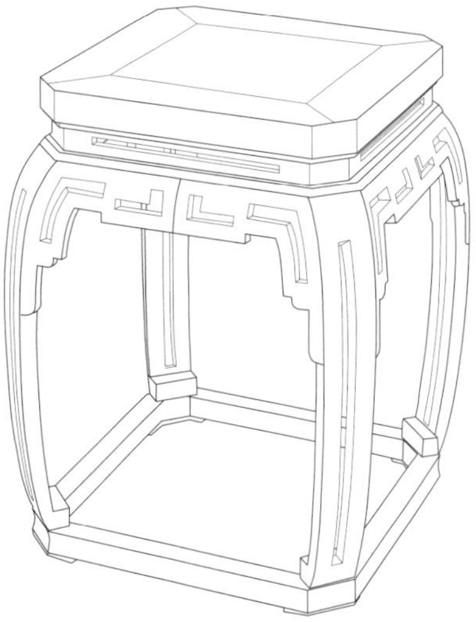

透视图

图版清单（清式方形抹脚文竹凳）：
主视图
左视图
俯视图
透视图

注：为便于读者理解，增加透视图。

清式带托泥梅花式凳

材质：紫檀

年款：清代

主视图

俯视图

透视图

图版清单（清式带托泥梅花式凳）：

主视图

俯视图

透视图

注：为便于读者理解，增加透视图。

清式玉璧纹圆凳

材质：紫檀

年款：清代（清宫旧藏）

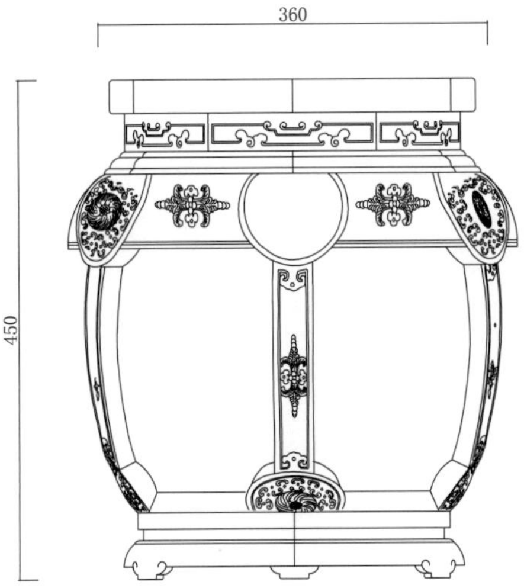

主视图

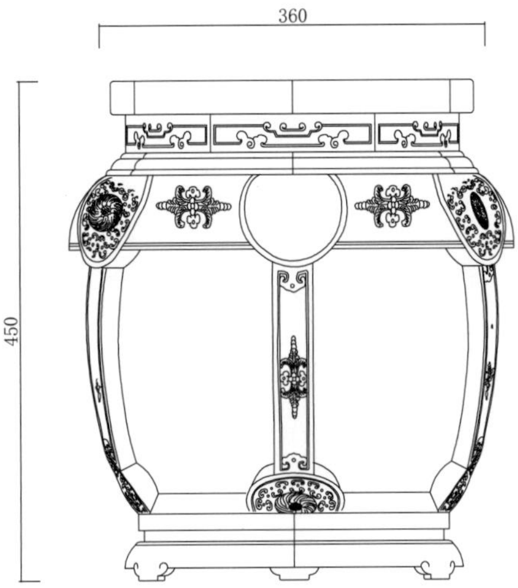

左视图

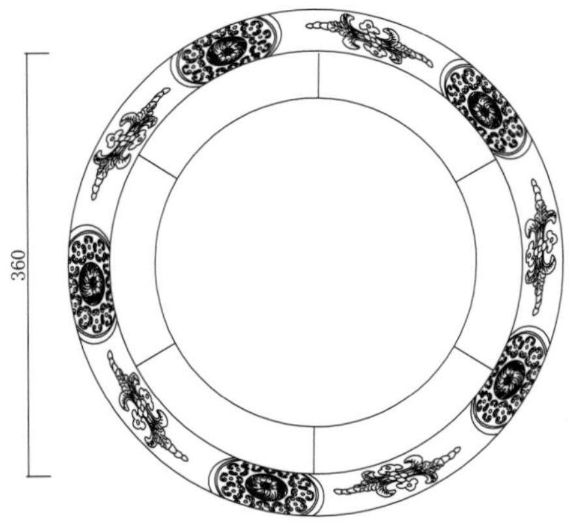

俯视图

图版清单（清式玉璧纹圆凳）：
主视图
左视图
俯视图

清式卷云纹鼓凳

材质：紫檀

年款：清代（清宫旧藏）

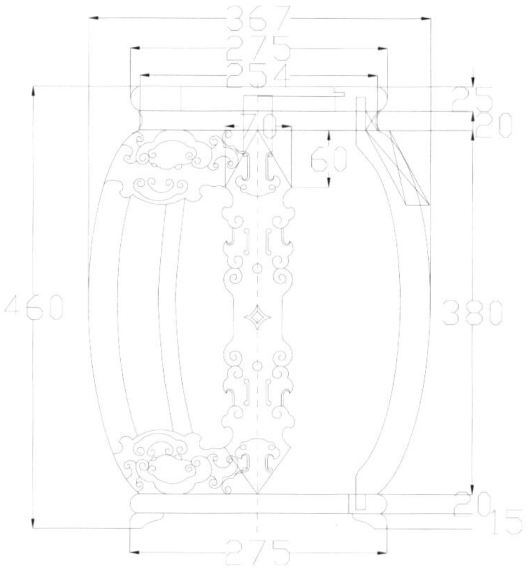

主视图

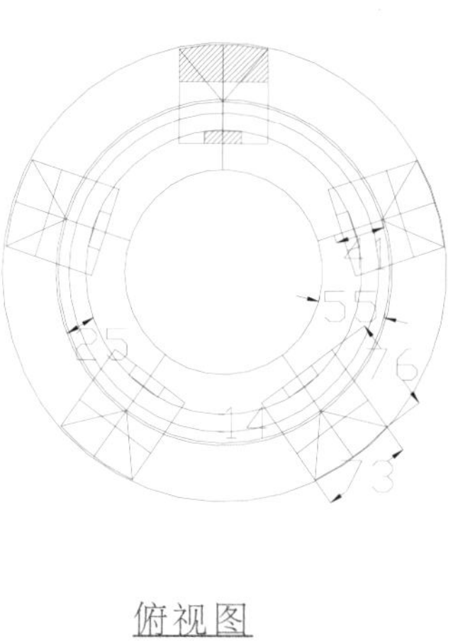

俯视图

图版清单（清式卷云纹鼓凳）：
主视图
俯视图

清式拐子纹春凳

材质：花梨木

年款：清代（清宫旧藏）

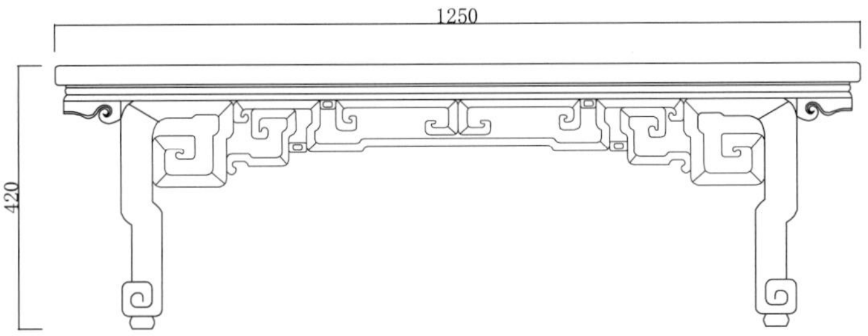

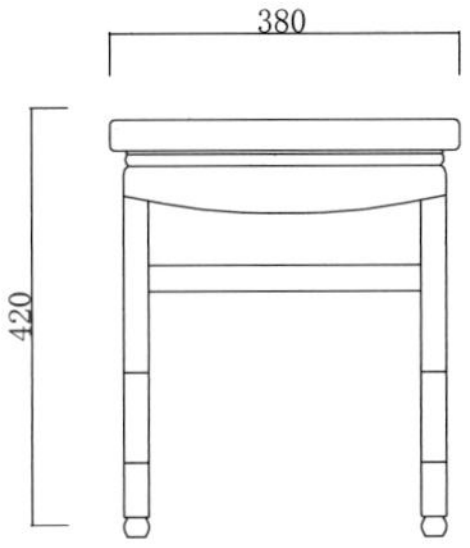

主视图

左视图

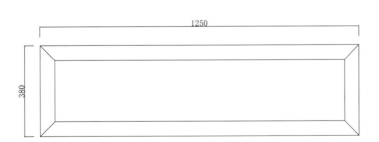

俯视图

图版清单（清式拐子纹春凳）：

主视图

左视图

俯视图

清式高束腰方凳

材质：花梨木

年款：清代

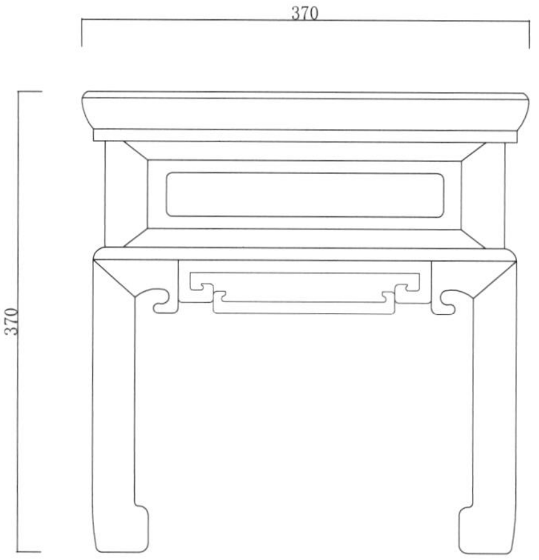

主视图

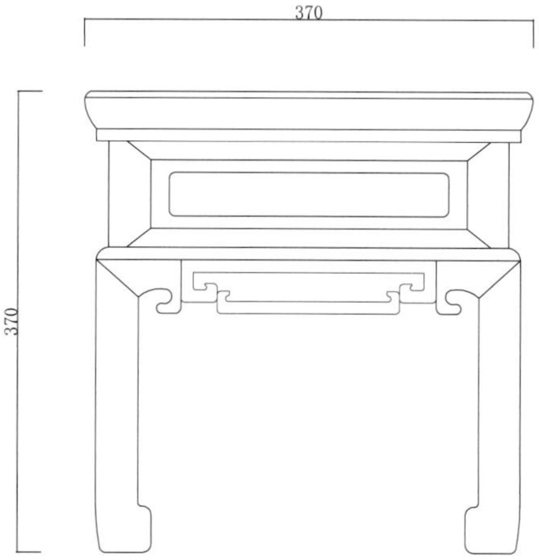

左视图

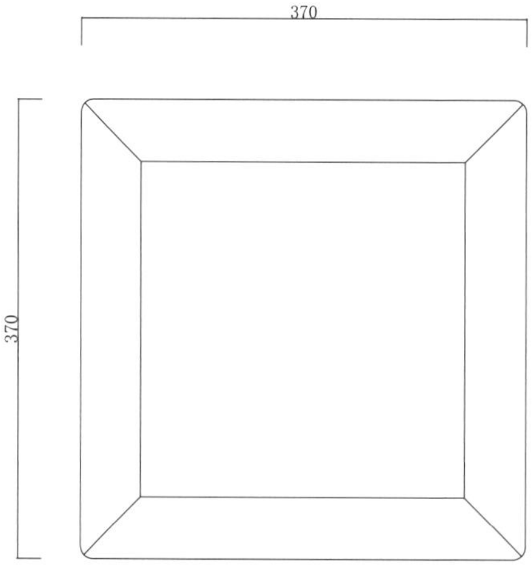

俯视图

图版清单（清式高束腰方凳）：
主视图
左视图
俯视图

清式六方形委角禅凳

材质：紫檀

年款：清代

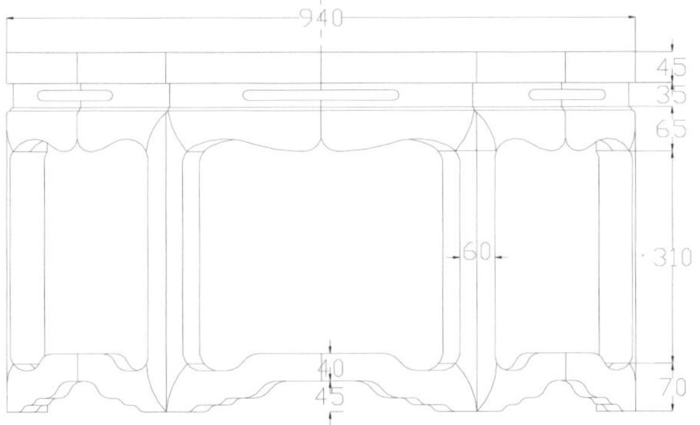

主视图

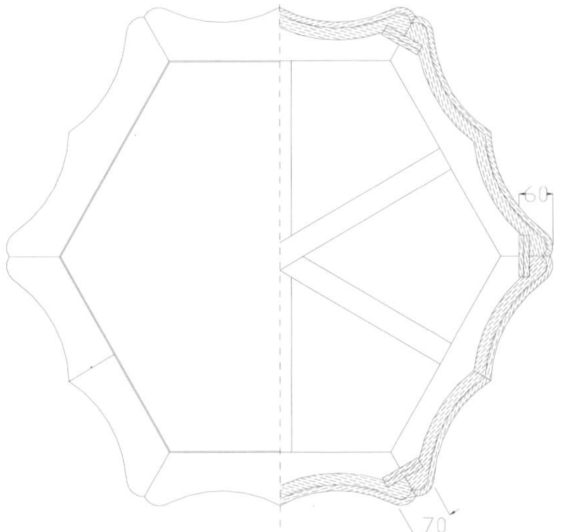

俯视图

图版清单（清式六方形委角禅凳）：
主视图
俯视图

清式如意纹圆凳

材质：黄花梨

年款：清代

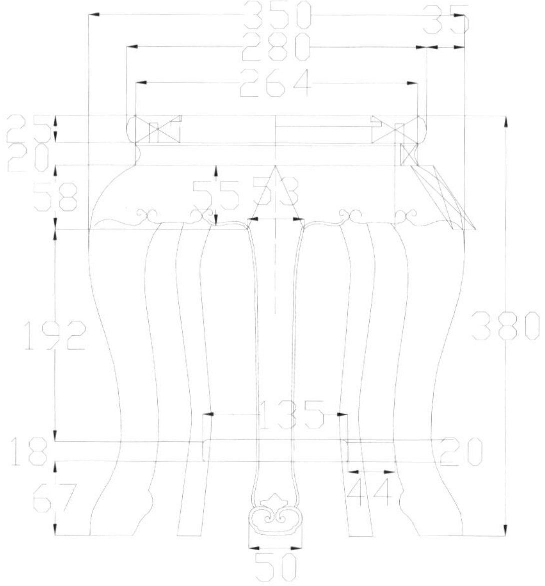

主视图

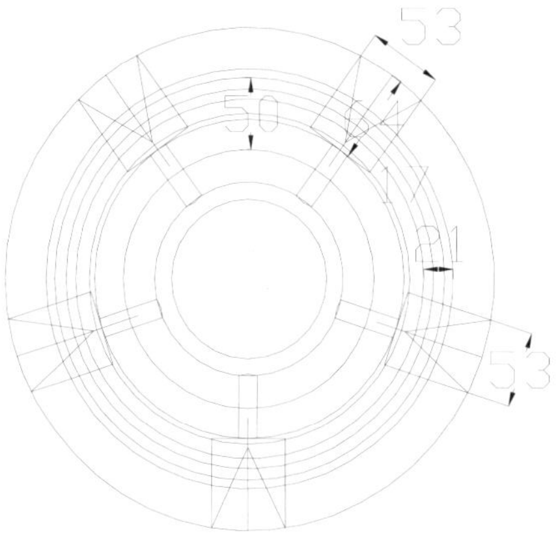

图版清单（清式如意纹圆凳）：
主视图
俯视图
细节图（腿足）

俯视图

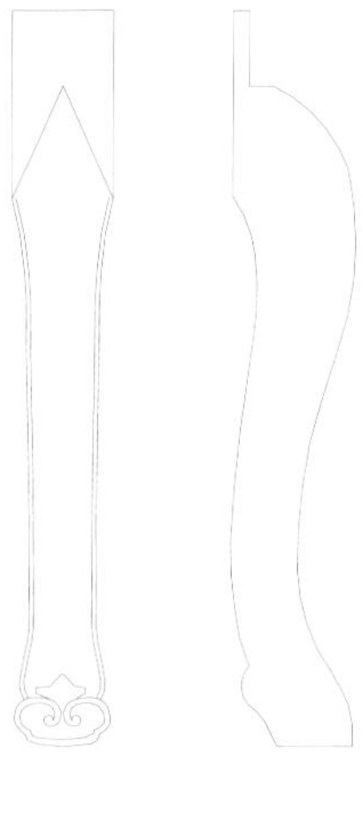

细节图（腿足）

清式嵌瓷面圆凳

材质：紫檀

年款：清代（清宫旧藏）

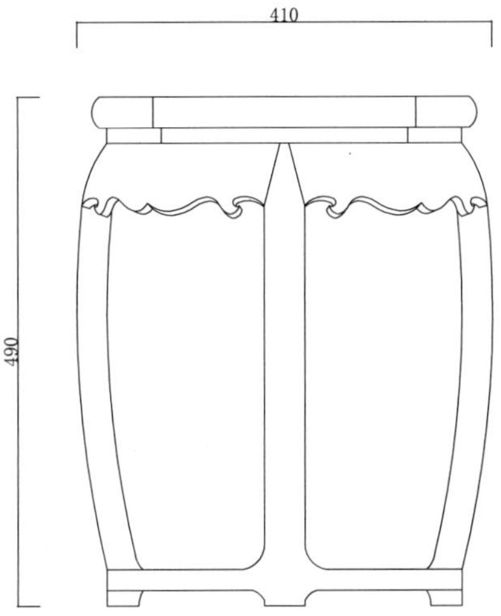

主视图

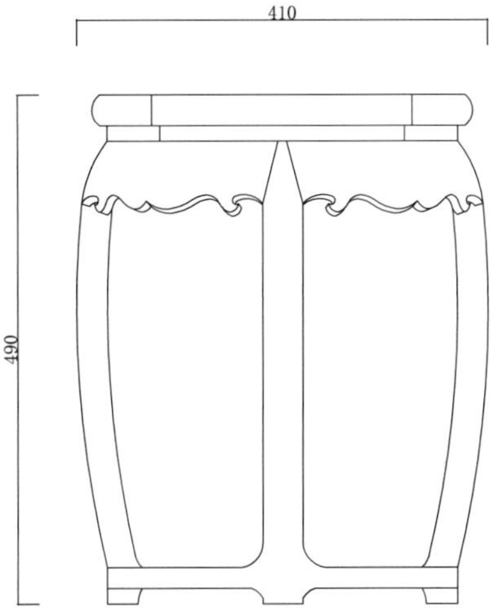

左视图

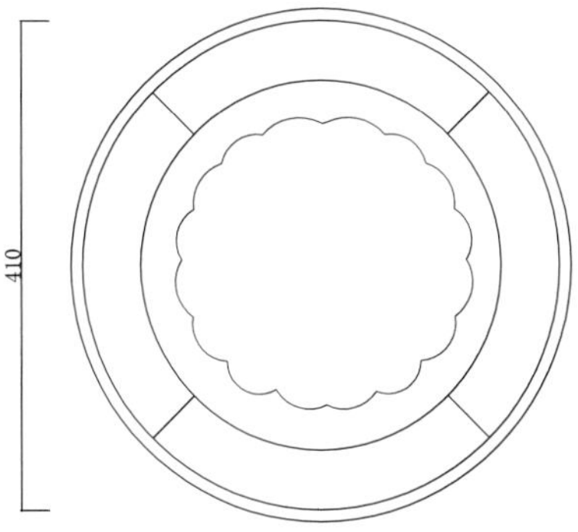

俯视图

图版清单（清式嵌瓷面圆凳）：
主视图
左视图
俯视图

清式嵌玉团花纹六方形凳

材质：铁力木

年款：清代（清宫旧藏）

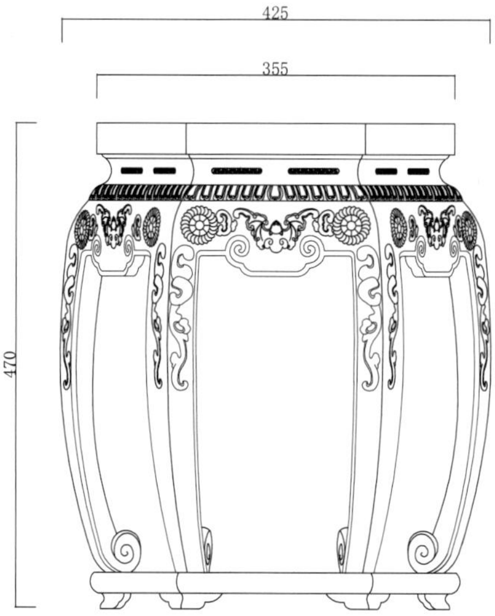

主视图

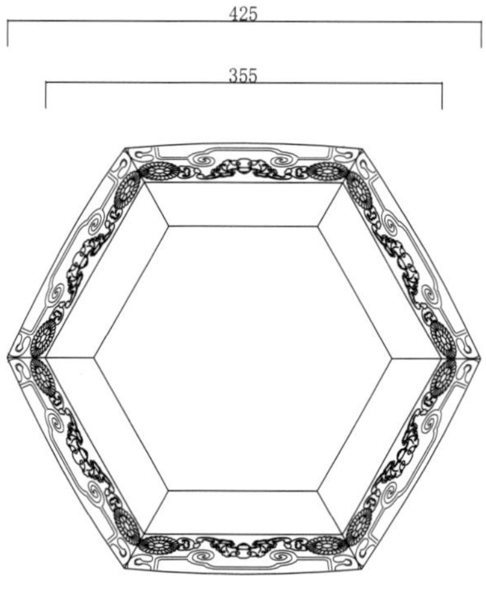

俯视图

图版清单（清式嵌玉团花纹六方形凳）：
主视图
俯视图

清式蝠纹六方形凳

材质：紫檀

年款：清代

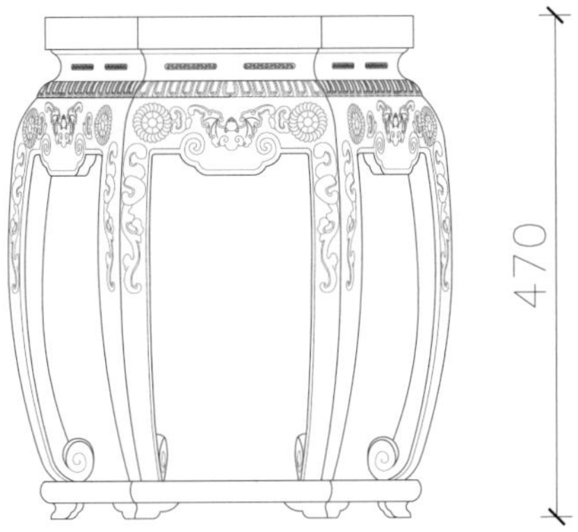

主视图

透视图

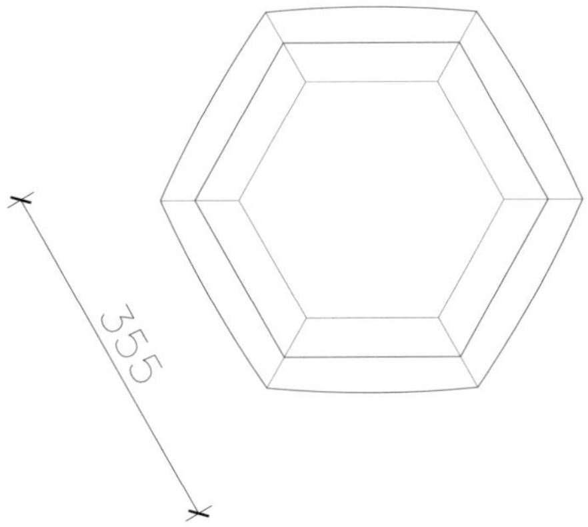

俯视图

图版清单（清式蝠纹六方形凳）：
主视图
俯视图
透视图

注：为便于读者理解，增加透视图。

清式四开光坐墩

材质：紫檀

年款：清代（清宫旧藏）

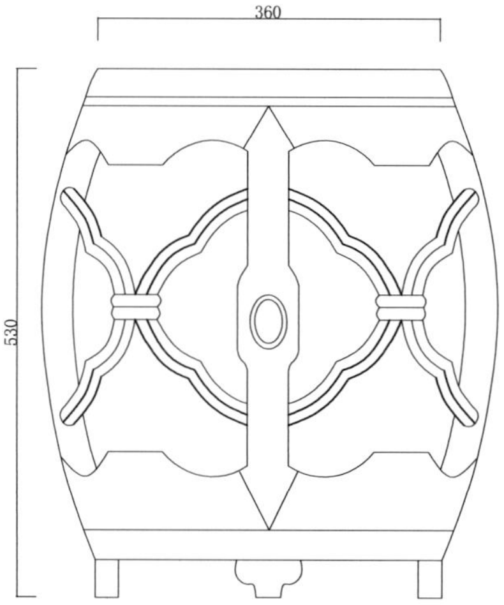

主视图

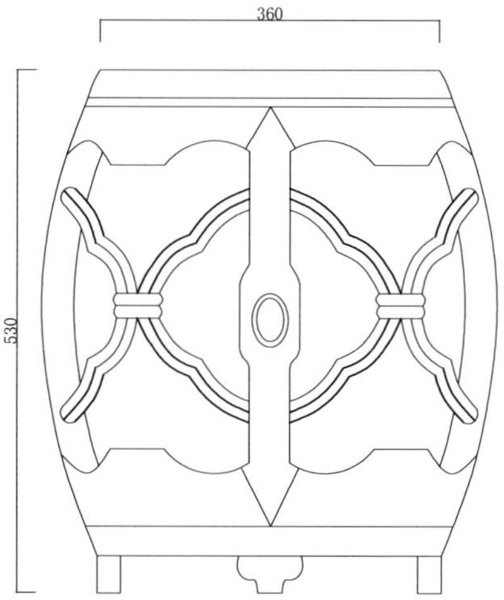

左视图

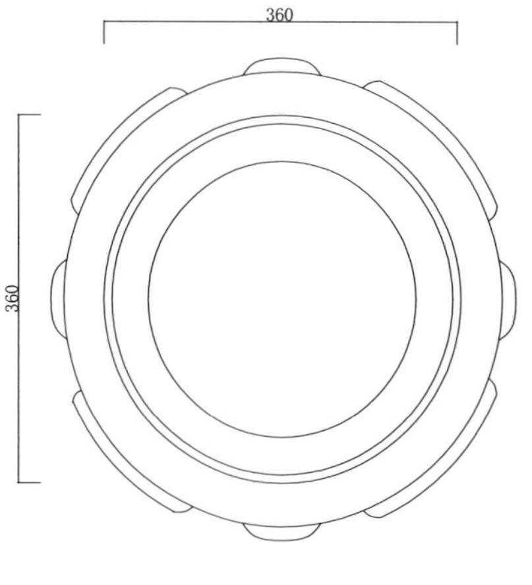

俯视图

图版清单（清式四开光坐墩）：
主视图
左视图
俯视图

清式夔凤纹四开光坐墩

材质：紫檀

年款：清代（清宫旧藏）

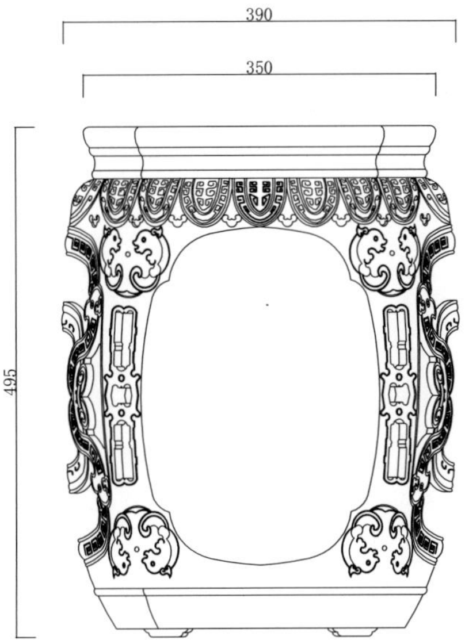

主视图

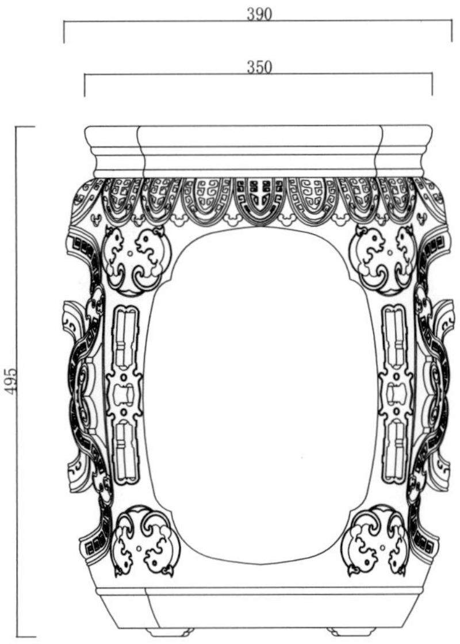

左视图

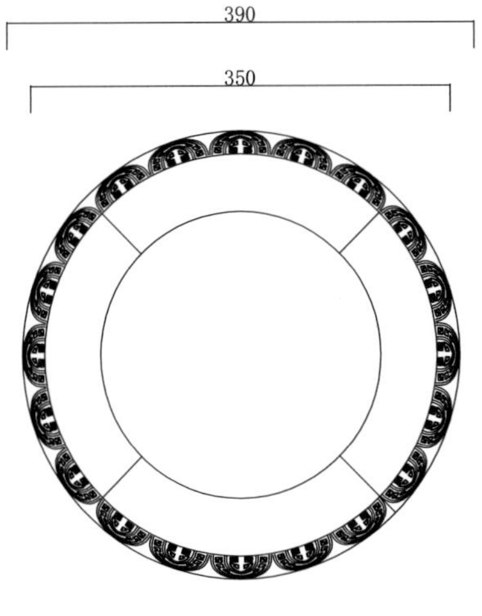

俯视图

图版清单（清式夔凤纹四开光坐墩）：
主视图
左视图
俯视图

清式缠枝莲纹四开光坐墩

材质：紫檀

年款：清代

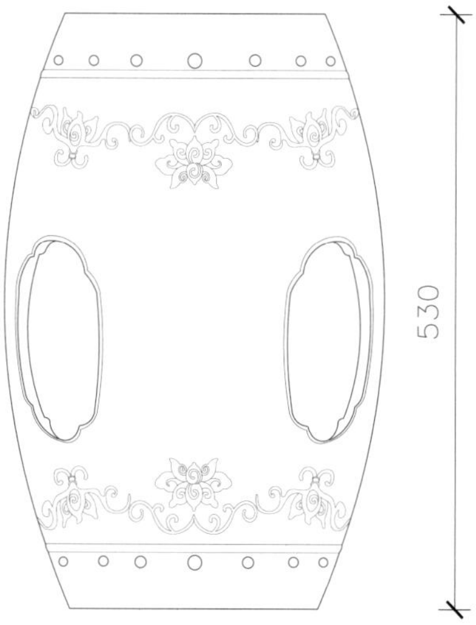

主视图

透视图

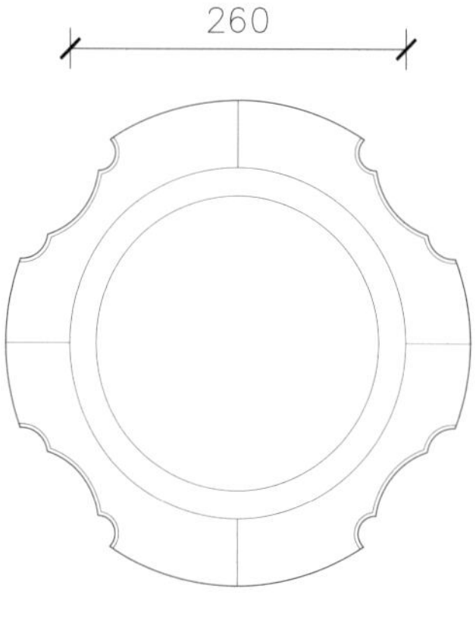

俯视图

图版清单（清式缠枝莲纹四开光坐墩）：
主视图
俯视图
透视图

注：为便于读者理解，增加透视图。

清式云头纹五开光坐墩

材质：老红木

年款：清代

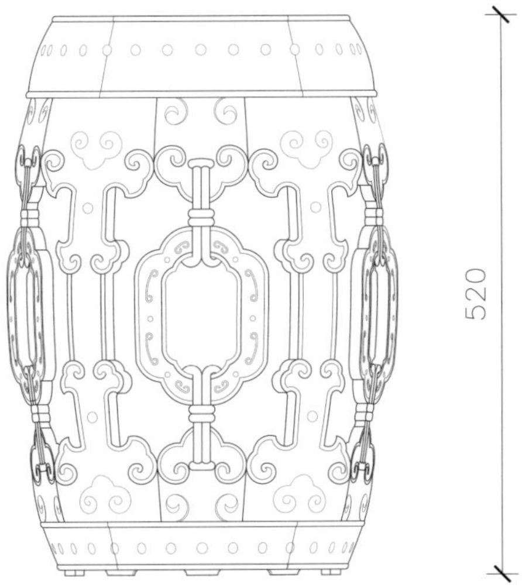

主视图

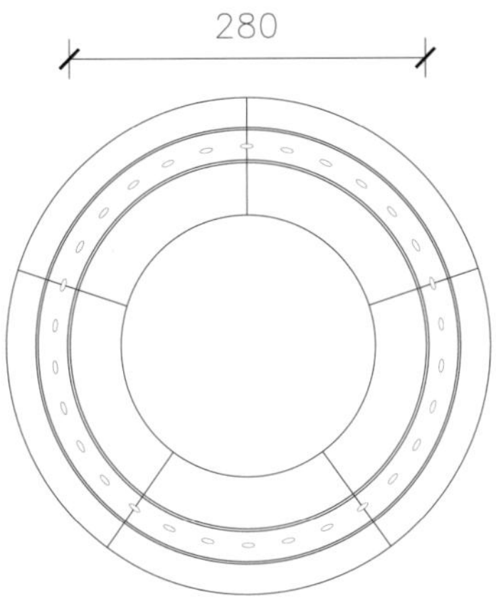

俯视图

透视图

图版清单（清式云头纹五开光坐墩）：
主视图
俯视图
透视图

注：为便于读者理解，增加透视图。

清式蝙蝠纹六开光坐墩

材质：紫檀

年款：清乾隆（清宫旧藏）

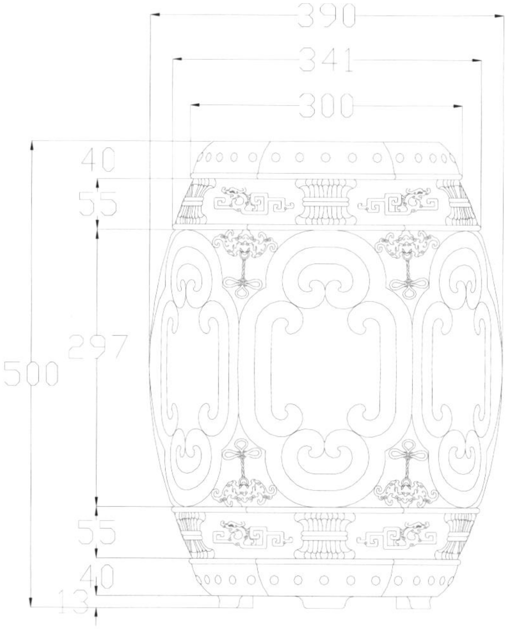

主视图

剖视图

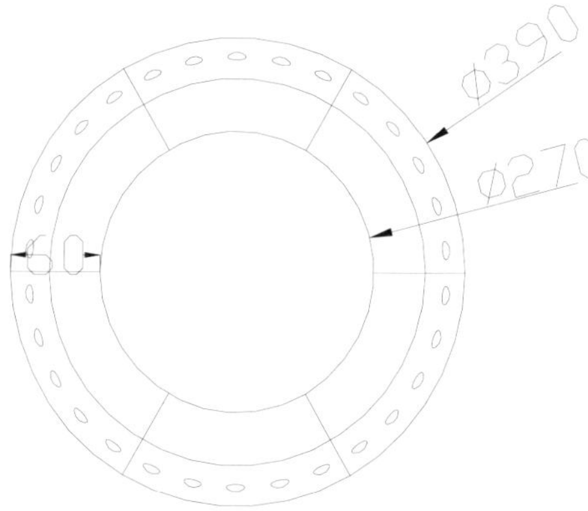

俯视图

图版清单（清式蝙蝠纹六开光坐墩）：
主视图
俯视图
剖视图

清式勾云纹景泰式坐墩

材质：紫檀

年款：清代

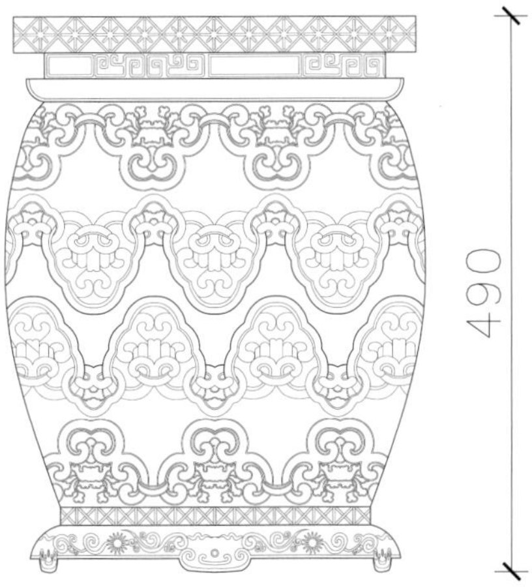

主视图

左视图

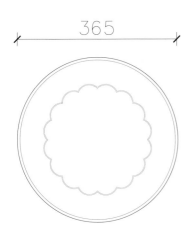

俯视图

透视图

图版清单（清式勾云纹景泰式坐墩）：
主视图
左视图
俯视图
透视图

注：为便于读者理解，增加透视图。

清式云头纹五开光高坐墩

材质：紫檀

年款：清代（清宫旧藏）

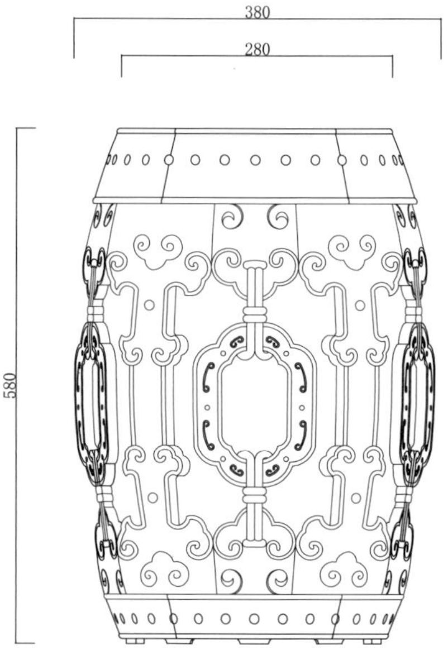

主视图

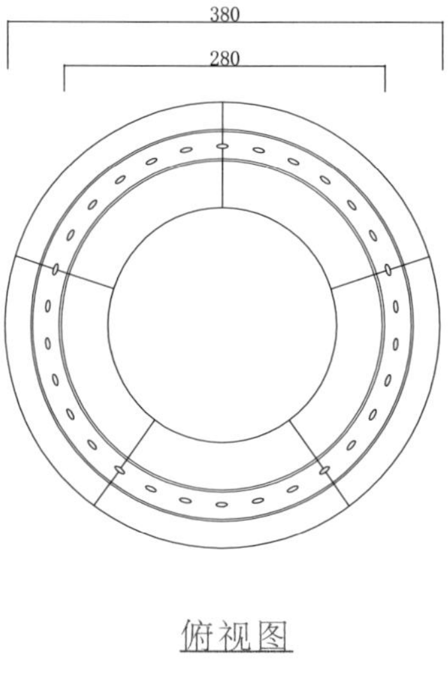

俯视图

图版清单（清式云头纹五开光高坐墩）：
主视图
俯视图

清式云龙纹海棠式坐墩

材质：紫檀

年款：清乾隆（清宫旧藏）

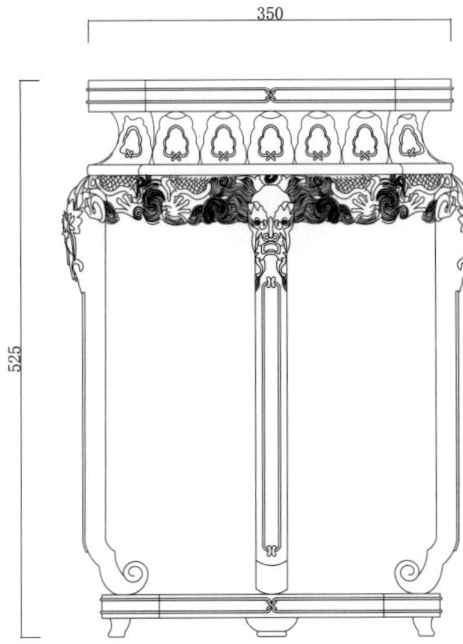

主视图

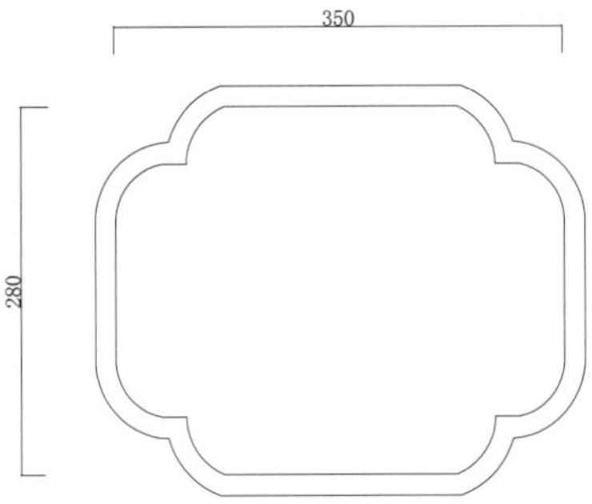

俯视图

图版清单（清式云龙纹海棠式坐墩）：
主视图
俯视图

清式六方形坐墩

材质：紫檀

年款：清乾隆（清宫旧藏）

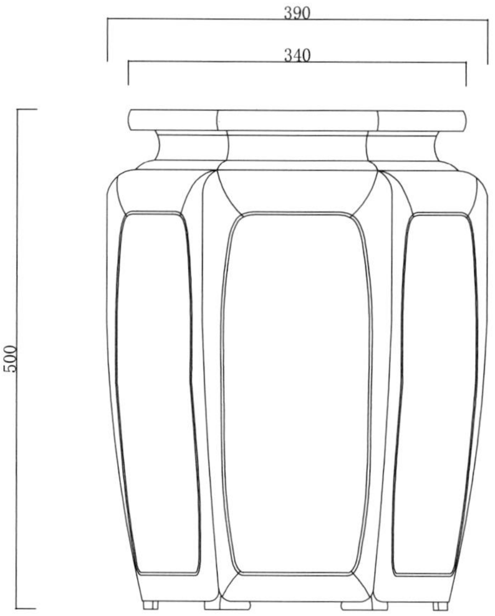

主视图

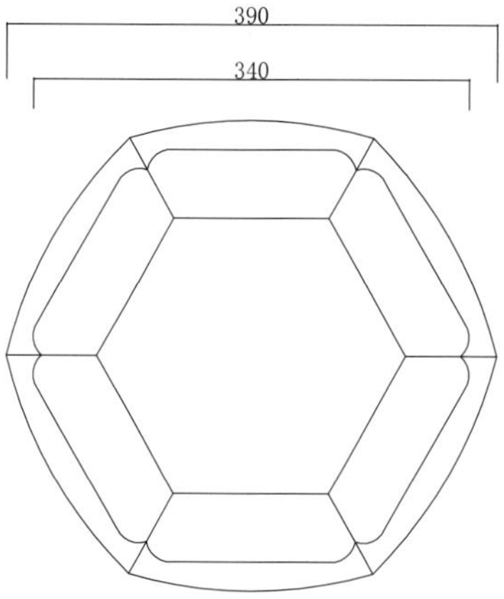

俯视图

图版清单（清式六方形坐墩）：
主视图
俯视图

清式八方形坐墩

材质：紫檀

年款：清乾隆（清宫旧藏）

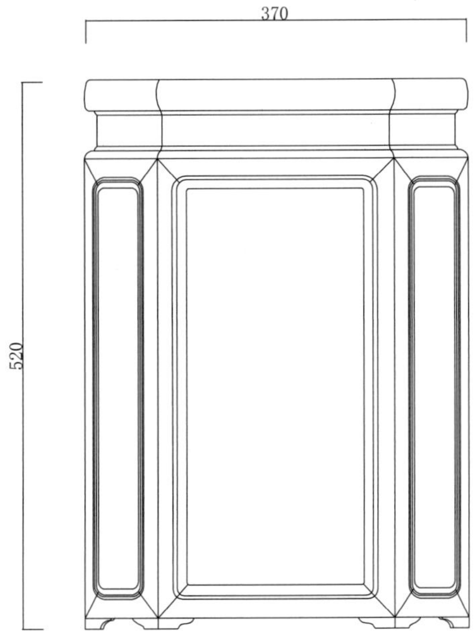

主视图

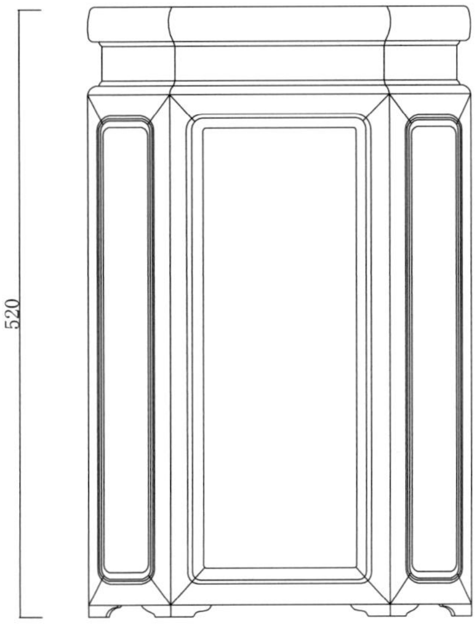

左视图

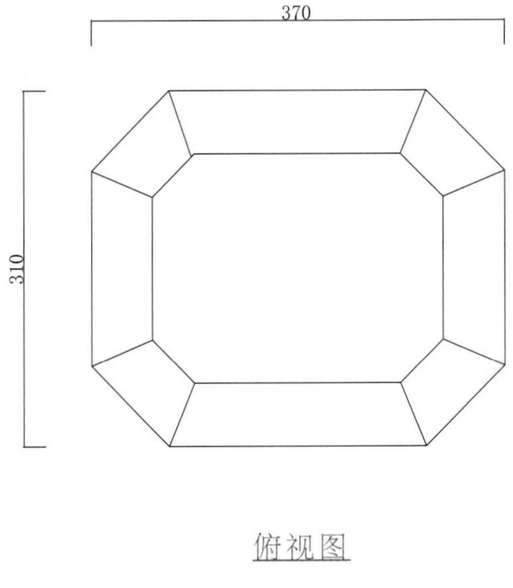

俯视图

图版清单（清式八方形坐墩）：
主视图
左视图
俯视图

清式兽面衔环纹八方形坐墩

材质：紫檀

年款：清代

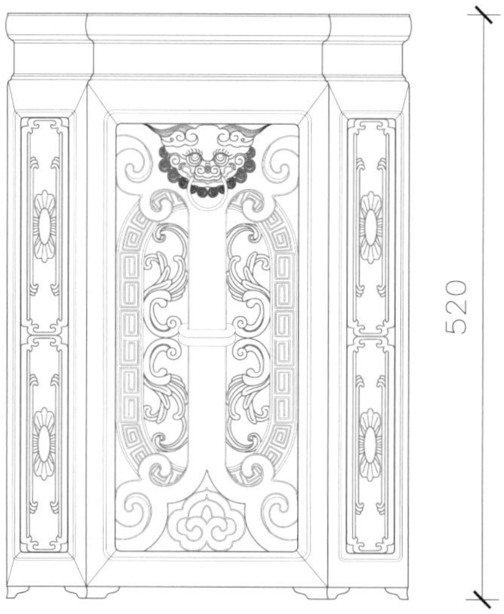

主视图

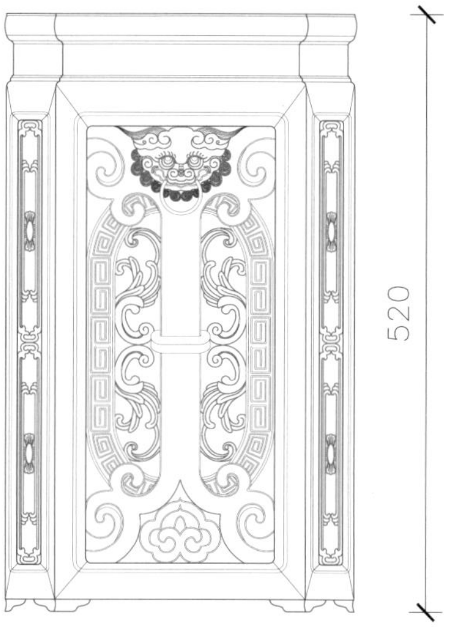

左视图

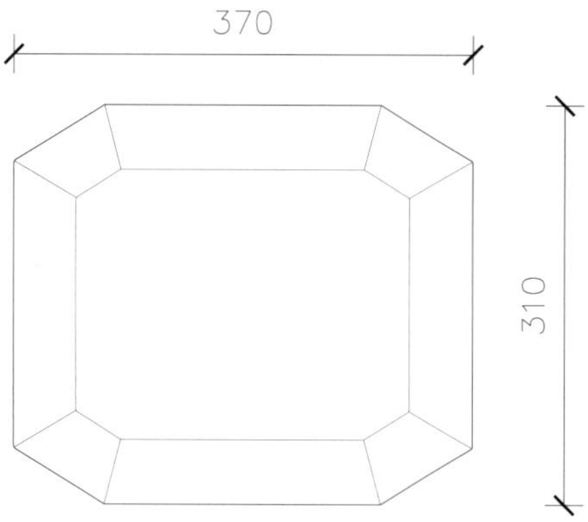

俯视图

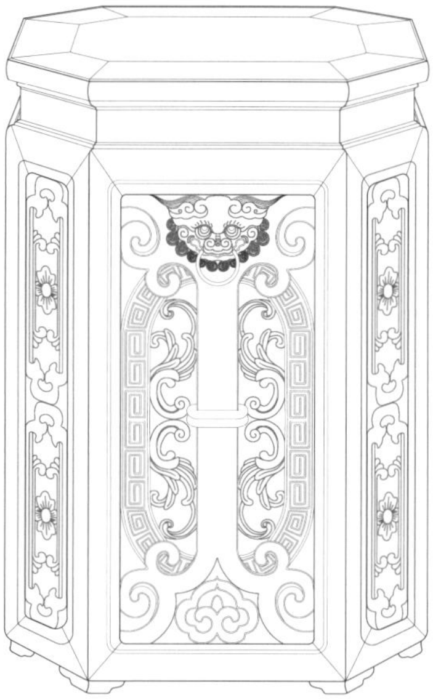

透视图

图版清单（清式兽面衔环纹八方形坐墩）：
主视图
左视图
俯视图
透视图

注：为便于读者理解，增加透视图。

清式双钱纹鼓墩

材质：紫檀

年款：清代（清宫旧藏）

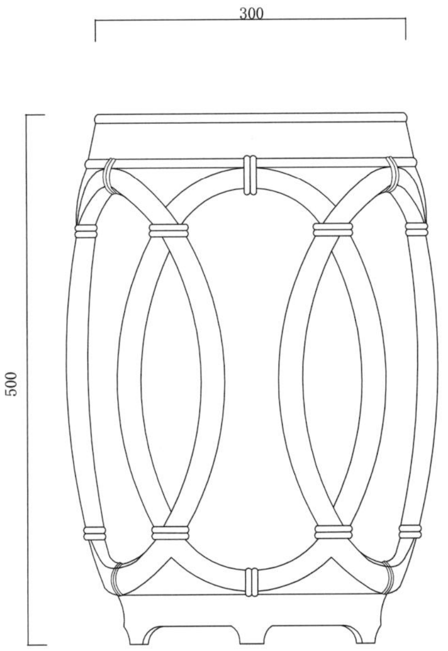

主视图

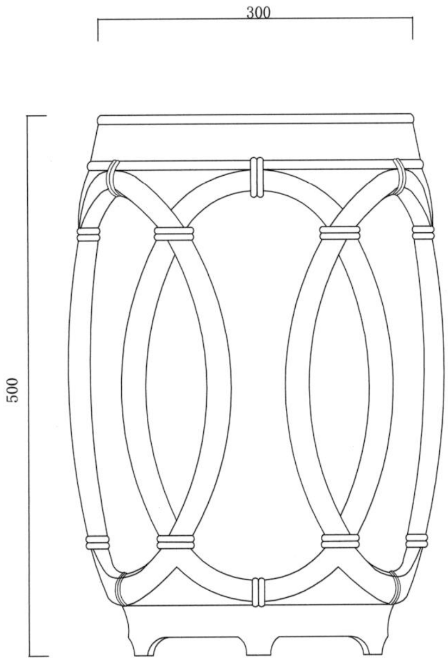

左视图

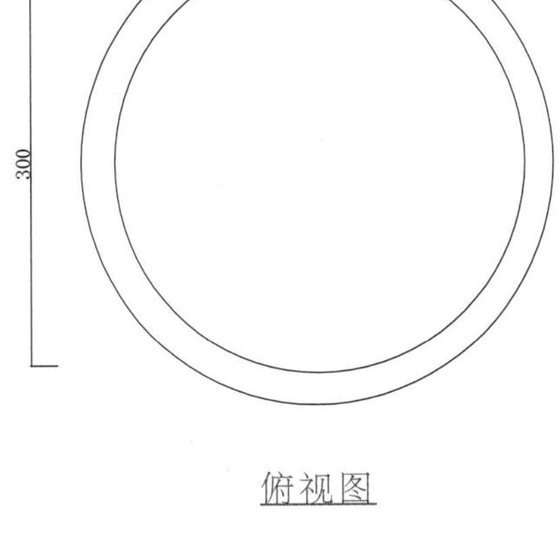

俯视图

图版清单（清式双钱纹鼓墩）：
主视图
左视图
俯视图

清式矮靠背椅

材质：花梨木

年款：清代（清宫旧藏）

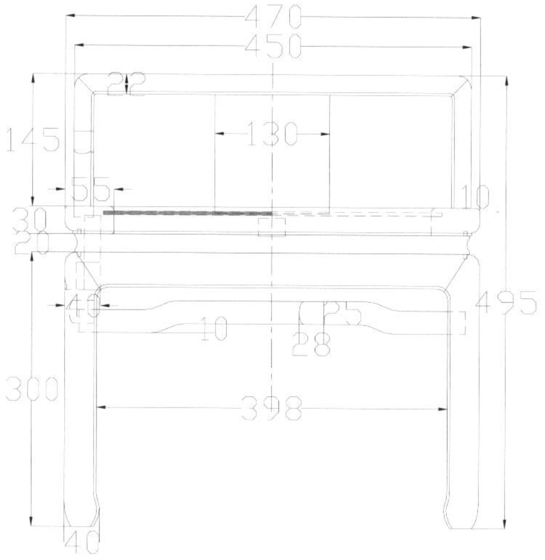

主视图

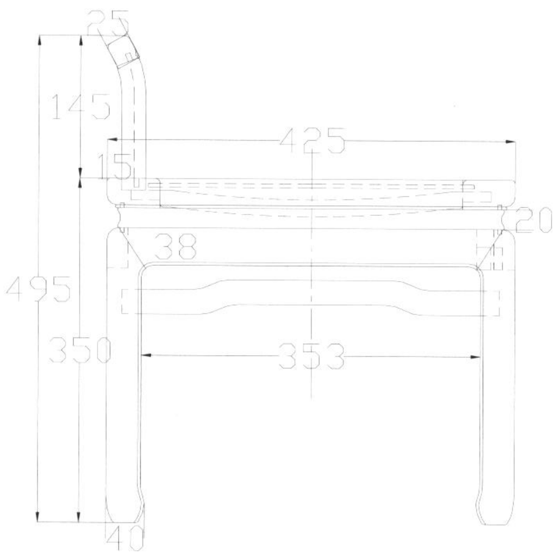

左视图

图版清单（清式矮靠背椅）：
主视图
左视图

清式拐子纹靠背椅

材质：老红木

年款：清代

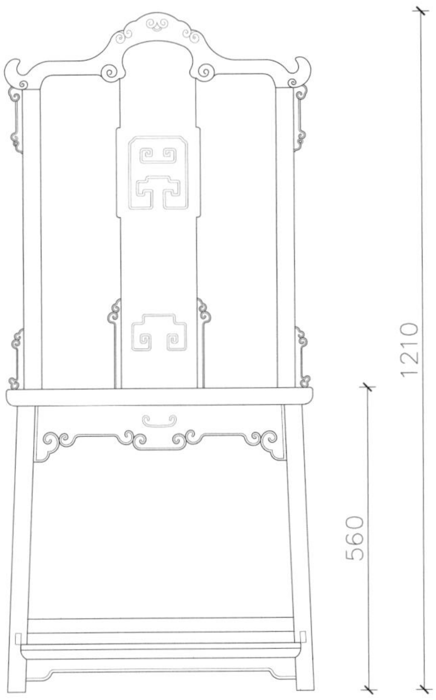

主视图

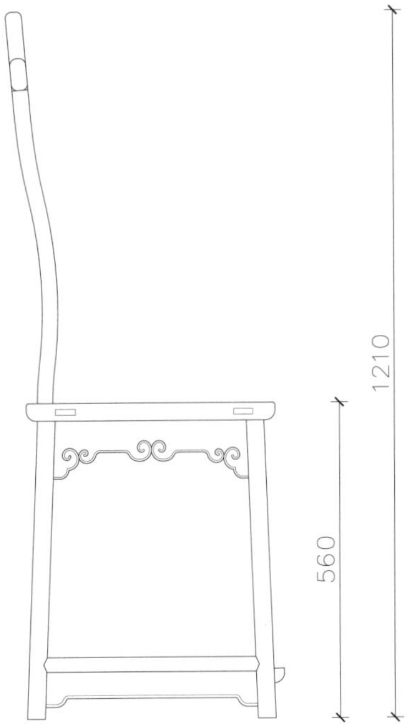

左视图

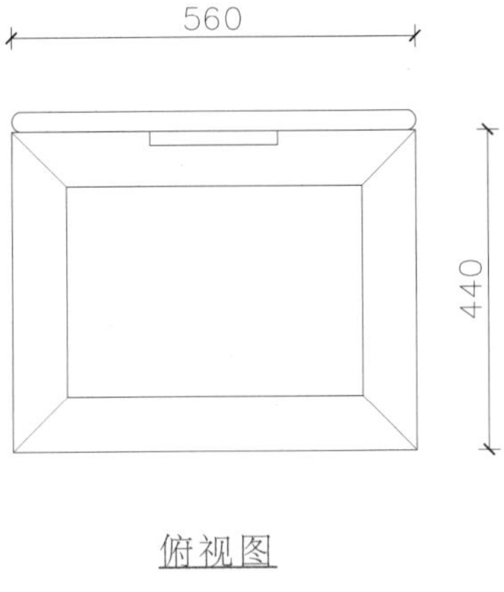

俯视图

图版清单（清式拐子纹靠背椅）：
主视图
左视图
俯视图

清式嵌瘿木靠背椅

材质：楠木

年款：清代

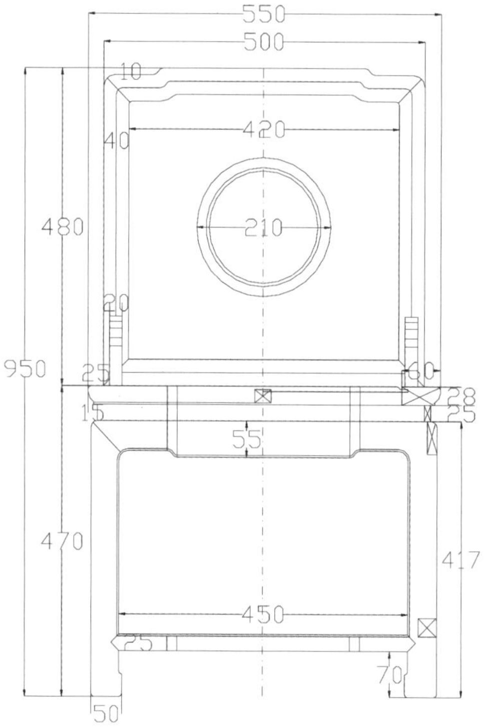

主视图

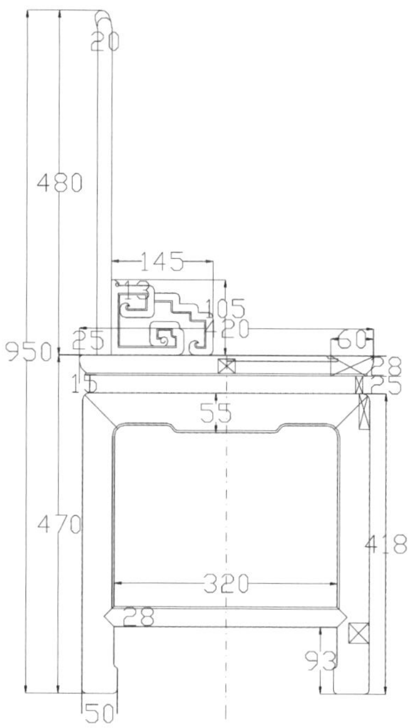

左视图

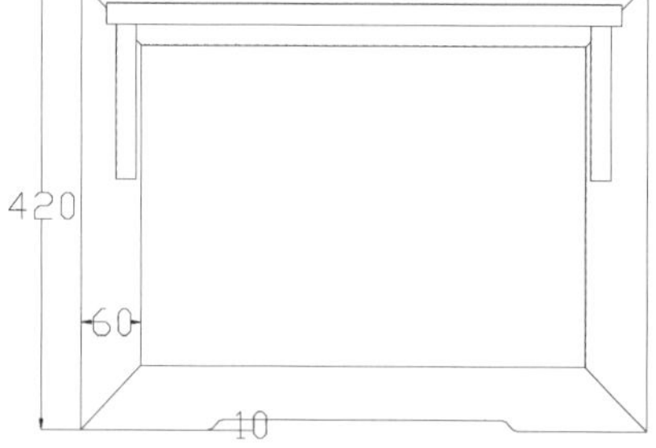

俯视图

图版清单（清式嵌瘿木靠背椅）：
主视图
左视图
俯视图

清式方圆透光靠背椅

材质：黄花梨

年款：清代

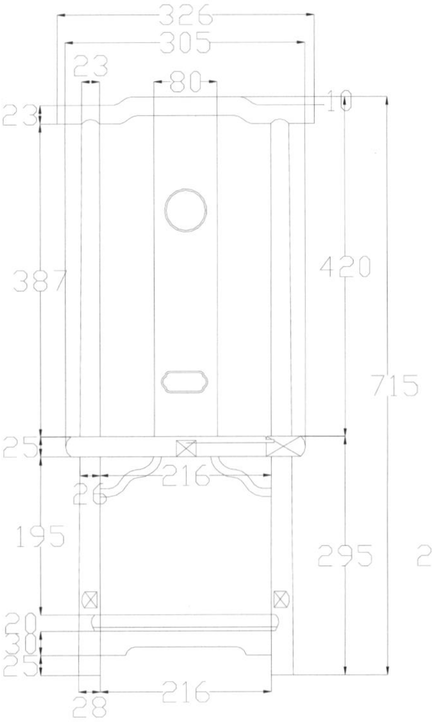

主视图

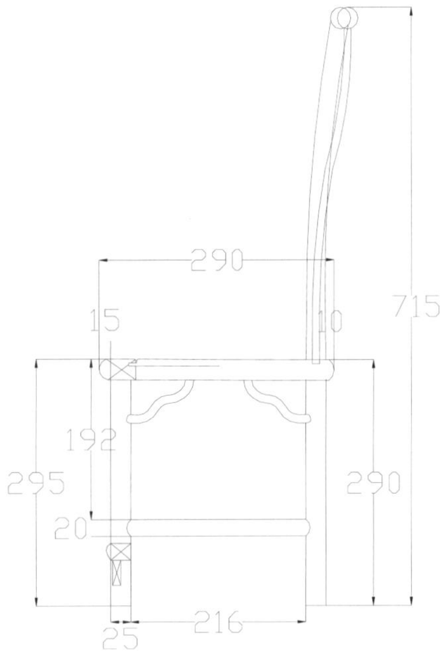

右视图

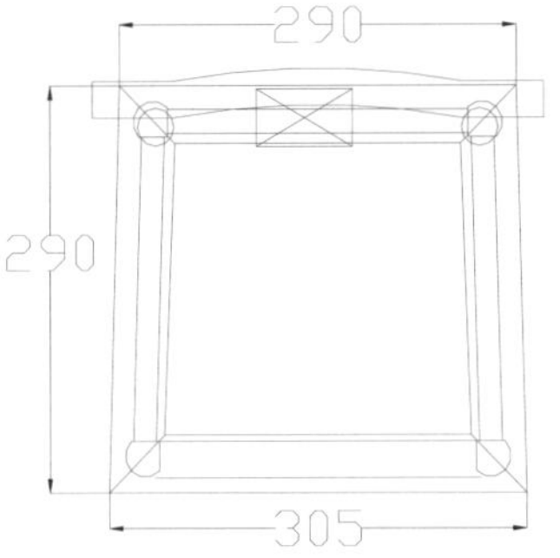

俯视图

图版清单（清式方圆透光靠背椅）：
主视图
右视图
俯视图

清式菊蝶纹靠背椅

材质：紫檀

年款：清代

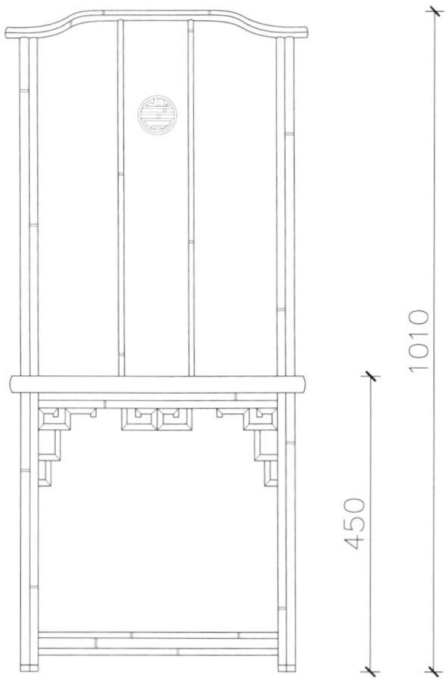

主视图

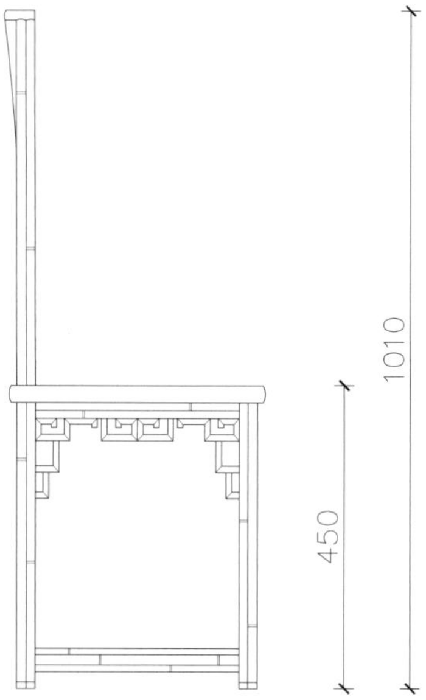

左视图

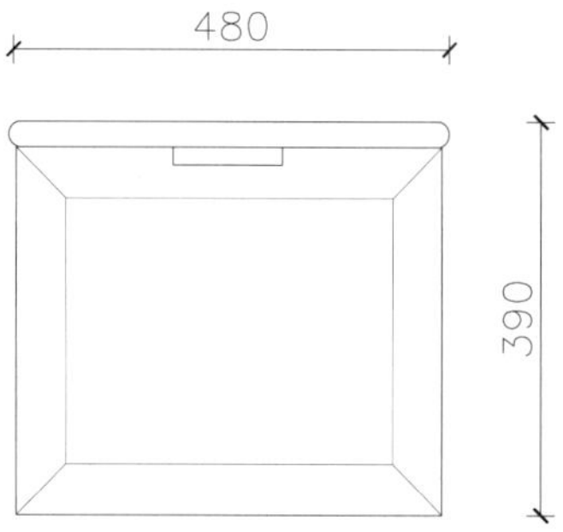

俯视图

图版清单（清式菊蝶纹靠背椅）：
主视图
左视图
俯视图

清式福寿纹靠背椅

材质：紫檀

年款：清代

主视图

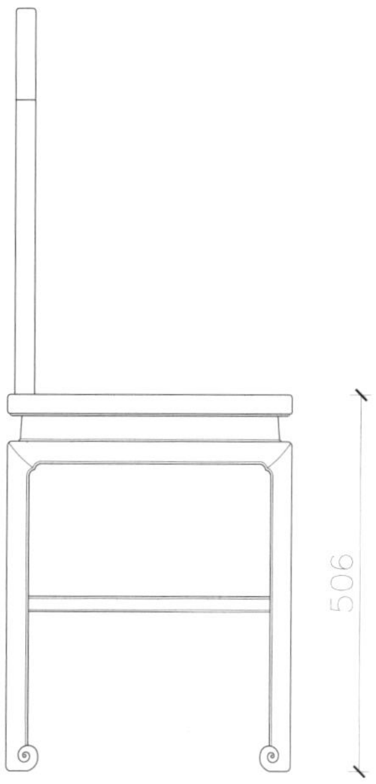

左视图

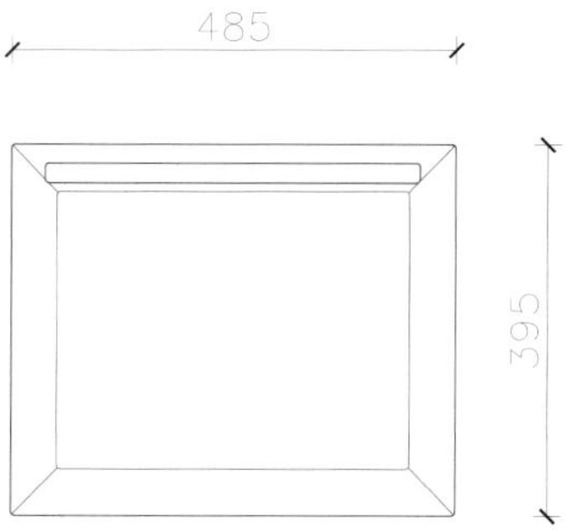

俯视图

图版清单（清式福寿纹靠背椅）：
主视图
左视图
俯视图

清式福庆如意纹扶手椅

材质：紫檀

年款：清代

主视图

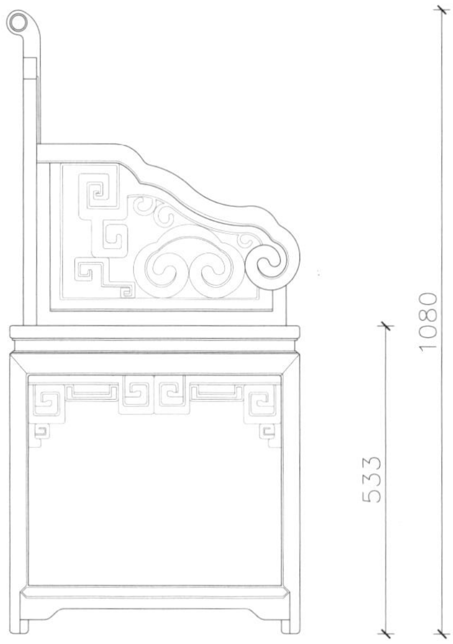

左视图

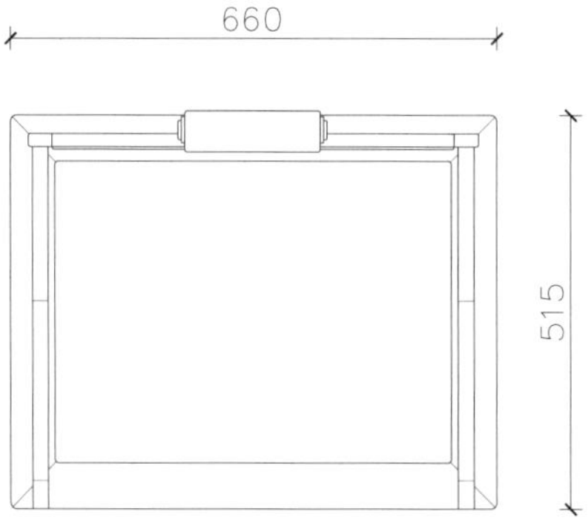

俯视图

图版清单（清式福庆如意纹扶手椅）：
主视图
左视图
俯视图

清式万福拐子纹扶手椅

材质：紫檀

年款：清代

主视图

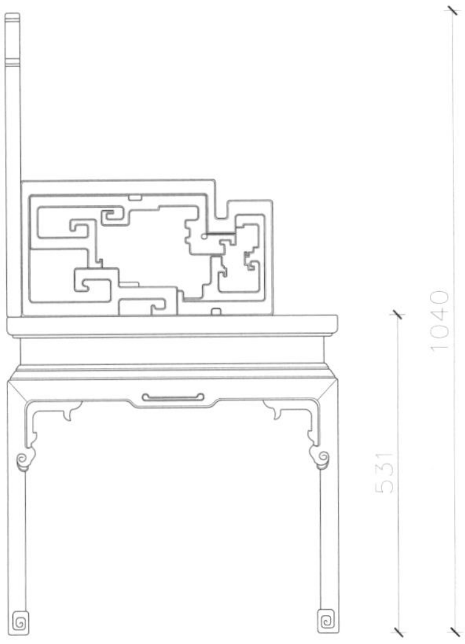

左视图

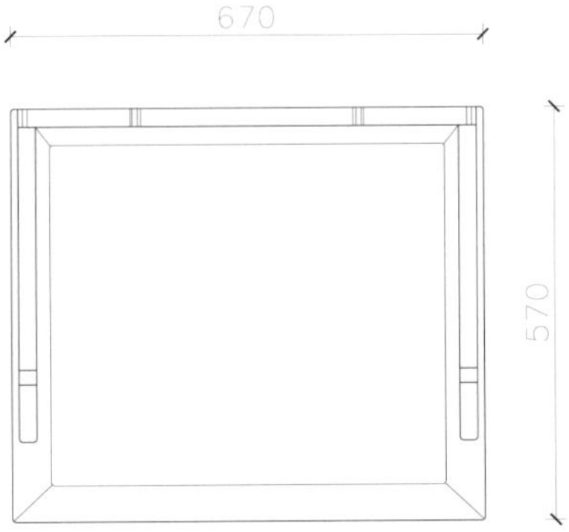

俯视图

图版清单（清式万福拐子纹扶手椅）：
主视图
左视图
俯视图

清式鸾凤纹卷书式扶手椅

材质：紫檀

年款：清代

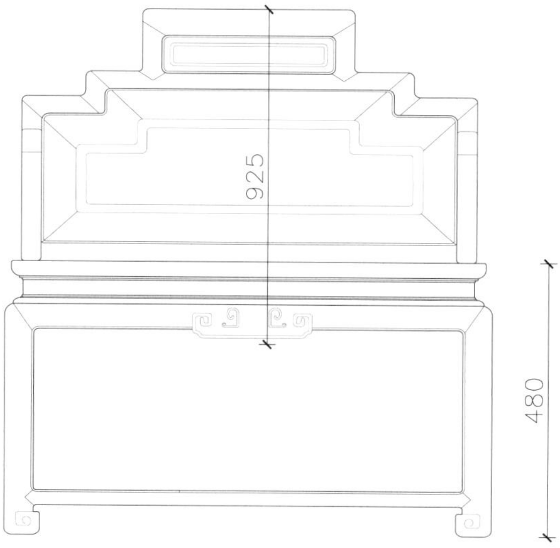

主视图

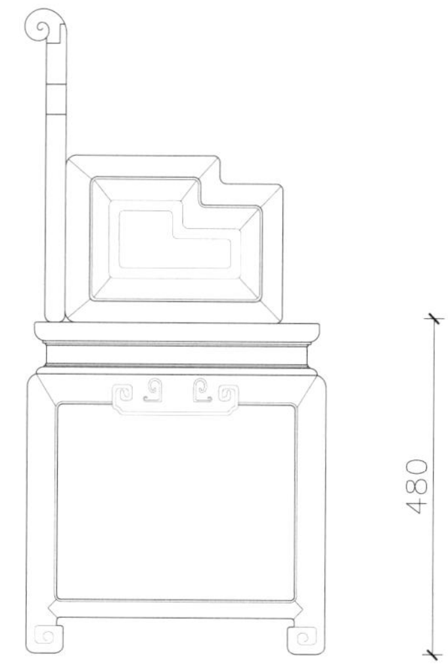

左视图

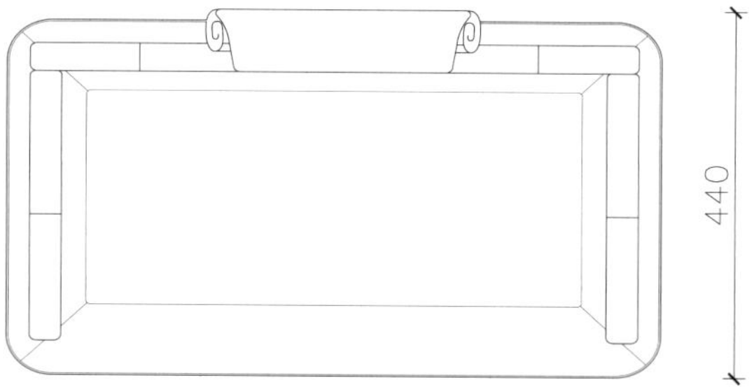

俯视图

图版清单（清式鸾凤纹卷书式扶手椅）：
主视图
左视图
俯视图

清式卷云龟背纹扶手椅

材质：紫檀

年款：清代

主视图

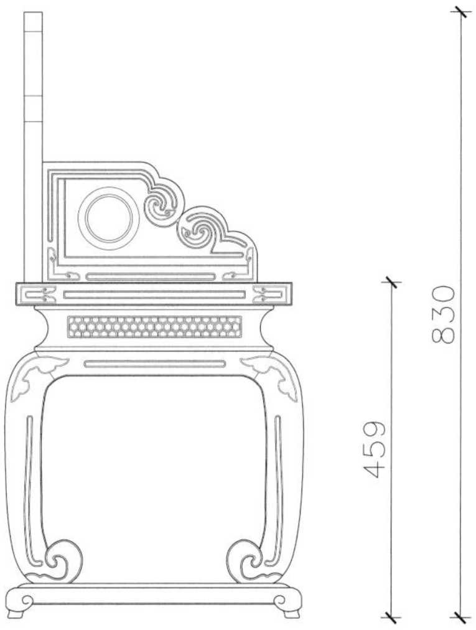

左视图

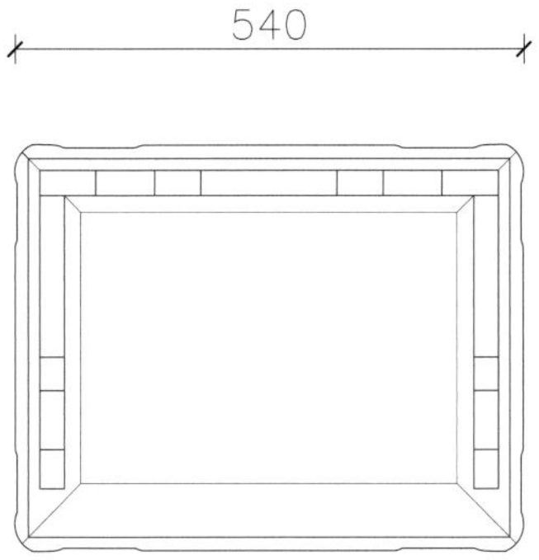

俯视图

图版清单（清式卷云龟背纹扶手椅）：
主视图
左视图
俯视图

清式福磬纹藤屉扶手椅

材质：紫檀

年款：清代

主视图

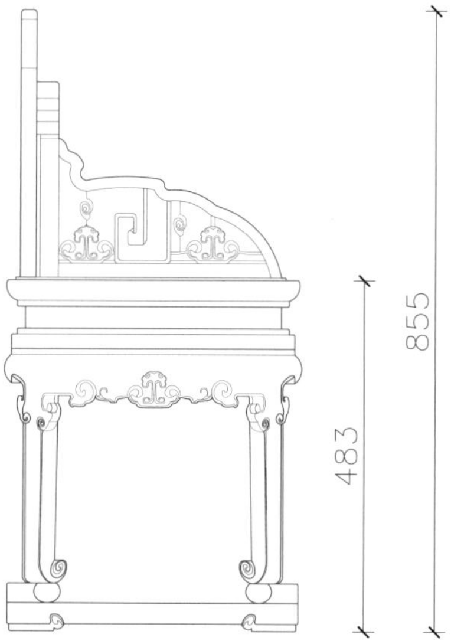

左视图

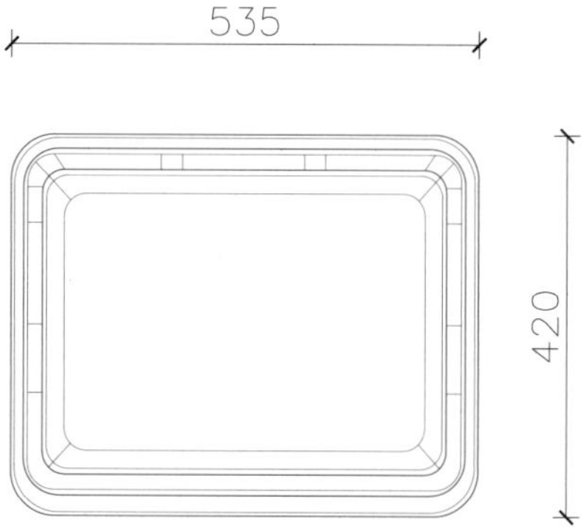

俯视图

图版清单（清式福磬纹藤屉扶手椅）：
主视图
左视图
俯视图

清式卷云竹节纹扶手椅

材质：紫檀

年款：清代

主视图

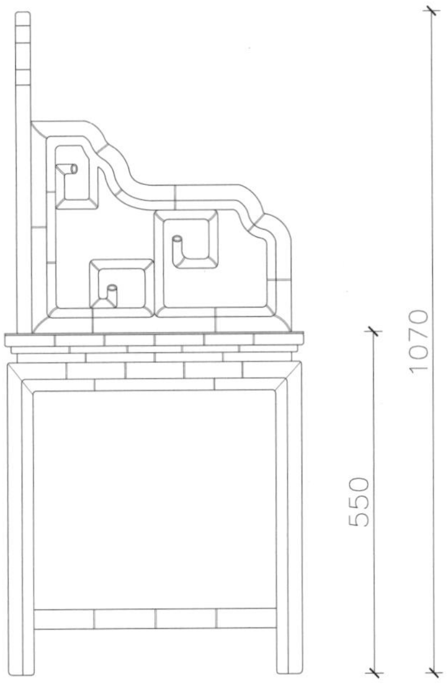

左视图

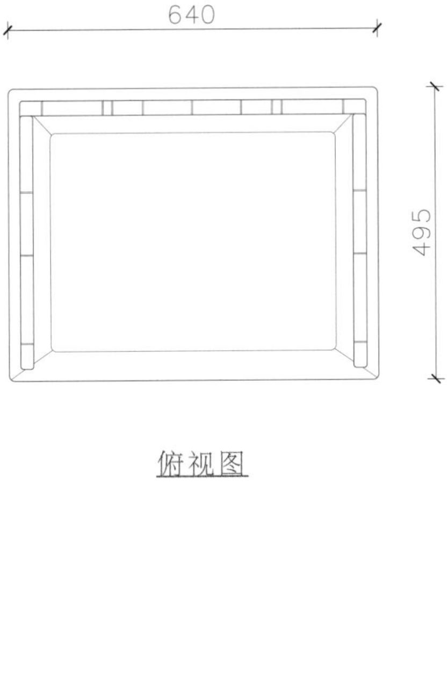

俯视图

图版清单（清式卷云竹节纹扶手椅）：
主视图
左视图
俯视图

清式福磬纹扶手椅

材质：紫檀

年款：清代

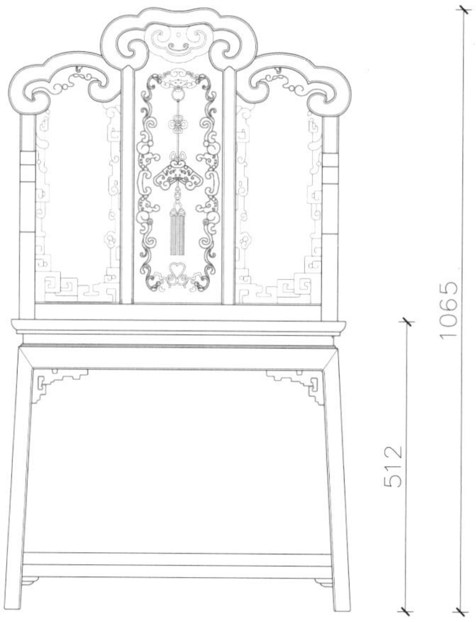

主视图

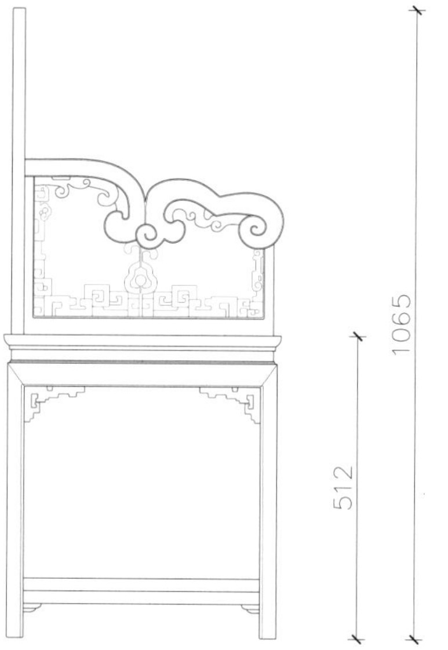

左视图

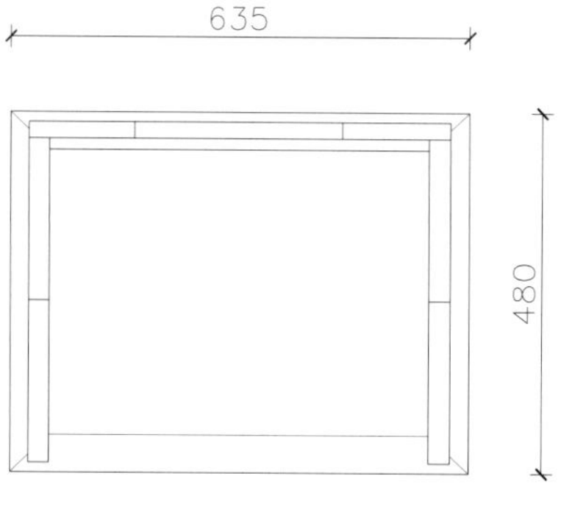

俯视图

图版清单（清式福磬纹扶手椅）：
主视图
左视图
俯视图

清式拐子纹嵌珐琅扶手椅

材质：紫檀

年款：清代（清宫旧藏）

主视图

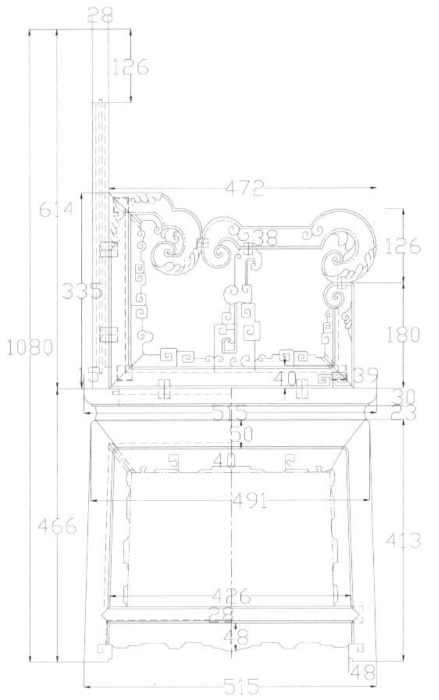

左视图

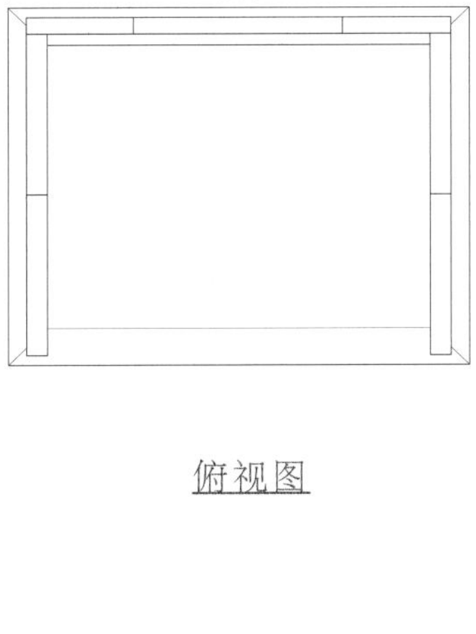

俯视图

图版清单（清式拐子纹嵌珐琅扶手椅）：
主视图
左视图
俯视图

清式西番莲纹扶手椅

材质：紫檀

年款：清代

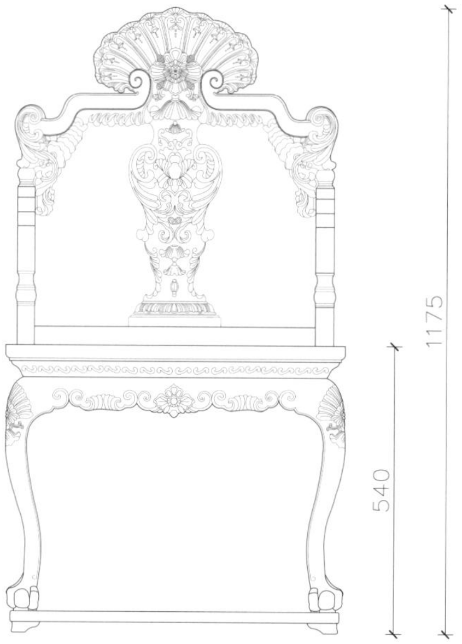

主视图

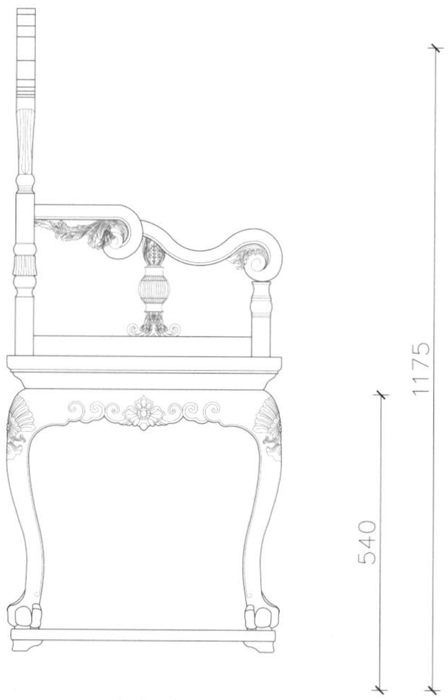

左视图

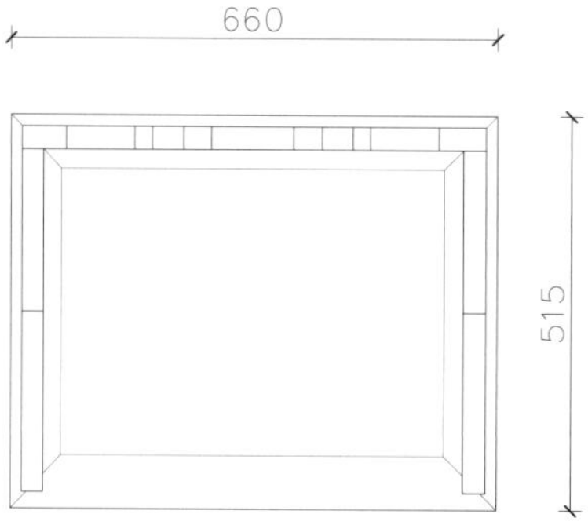

俯视图

图版清单（清式西番莲纹扶手椅）：
主视图
左视图
俯视图

清式蝙蝠拐子纹扶手椅

材质：紫檀

年款：清代

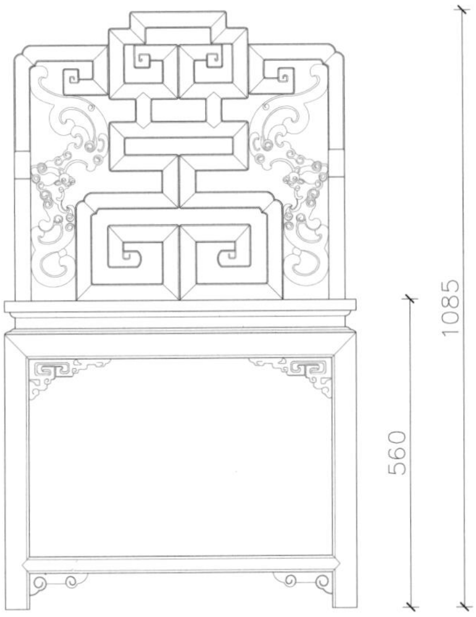

主视图

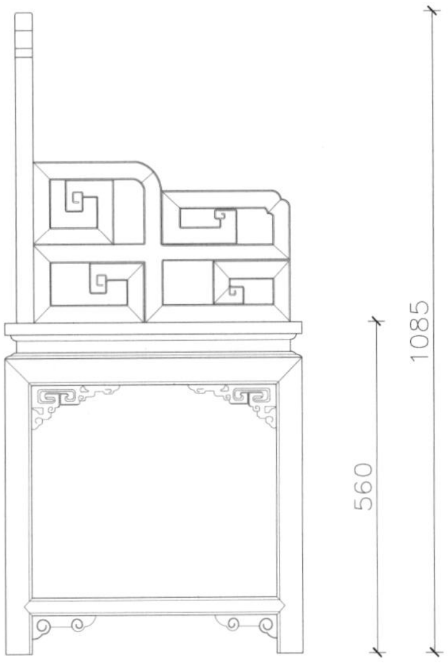

左视图

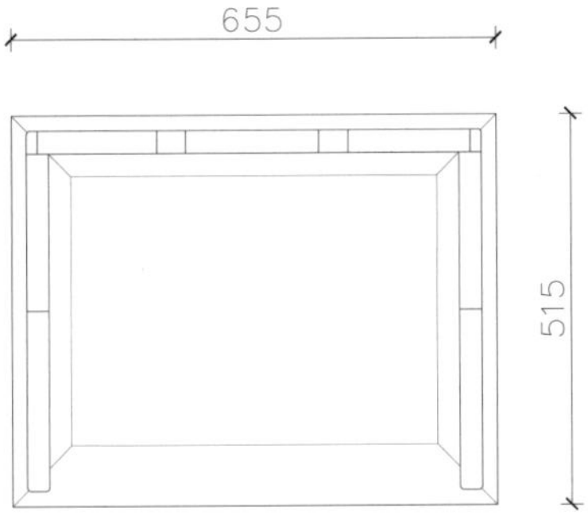

俯视图

图版清单（清式蝙蝠拐子纹扶手椅）：
主视图
左视图
俯视图

清式云蝠纹扶手椅

材质：紫檀

年款：清代

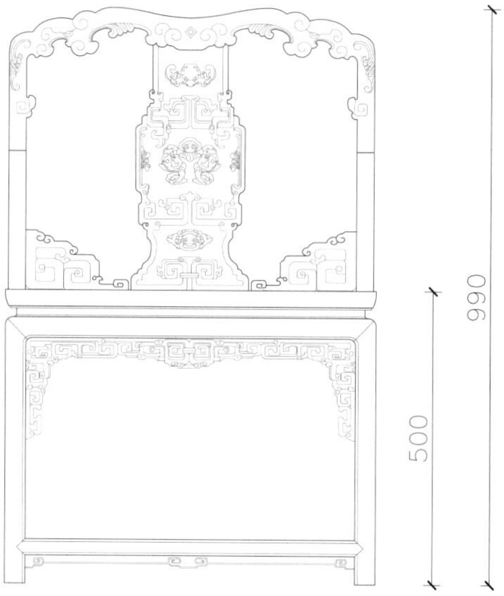

主视图

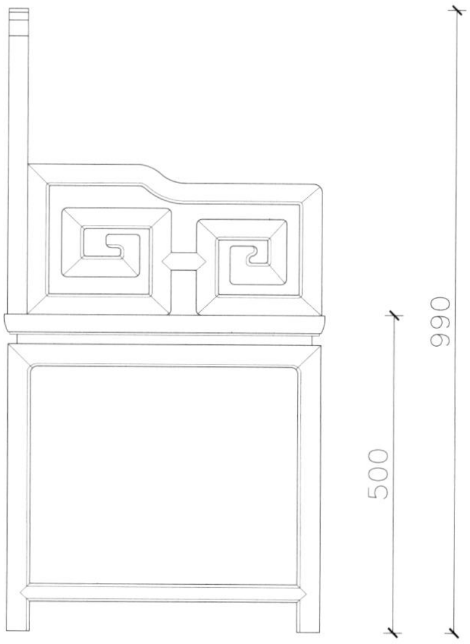

左视图

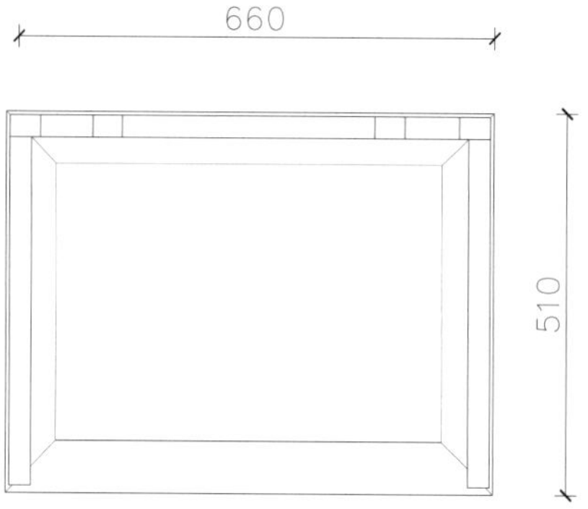

俯视图

图版清单（清式云蝠纹扶手椅）：
主视图
左视图
俯视图

清式嵌粉彩扶手椅

材质：紫檀

年款：清代

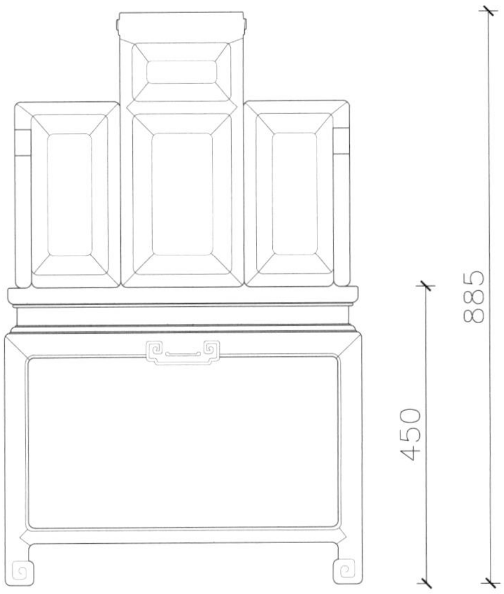

主视图

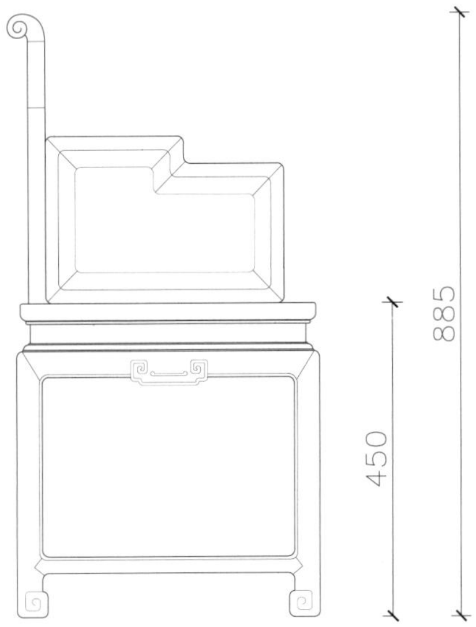

左视图

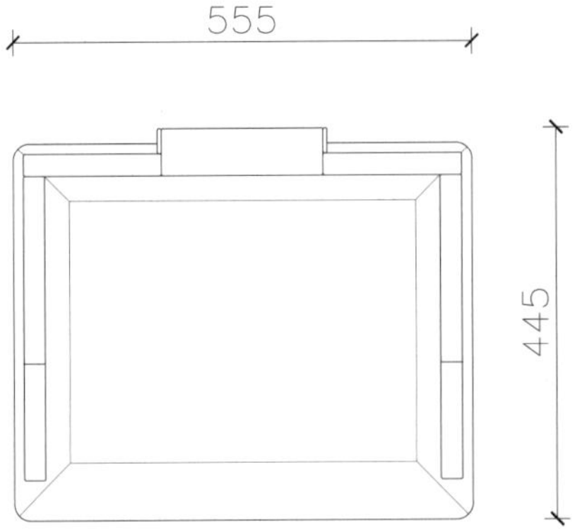

俯视图

图版清单（清式嵌粉彩扶手椅）：
主视图
左视图
俯视图

清式夔风纹扶手椅

材质：紫檀

年款：清代

主视图

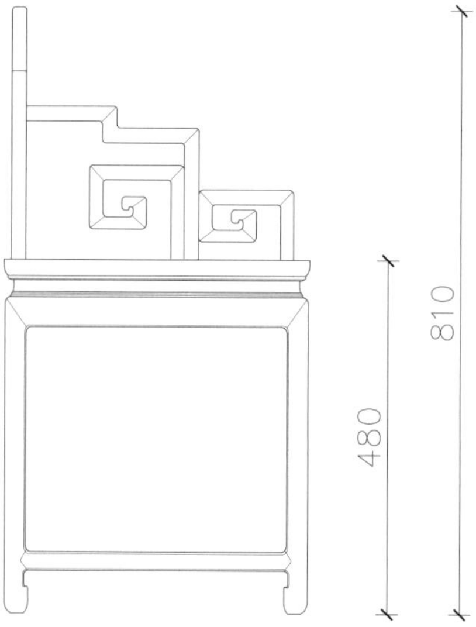

左视图

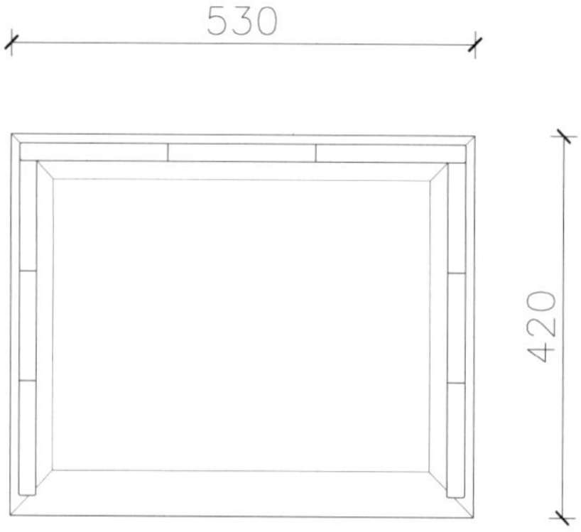

俯视图

图版清单（清式夔风纹扶手椅）：
主视图
左视图
俯视图

清式夔龙福寿纹扶手椅

材质：紫檀

年款：清代

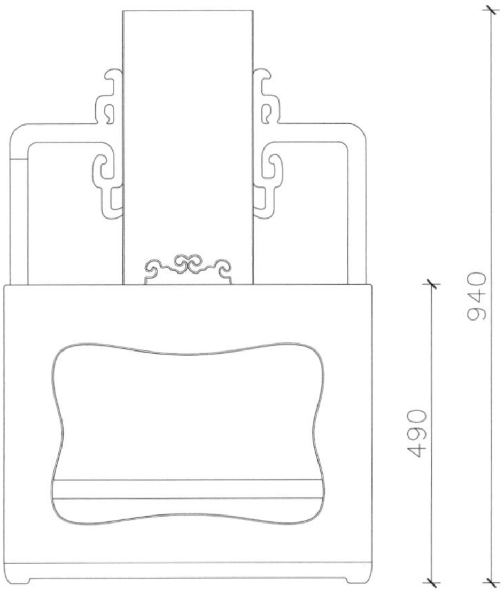

主视图

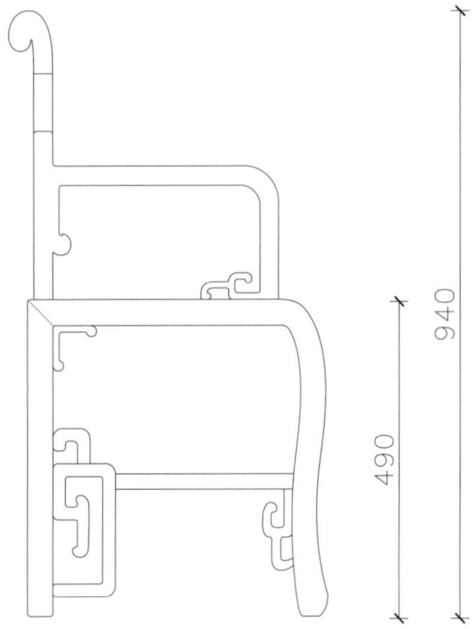

左视图

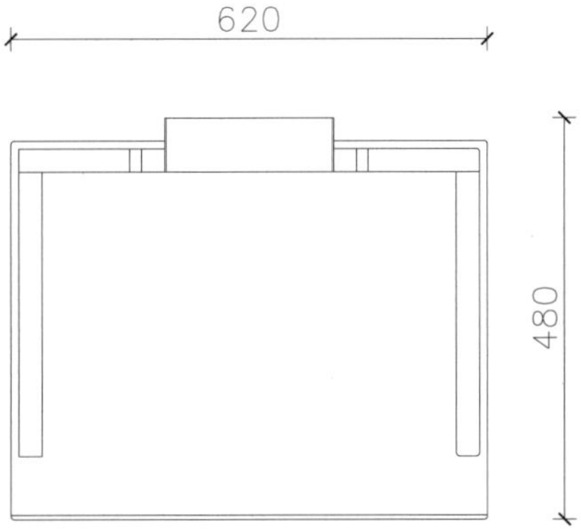

俯视图

图版清单（清式夔龙福寿纹扶手椅）：
主视图
左视图
俯视图

注：靠背上雕刻的夔龙福寿纹略去。

清式云蝠纹扶手椅

材质：紫檀

年款：清代

主视图

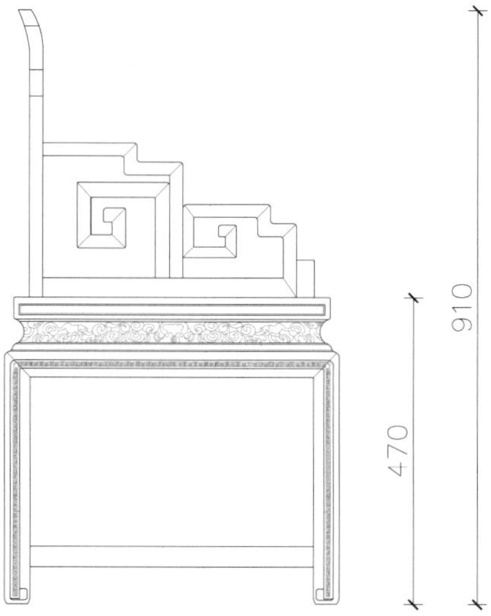

左视图

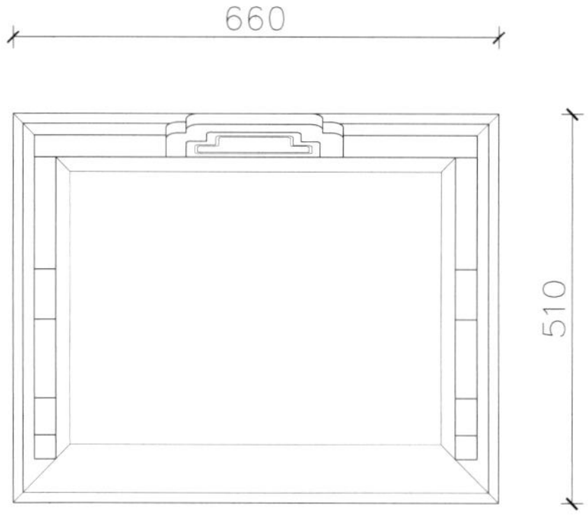

俯视图

图版清单（清式云蝠纹扶手椅）：
主视图
左视图
俯视图

清式拐子纹扶手椅

材质：紫檀

年款：清代

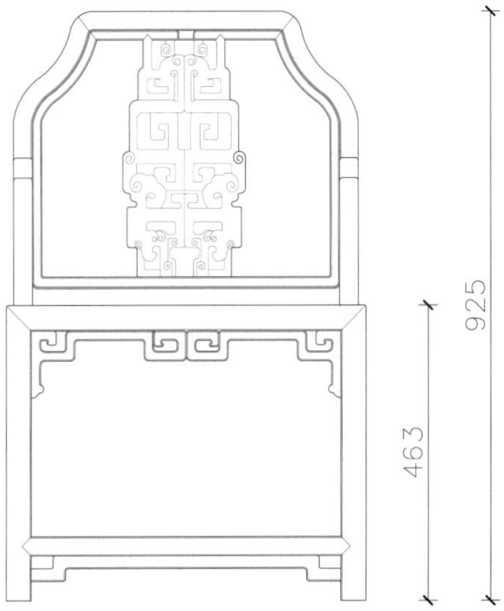

主视图

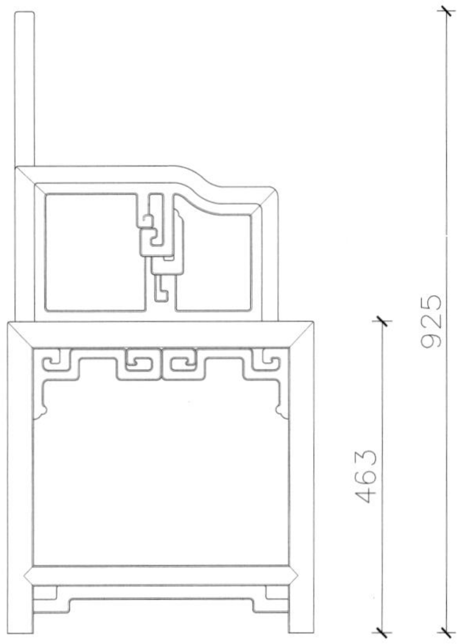

左视图

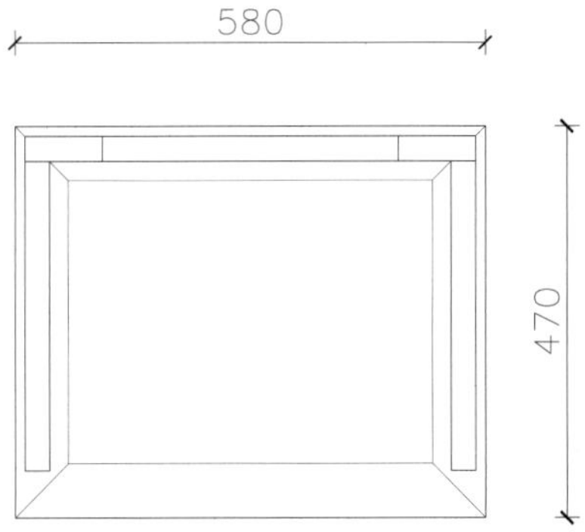

俯视图

图版清单（清式拐子纹扶手椅）：
主视图
左视图
俯视图

清式藤屉扶手椅

材质：紫檀

年款：清代（清宫旧藏）

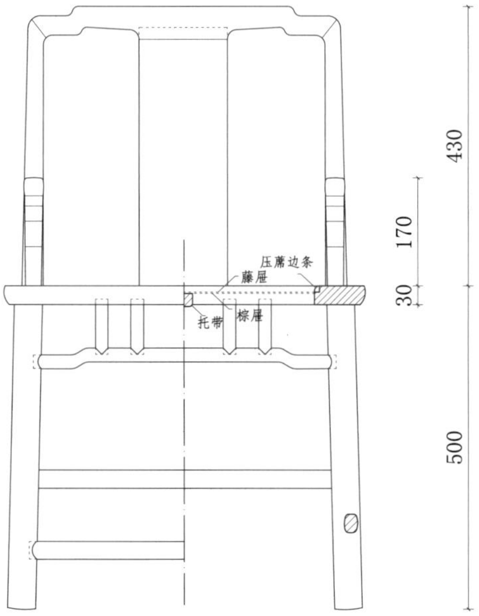

主视图

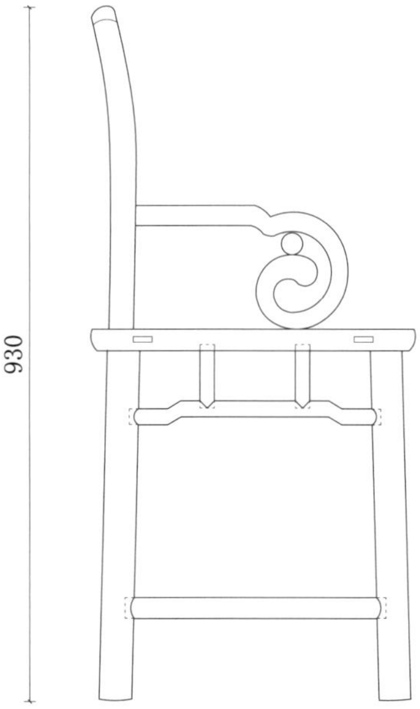

左视图

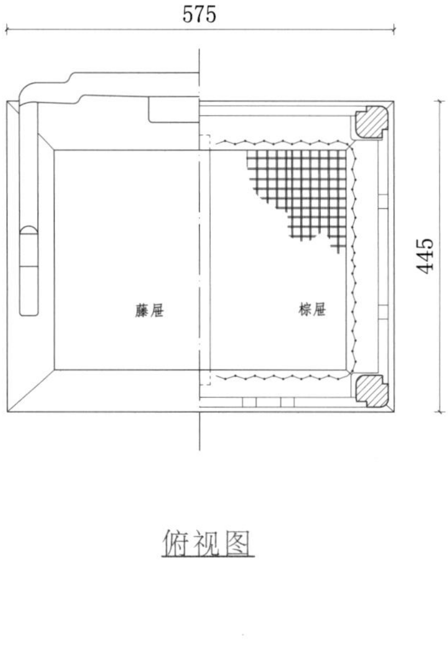

俯视图

图版清单（清式藤屉扶手椅）：

主视图

左视图

俯视图

清式七屏卷书式扶手椅

材质：紫檀

年款：清代（清宫旧藏）

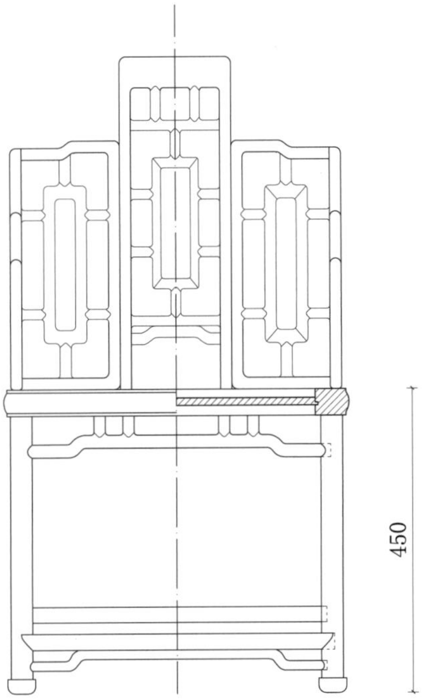

主视图

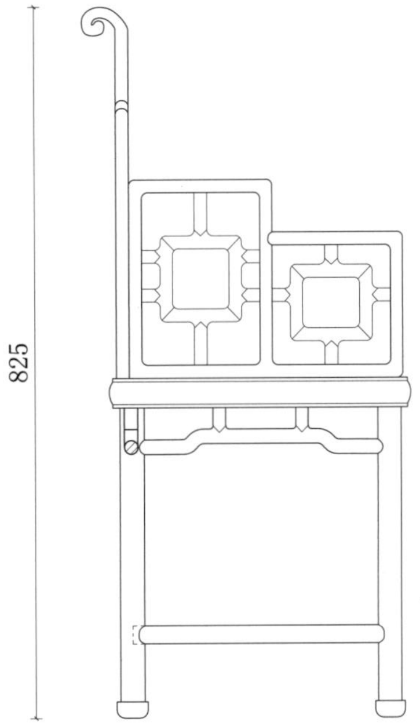

左视图

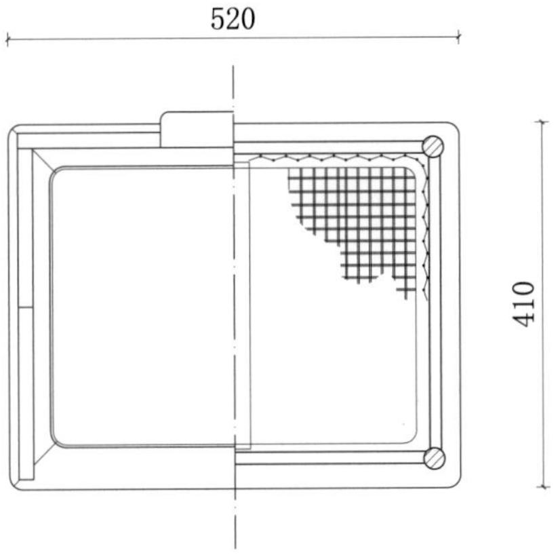

俯视图

图版清单（清式七屏卷书式扶手椅）：
主视图
左视图
俯视图

清式山水纹卷书式扶手椅

材质：紫檀

年款：清代

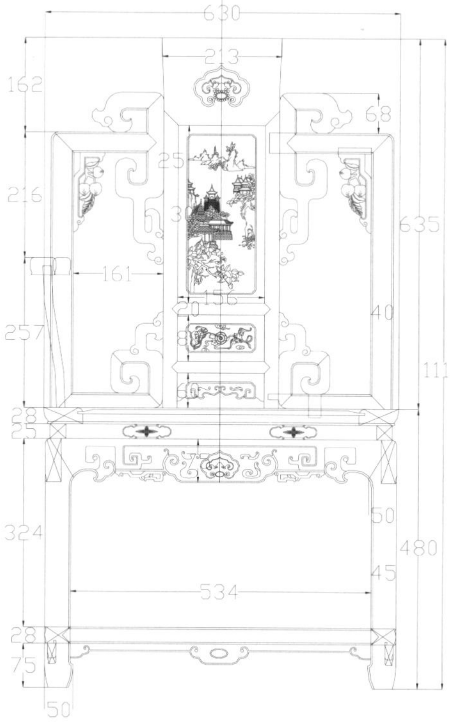

主视图

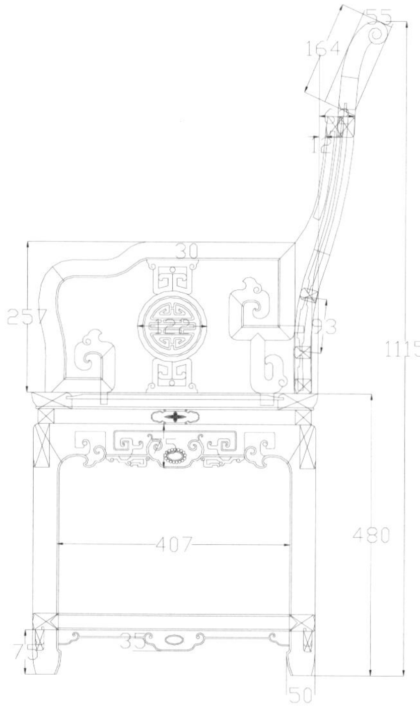

右视图

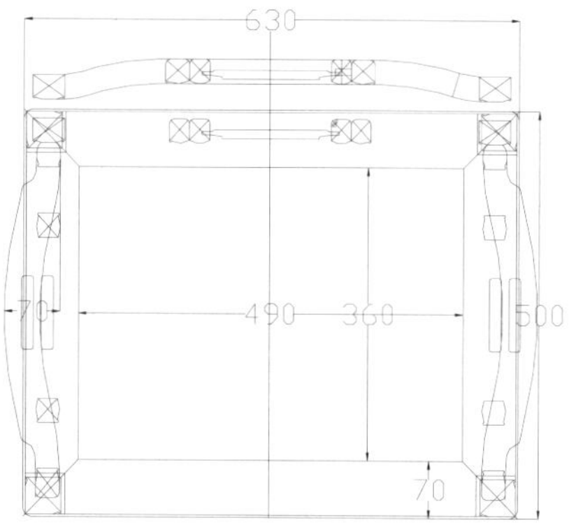

俯视图

图版清单（清式山水纹卷书式扶手椅）：
主视图
右视图
俯视图

清式攒拐子纹扶手椅

材质：紫檀

年款：清代（清宫旧藏）

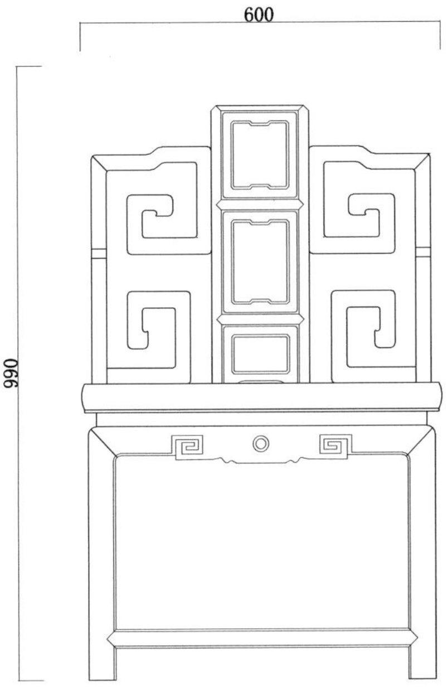

主视图

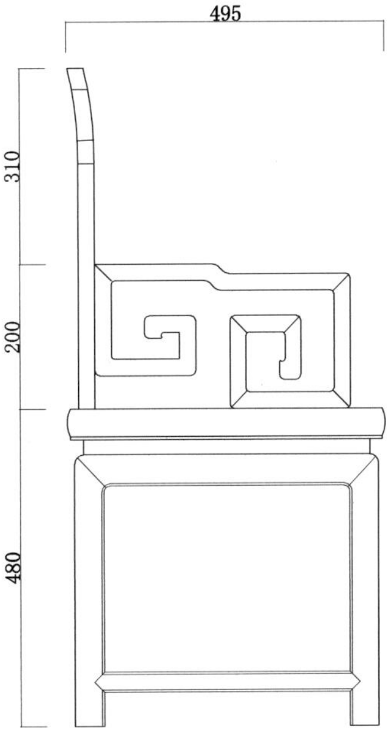

左视图

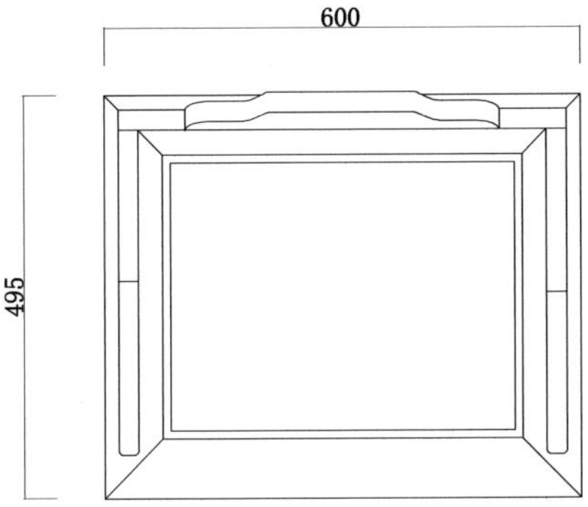

俯视图

图版清单（清式攒拐子纹扶手椅）：

主视图

左视图

俯视图

清式云纹藤屉扶手椅

材质：老红木

年款：清代（清宫旧藏）

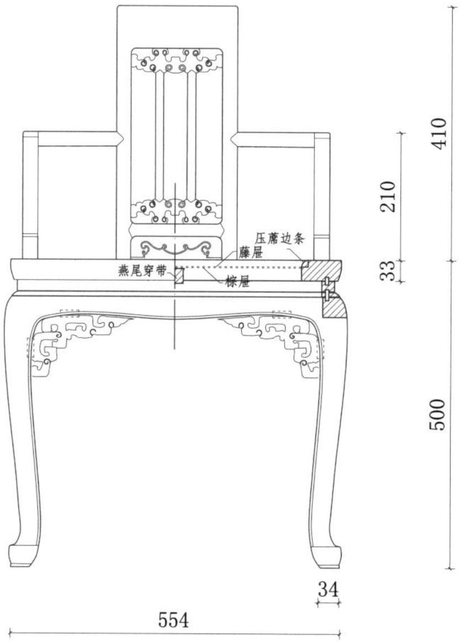

主视图

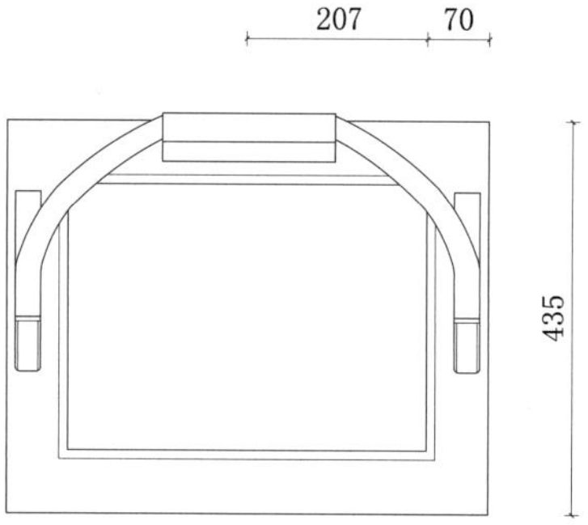

俯视图

透视图

图版清单（清式云纹藤屉扶手椅）：
主视图
俯视图
透视图

注：为便于读者理解，增加透视图。

清式团云纹双人椅

材质：紫檀

年款：清代

主视图

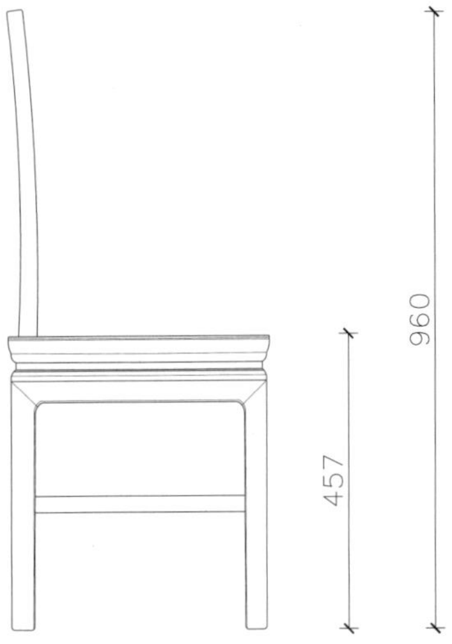

左视图

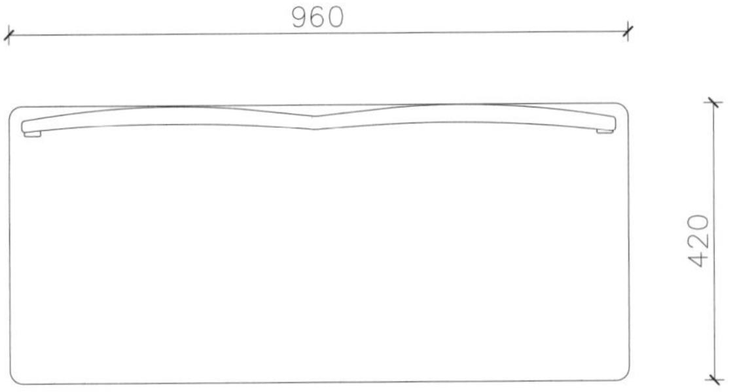

俯视图

图版清单（清式团云纹双人椅）：
主视图
左视图
俯视图

清式卷草纹南官帽椅

材质：紫檀

年款：清代

主视图

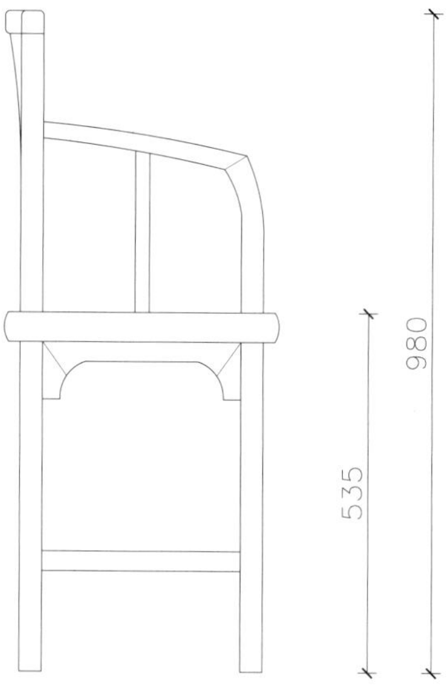

左视图

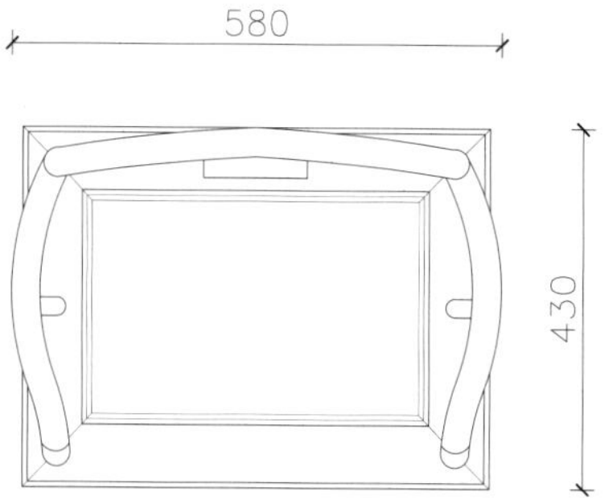

俯视图

图版清单（清式卷草纹南官帽椅）：
主视图
左视图
俯视图

清式如意云头纹官帽椅

材质：紫檀

年款：清代（清宫旧藏）

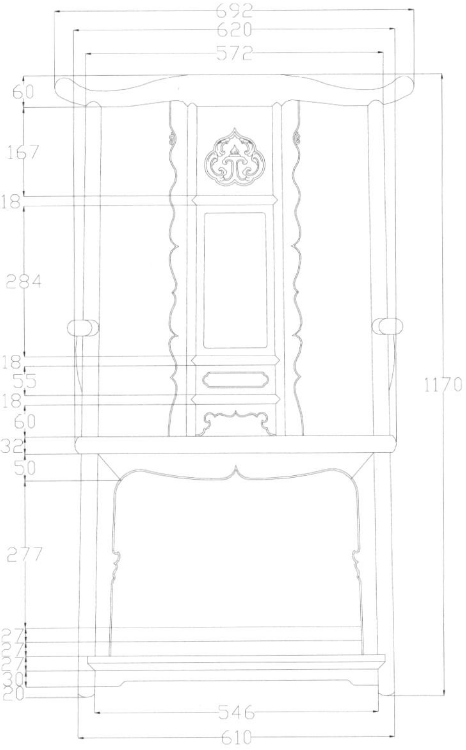

主视图

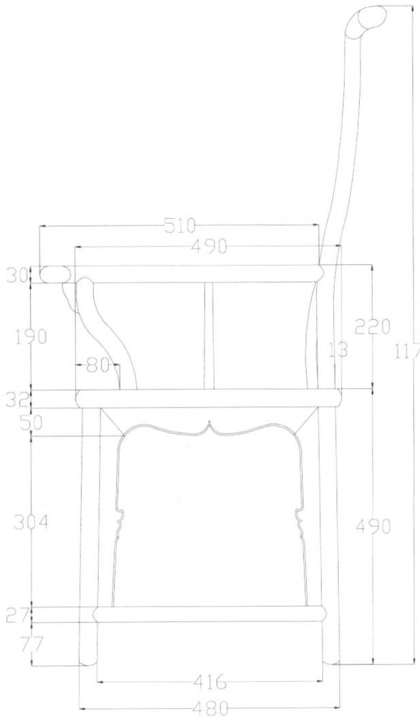

右视图

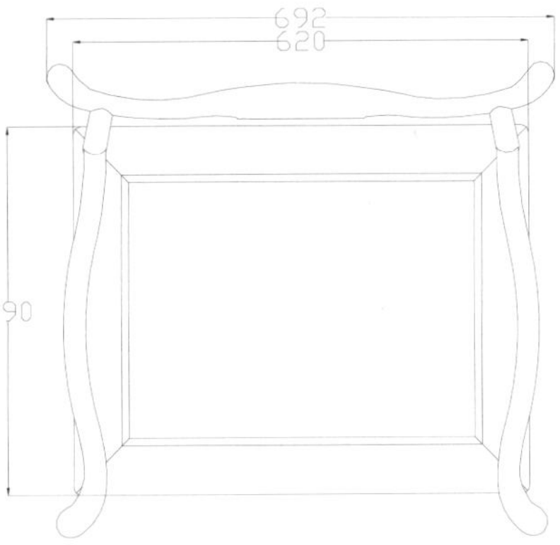

俯视图

图版清单（清式如意云头纹官帽椅）：
主视图
右视图
俯视图

清式嵌大理石太师椅

材质：老红木

年款：清代（清宫旧藏）

主视图

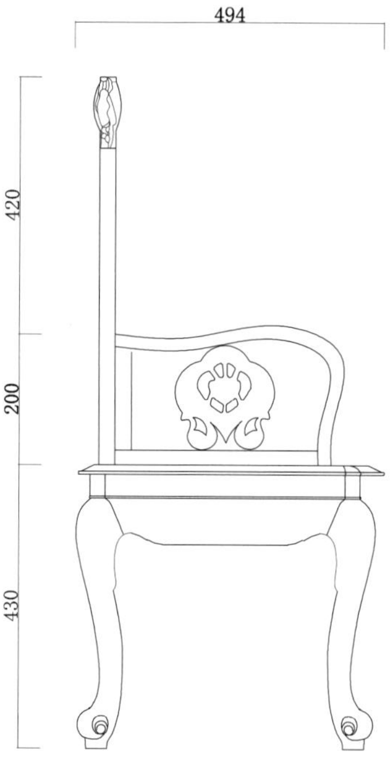

左视图

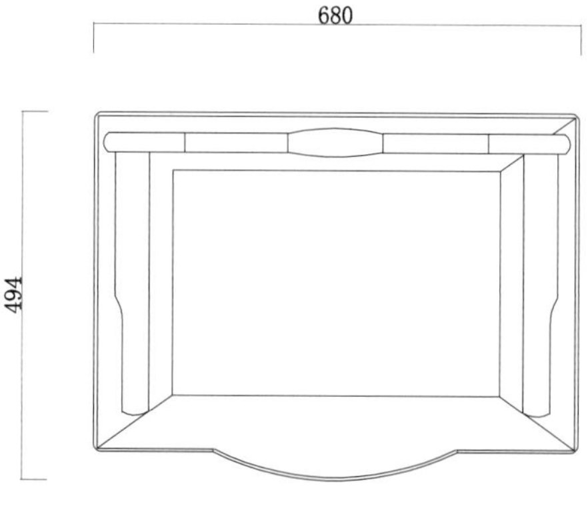

俯视图

图版清单（清式嵌大理石太师椅）：
主视图
左视图
俯视图

清式云龙纹有束腰圈椅

材质：紫檀

年款：清代（清宫旧藏）

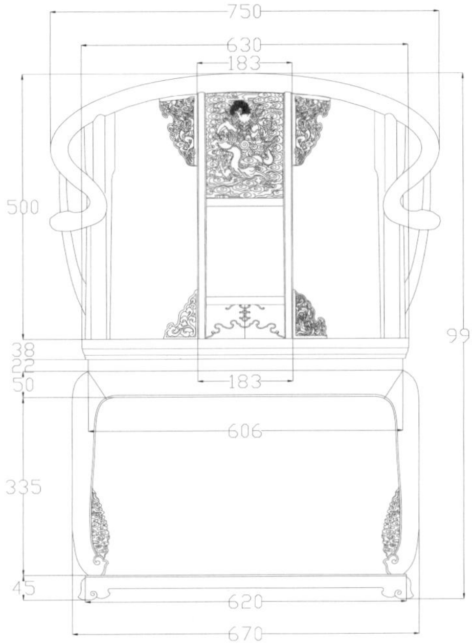

主视图

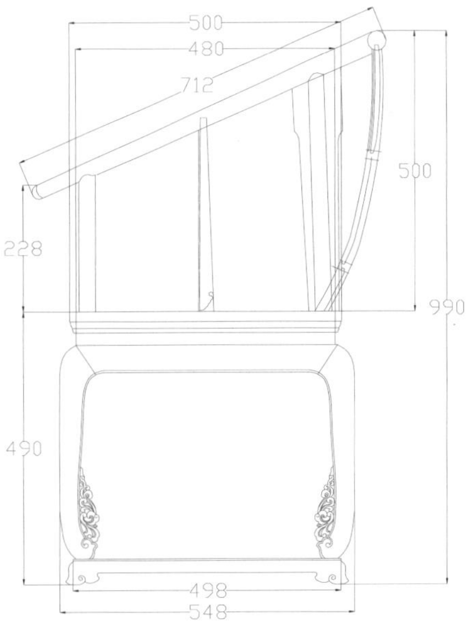

右视图

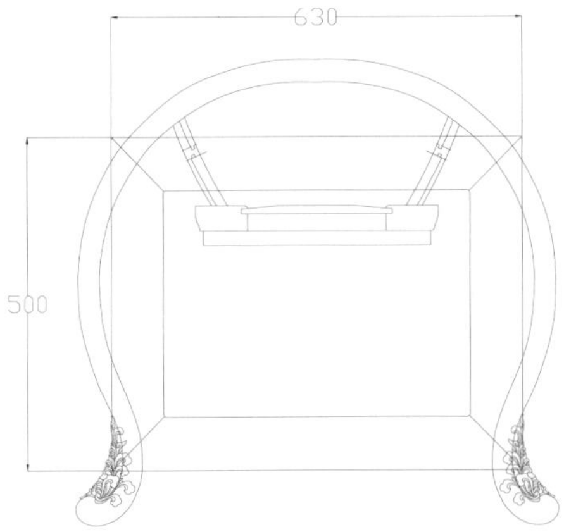

俯视图

图版清单（清式云龙纹有束腰圈椅）：
主视图
右视图
俯视图

清式云龙纹大宝座

材质：老红木

年款：清代

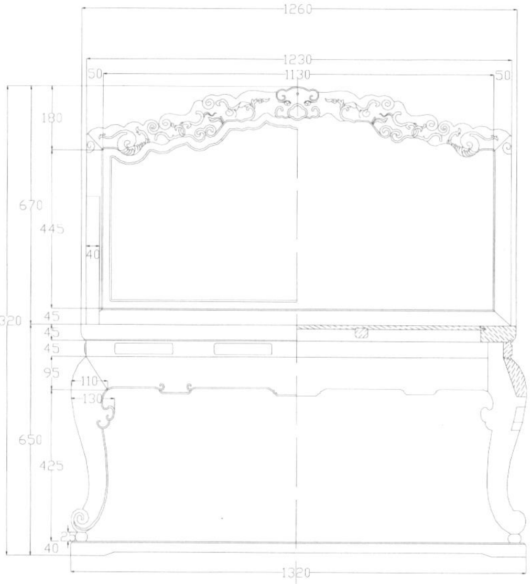

主视图

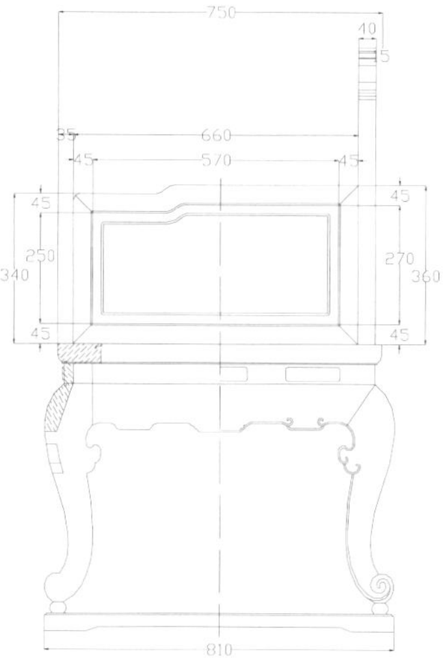

右视图

俯视图

图版清单（清式云龙纹大宝座）：
主视图
右视图
俯视图

清式山水楼阁图大宝座

材质：老红木

年款：清代

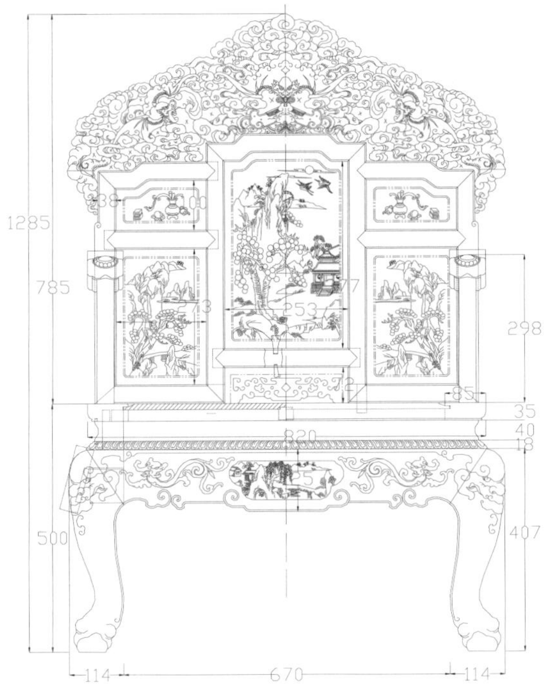

主视图

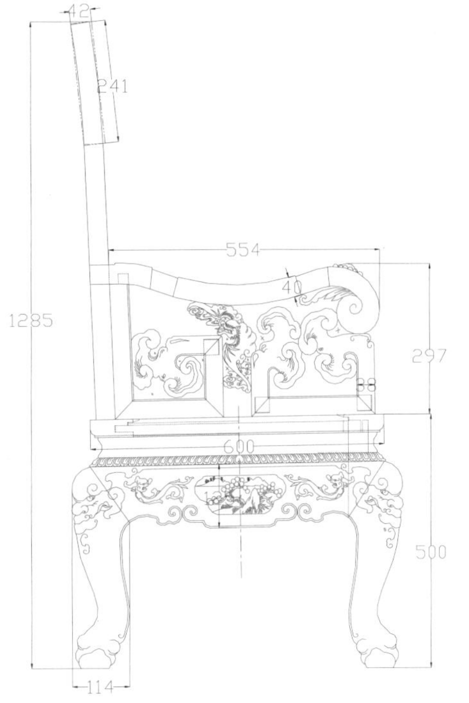

左视图

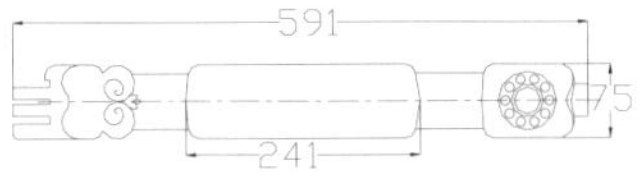

细节图（扶手）

图版清单（清式山水楼阁图大宝座）：
主视图
左视图
细节图（扶手）

清式黑漆描金云龙纹宝座

材质：老红木（大漆）

年款：清代（清宫旧藏）

主视图

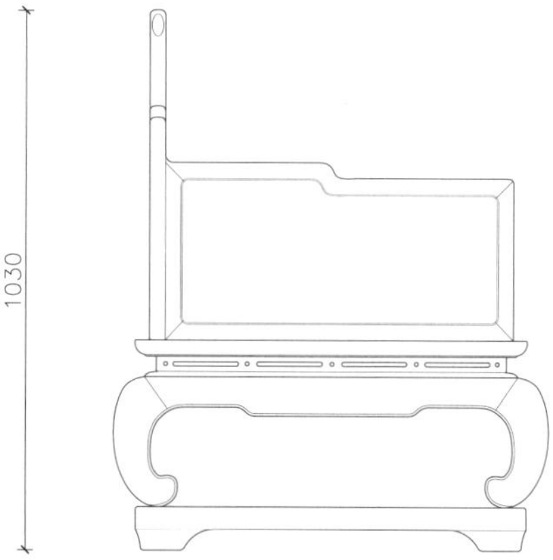

左视图

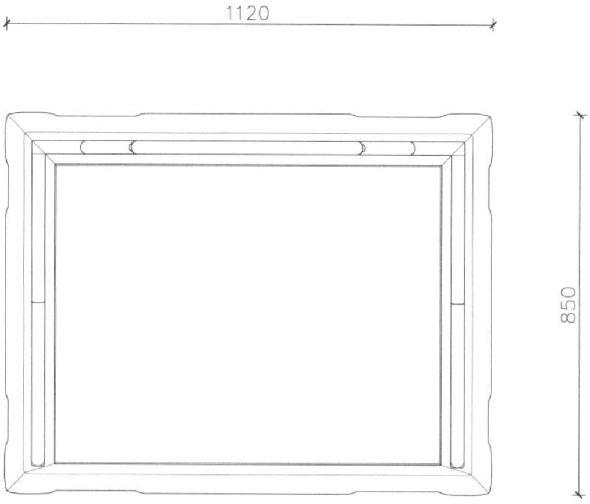

俯视图

图版清单（清式黑漆描金云龙纹宝座）：

主视图

左视图

俯视图

清式嵌玉花卉纹宝座

材质：老红木

年款：清代

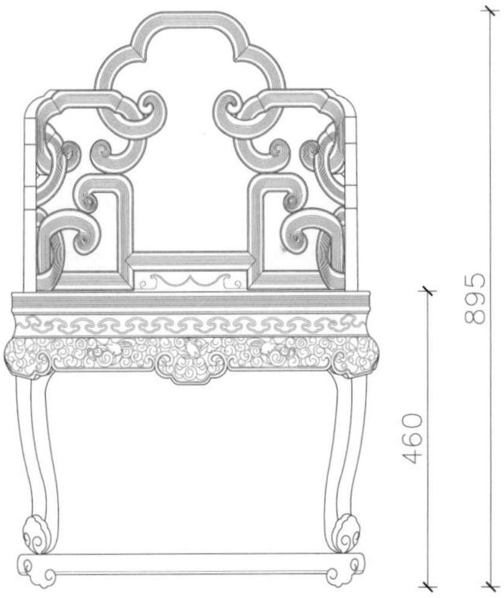

主视图

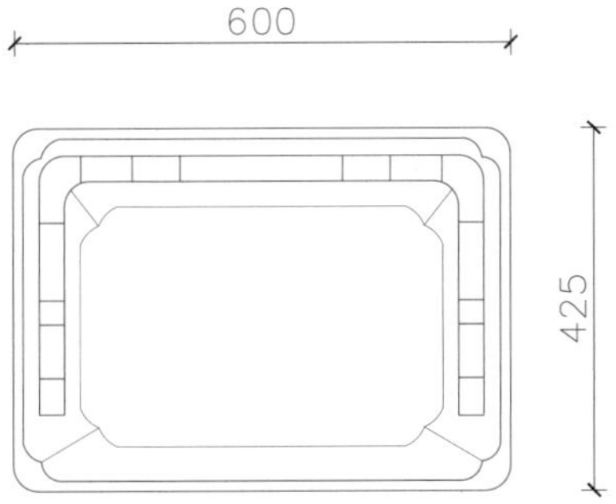

俯视图

透视图

图版清单（清式嵌玉花卉纹宝座）：
主视图
俯视图
透视图

注：为便于读者理解，增加透视图。

清式龙凤纹宝座

材质：老红木

年款：清代

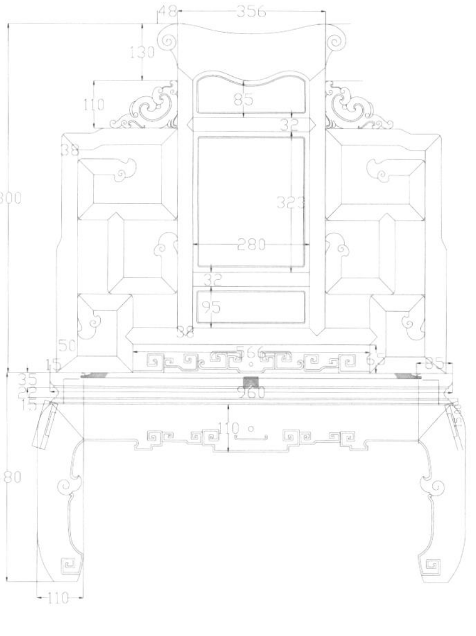

主视图

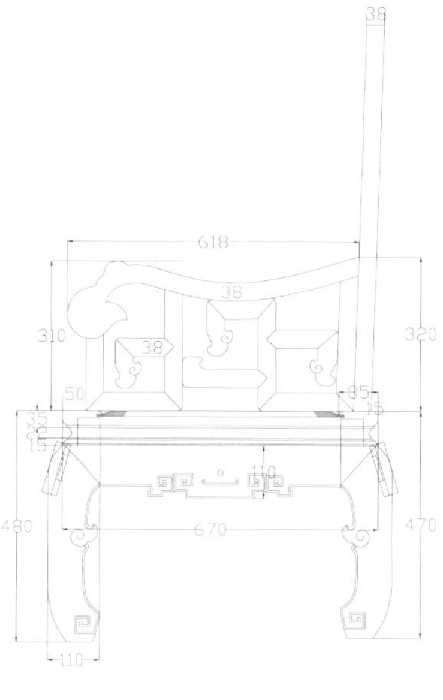

右视图

图版清单（清式龙凤
纹宝座）：
主视图
右视图

清式云龙纹宝座

材质：紫檀

年款：清代

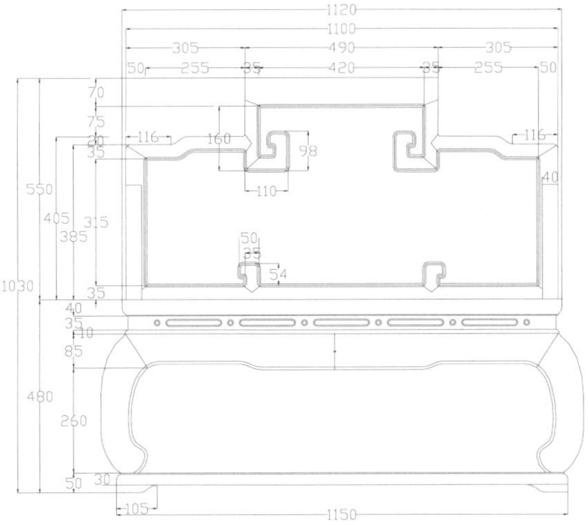

主视图

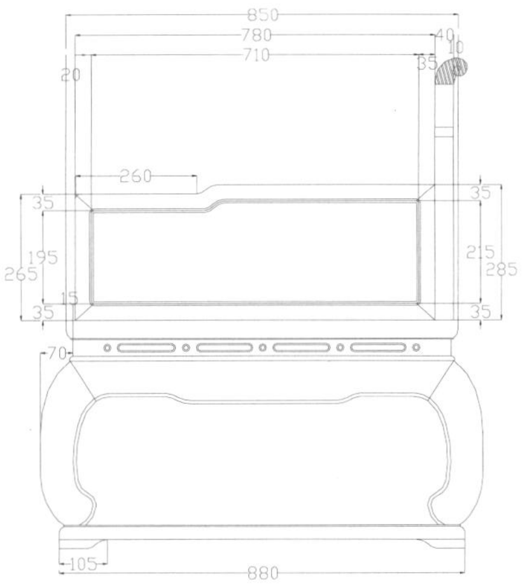

右视图

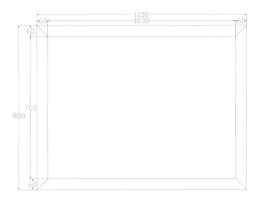

俯视图

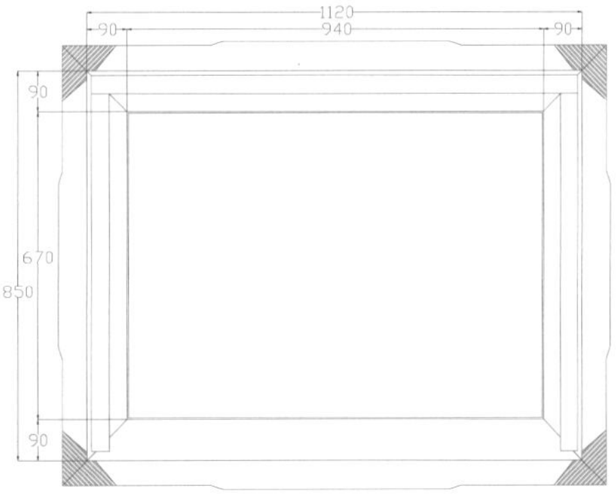

剖视图

图版清单（清式云龙纹宝座）：

主视图

右视图

俯视图

剖视图

清式福寿纹宝座

材质：紫檀

年款：清代

主视图

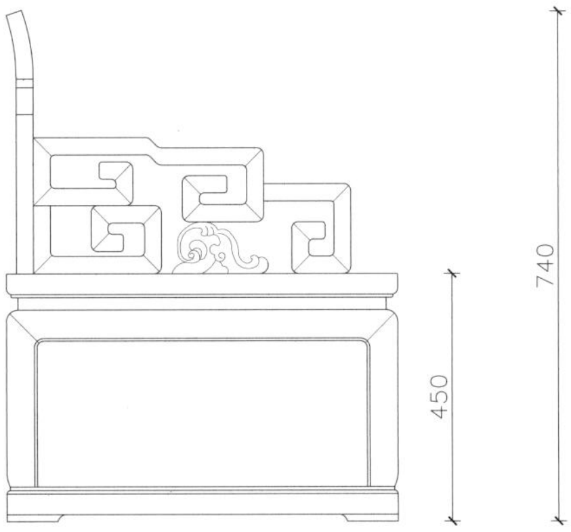

左视图

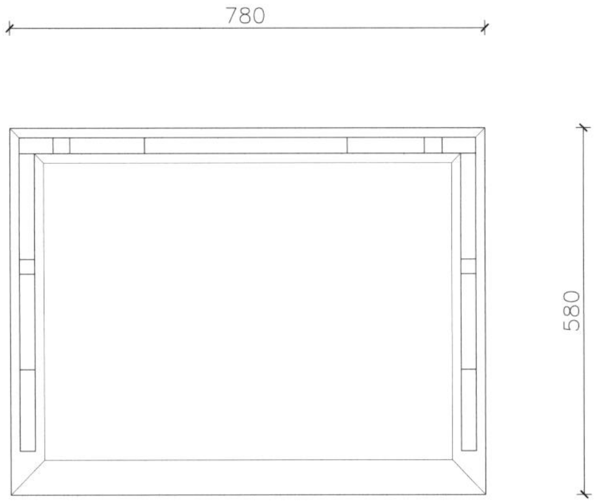

俯视图

图版清单（清式福寿纹宝座）：
主视图
左视图
俯视图

清式夔龙纹宝座

材质：紫檀

年款：清代（清宫旧藏）

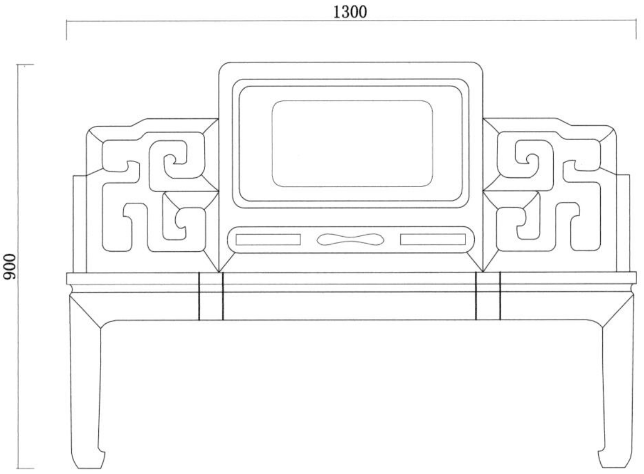

主视图

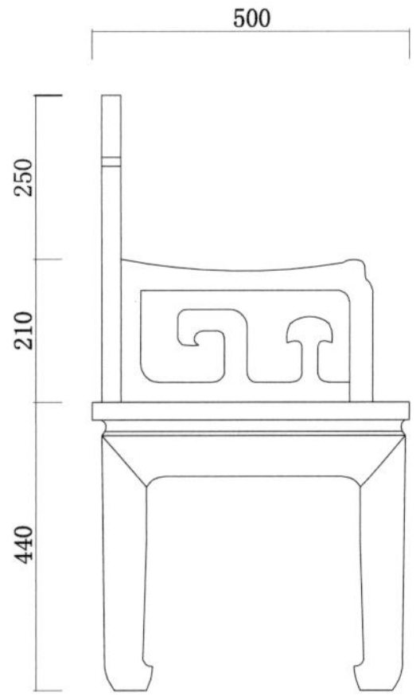

左视图

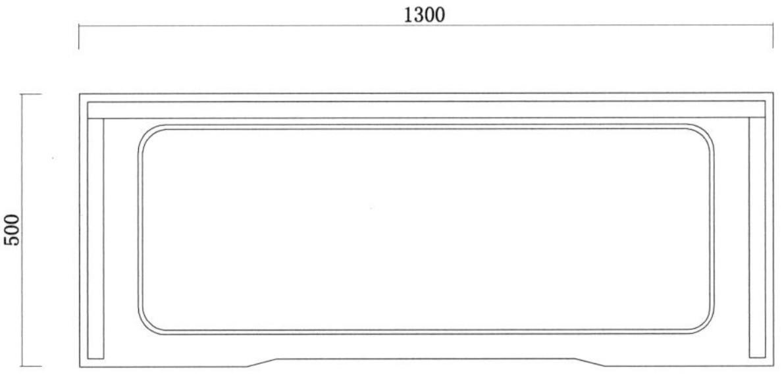

俯视图

图版清单（清式夔龙纹宝座）：

主视图

左视图

俯视图

清式嵌玉菊花图宝座

材质：紫檀

年款：清代（清宫旧藏）

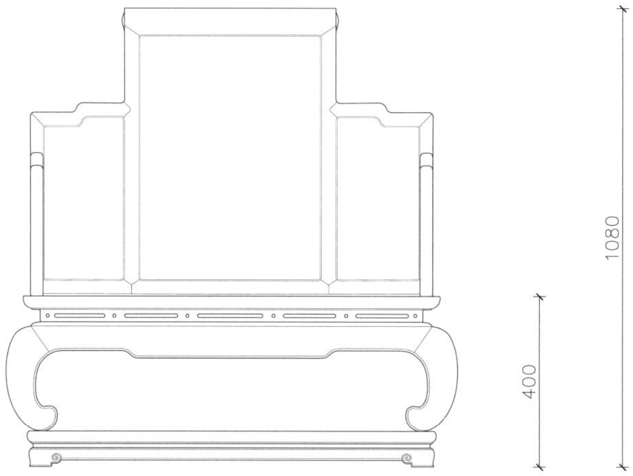

主视图

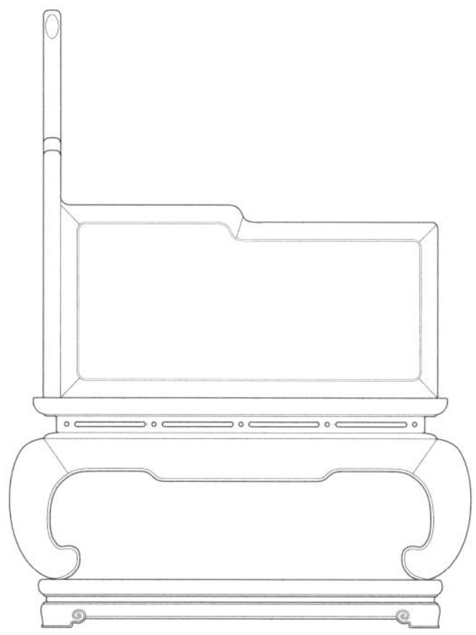

左视图

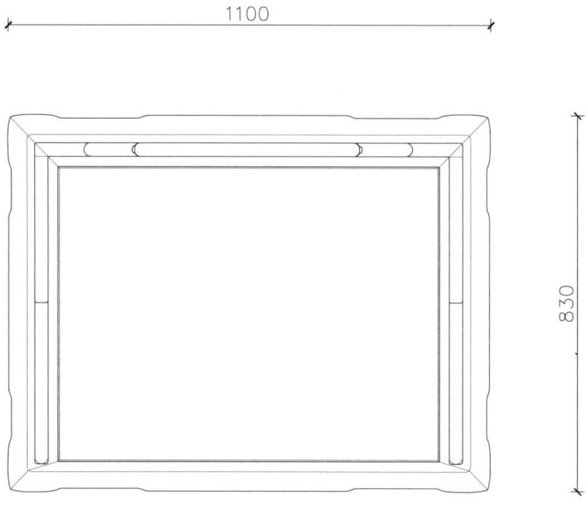

图版清单（清式嵌玉菊花图宝座）：
主视图
左视图
俯视图

俯视图

注：在主视图中，略去背板镶嵌图案。

清式嵌染牙菊花图宝座

材质：紫檀

年款：清代（清宫旧藏）

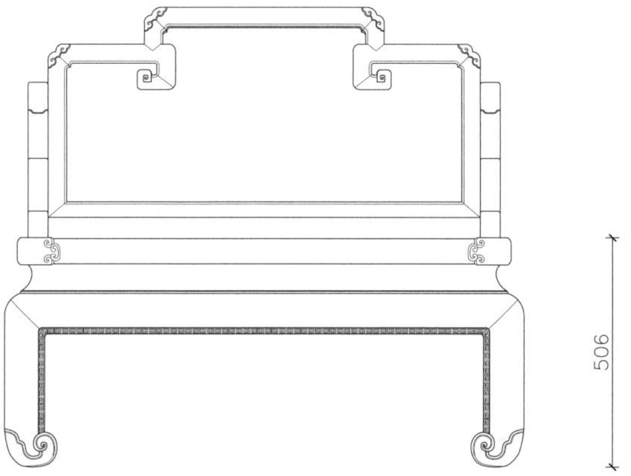

主视图

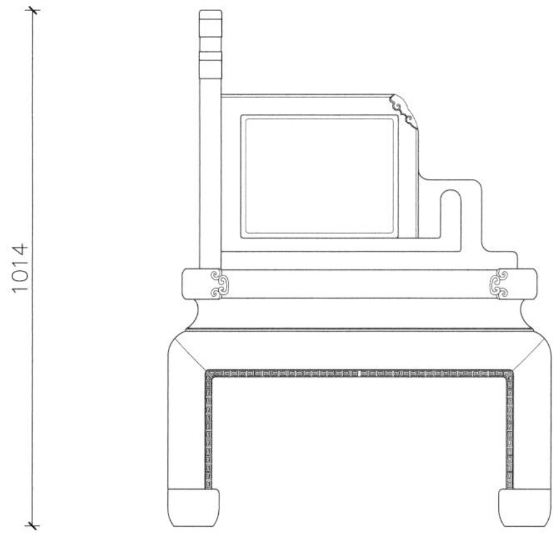

左视图

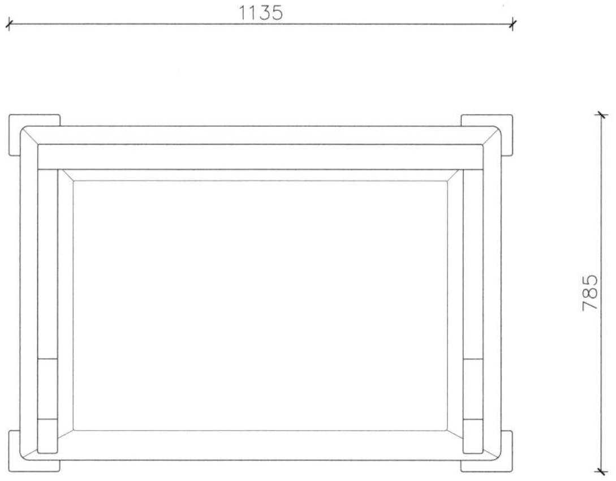

俯视图

图版清单（清式嵌染牙菊花图宝座）：
主视图
左视图
俯视图

注：在主视图中，略去背板镶嵌图案。

清式嵌瓷福寿纹宝座

材质：紫檀

年款：清代（清宫旧藏）

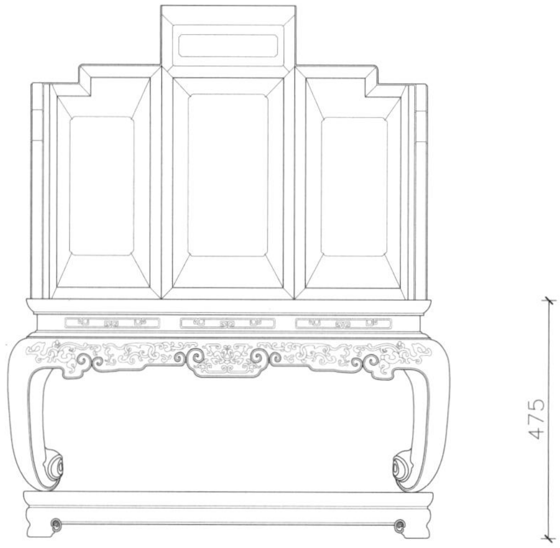

主视图

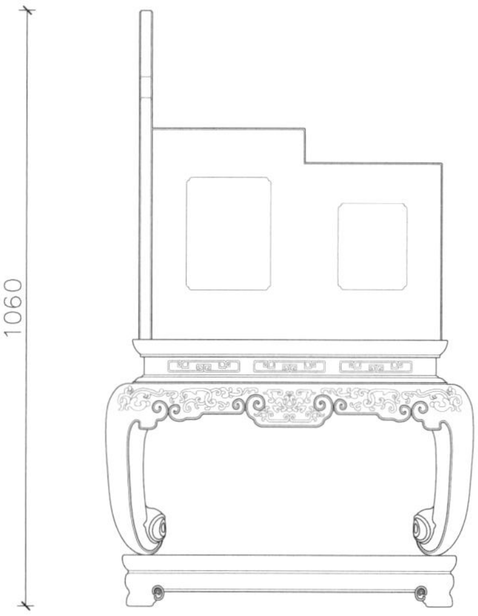

左视图

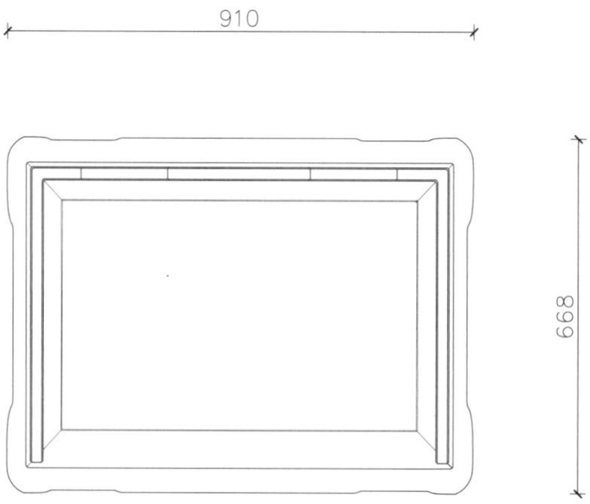

俯视图

图版清单（清式嵌瓷福寿纹宝座）：
主视图
左视图
俯视图

注：在主视图中，略去背板镶嵌图案。

清式嵌黄杨木福磬纹宝座

材质：紫檀

年款：清代（清宫旧藏）

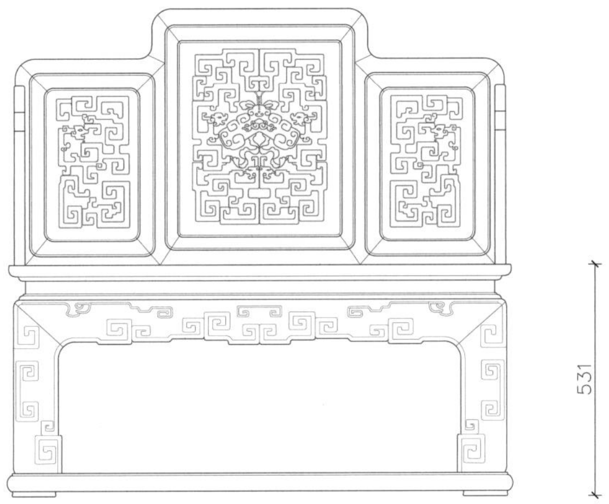

主视图

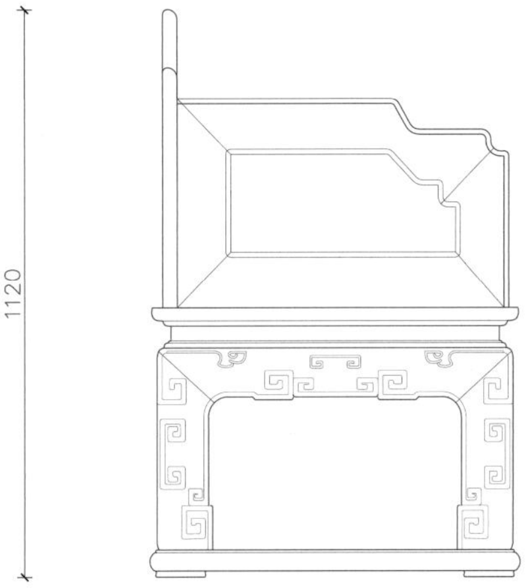

左视图

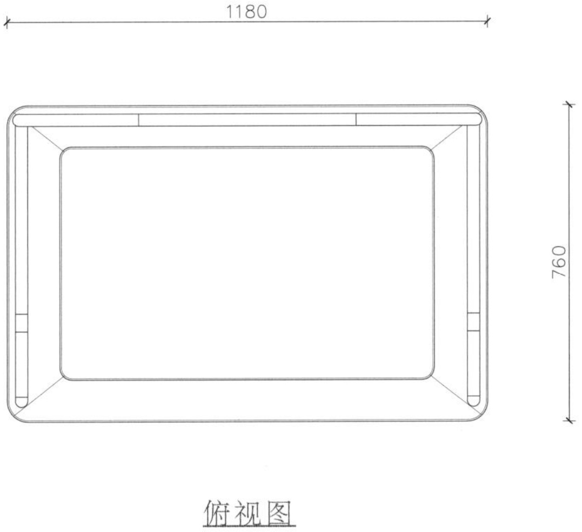

俯视图

图版清单（清式嵌黄杨木福磬纹宝座）：
主视图
左视图
俯视图

清式鹿角椅三件套

材质：黄花梨

年款：清代（清宫旧藏）

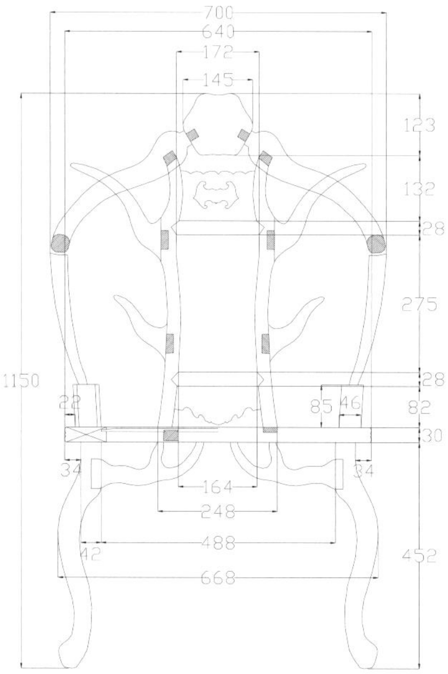

椅－主视图

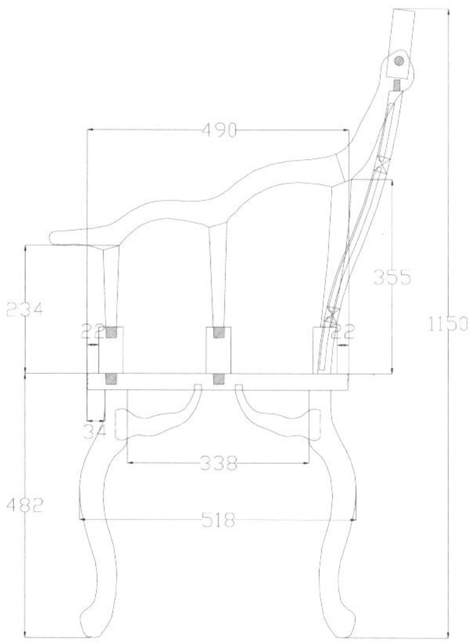

椅－右视图

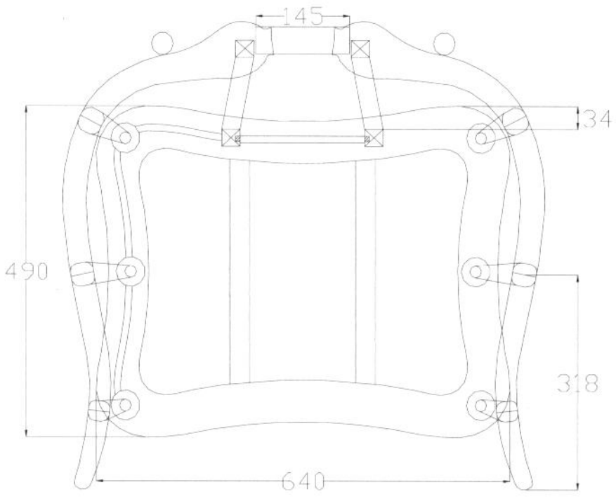

椅－俯视图

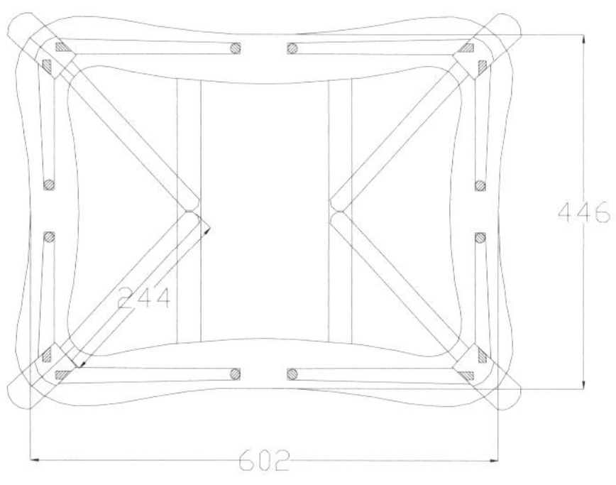

椅－剖视图

注：此三件套中椅为 2 件，几为 1 件。

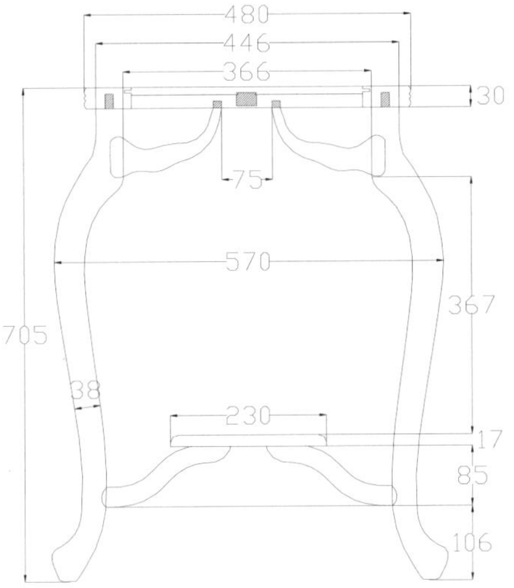

几－主视图

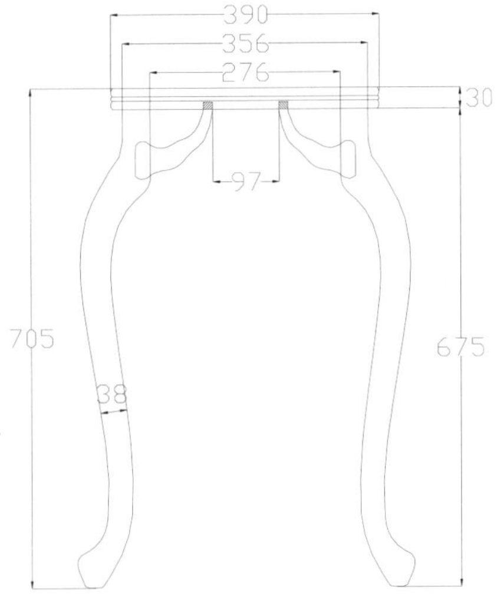

几－右视图

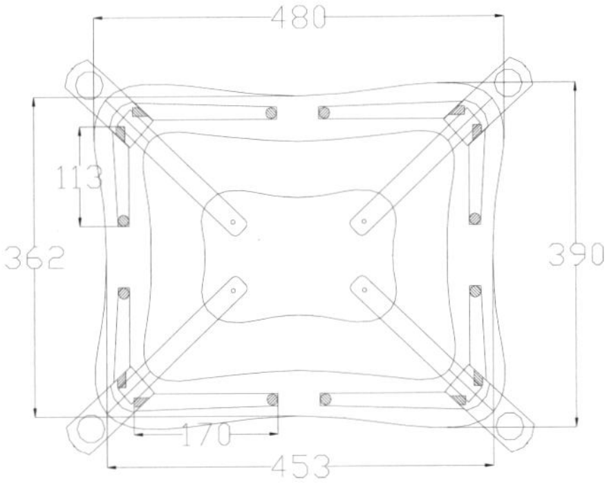

几－俯视图

图版清单（清式鹿角椅三件套）：

椅－主视图

椅－右视图

椅－俯视图

椅－剖视图

几－主视图

几－右视图

几－俯视图

清式五福寿字纹扶手椅三件套

材质：老红木

年款：清代（清宫旧藏）

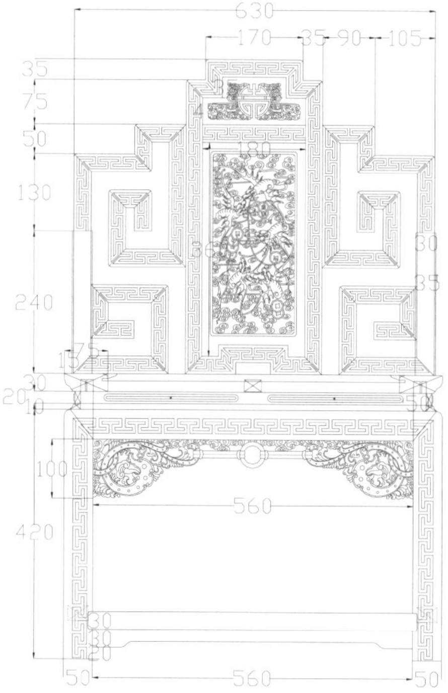

椅－主视图

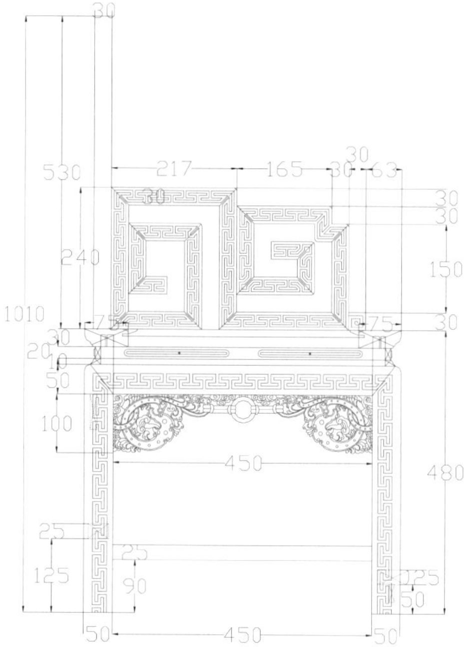

椅－左视图

椅－俯视图

注：此三件套中椅为 2 件，几为 1 件。

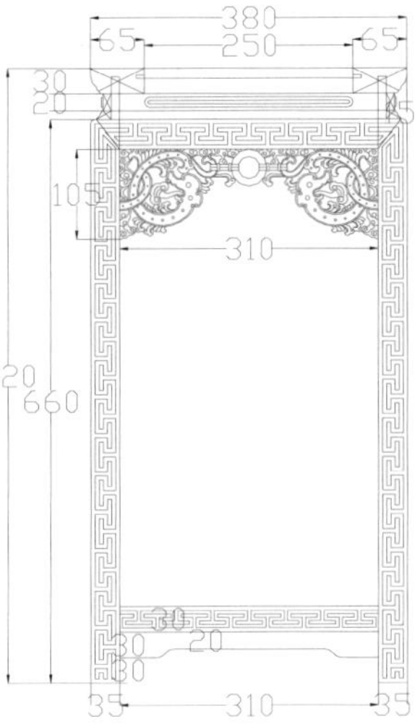

几－主视图

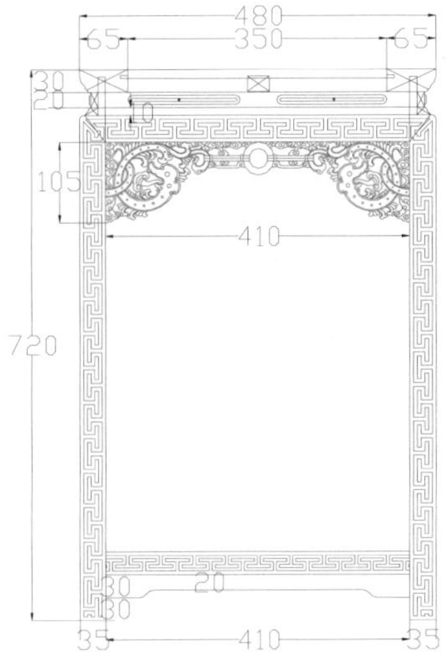

几－左视图

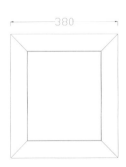

几－俯视图

图版清单（清式五福寿字纹扶手椅三件套）：

椅—主视图
椅—左视图
椅—俯视图
几—主视图
几—左视图
几—俯视图

清式五福捧寿纹扶手椅三件套

材质：老红木

年款：清代（清宫旧藏）

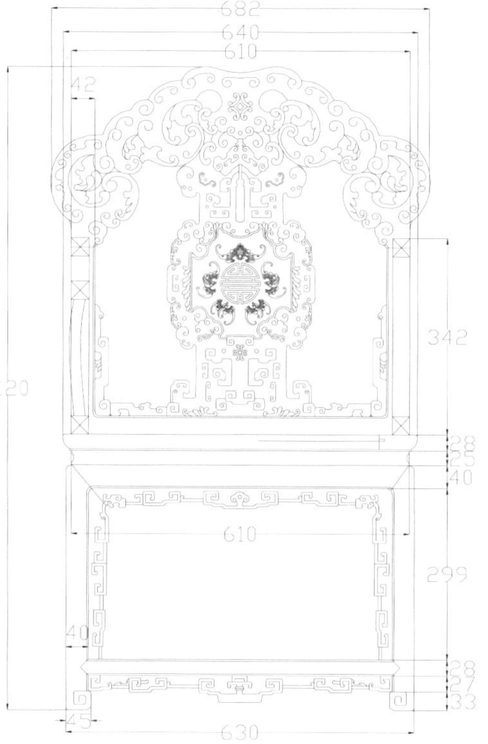

椅－主视图

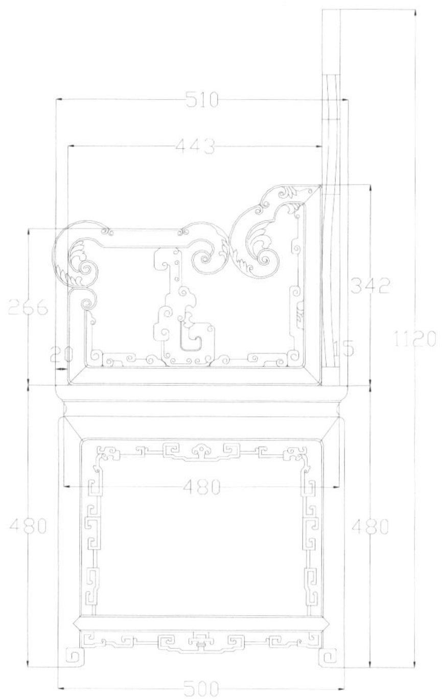

椅－右视图

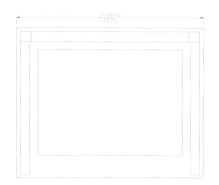

椅－俯视图

注：此三件套中椅为 2 件，几为 1 件。

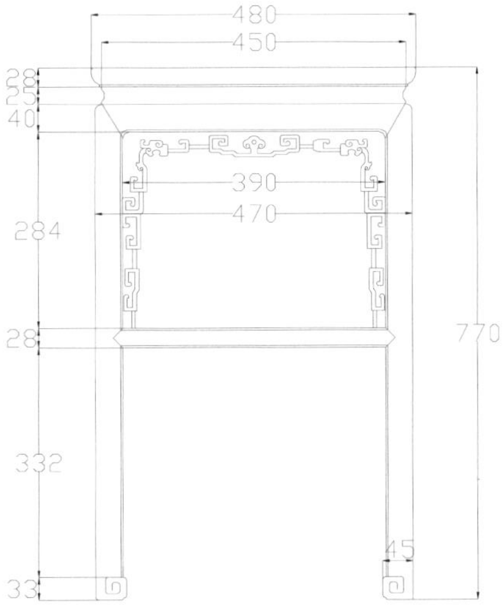

几－主视图

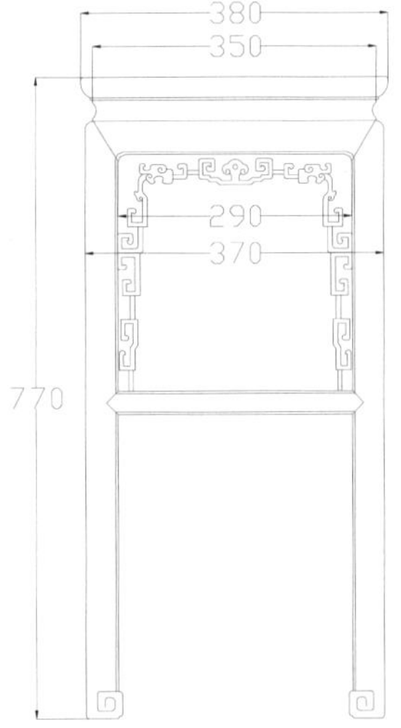

几－右视图

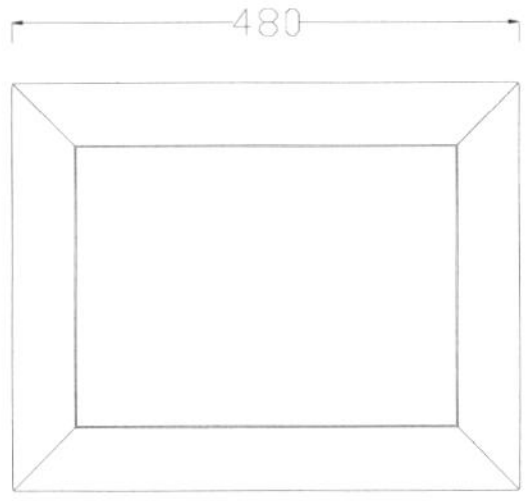

几－俯视图

图版清单（清式五福捧寿纹扶手椅三件套）：

椅—主视图

椅—右视图

椅—俯视图

几—主视图

几—右视图

几—俯视图

清式福禄寿喜卷书式扶手椅三件套

材质：老红木

年款：清代

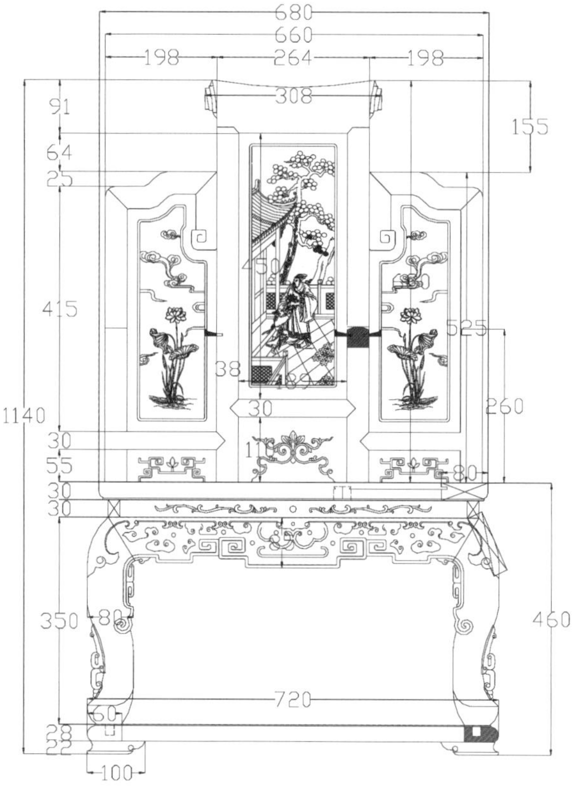

椅－主视图

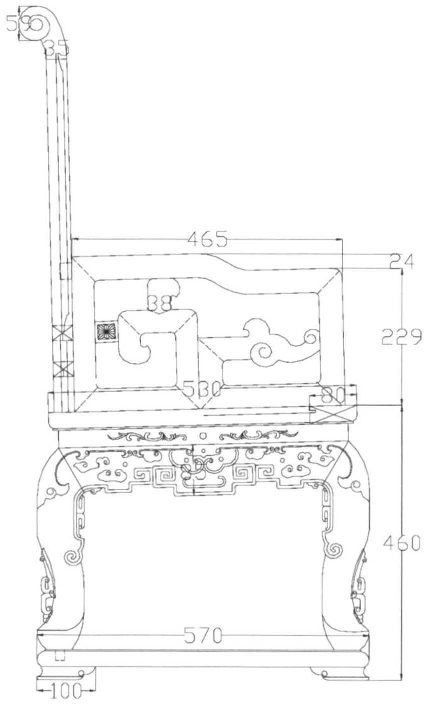

椅－左视图

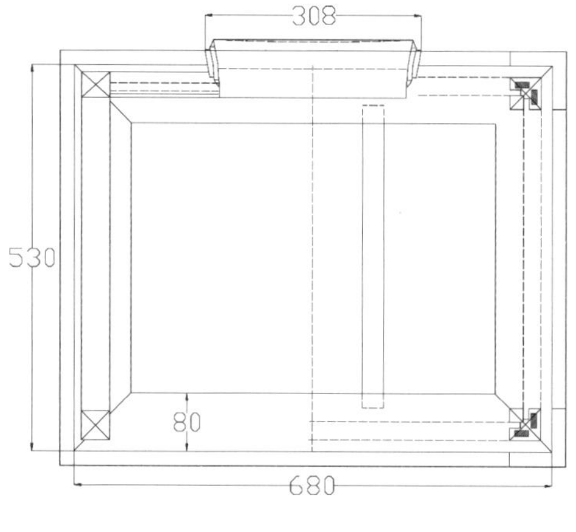

椅－俯视图

注：此三件套中椅为 2 件，几为 1 件。

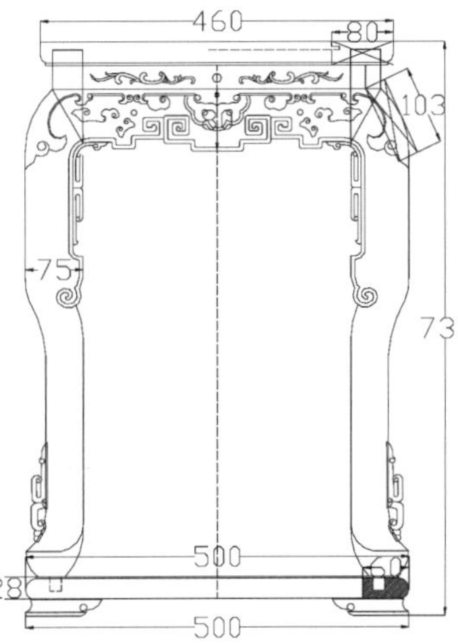

几－主视图

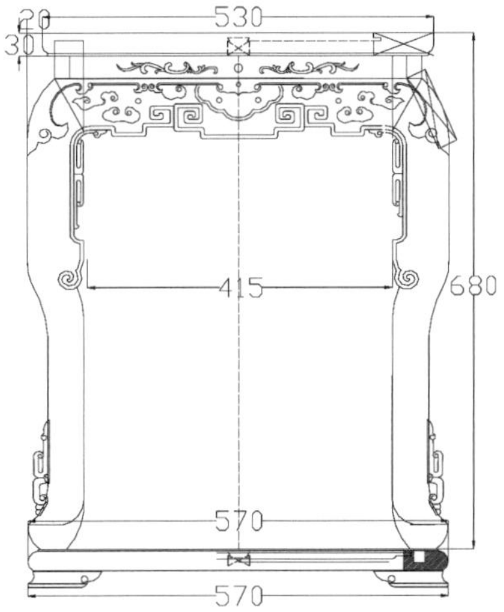

几－左视图

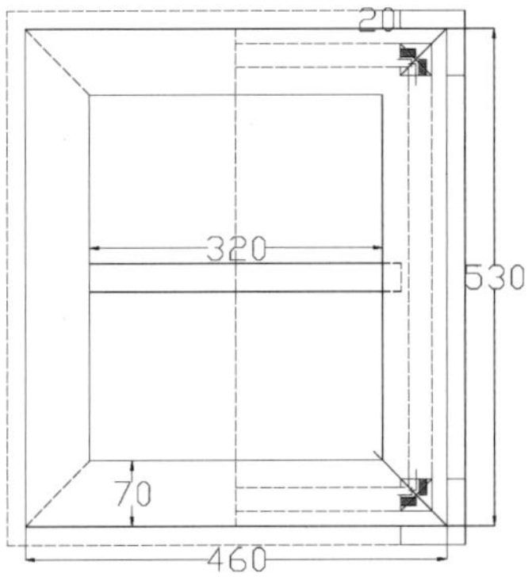

几－俯视图

图版清单（清式福禄寿喜卷书式扶手椅三件套）：

椅—主视图

椅—左视图

椅—俯视图

几—主视图

几—左视图

几—俯视图

清式棂条式竹节纹扶手椅三件套

材质：老红木

年款：清代（清宫旧藏）

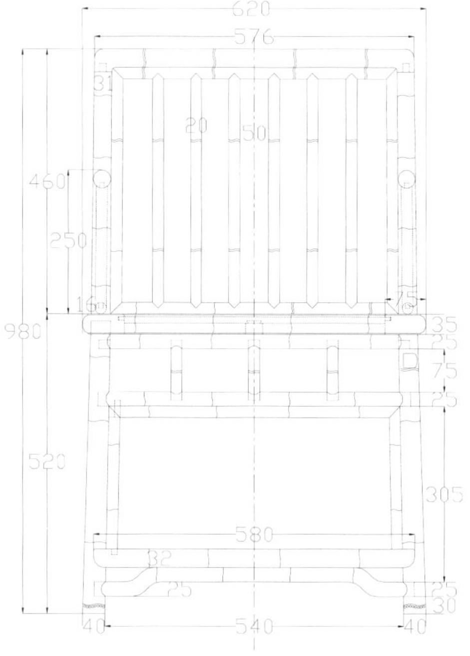

椅－主视图

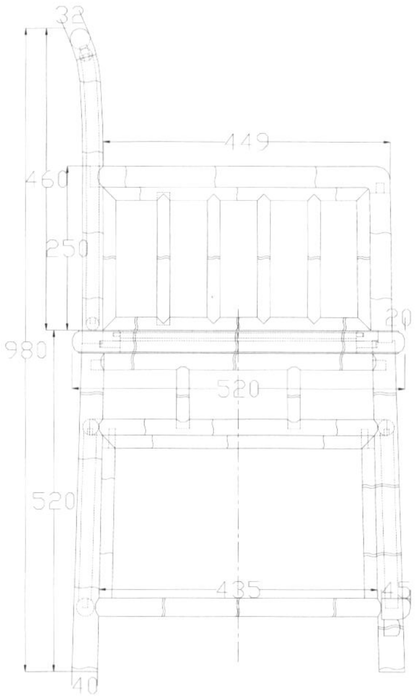

椅－左视图

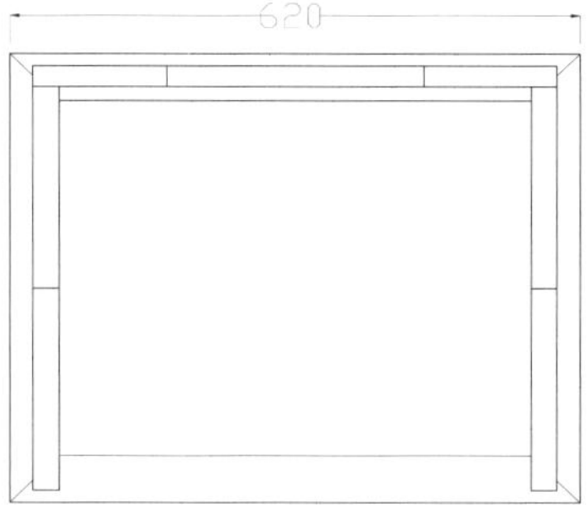

椅－俯视图

注：此三件套中椅为 2 件，几为 1 件。

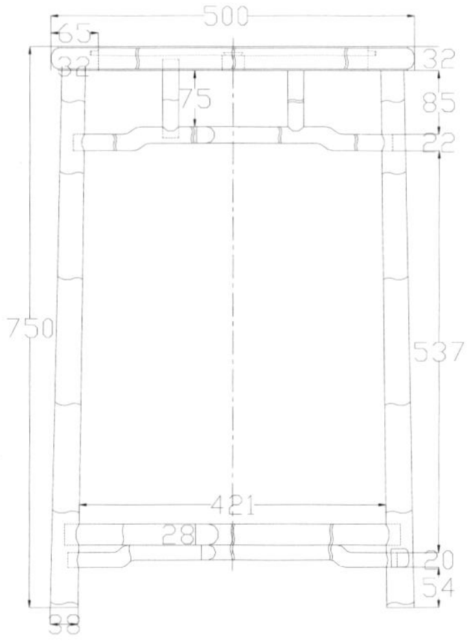

几－主视图

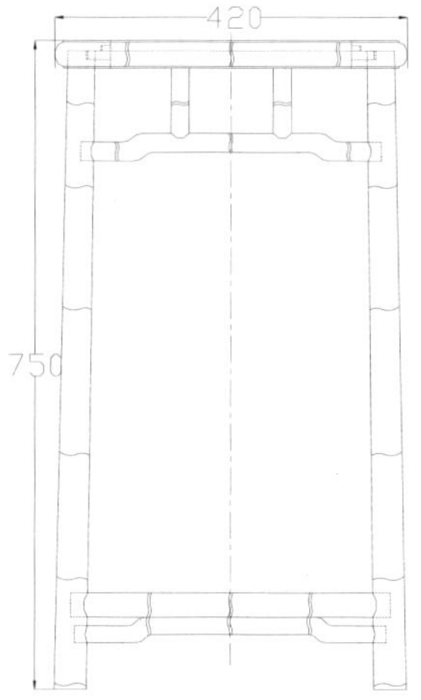

几－左视图

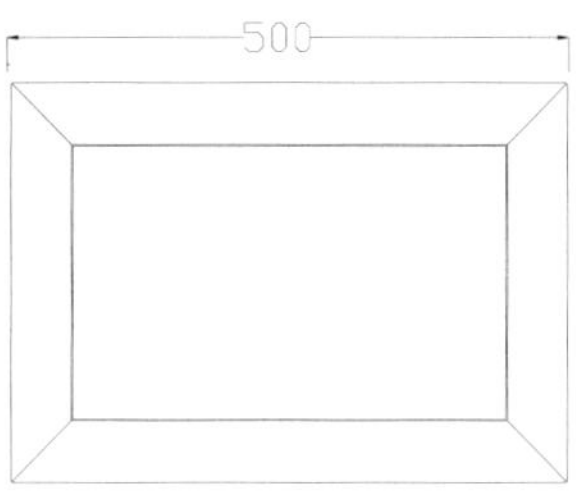

几－俯视图

图版清单（清式棂条式竹节纹扶手椅三件套）：

椅－主视图

椅－左视图

椅－俯视图

几－主视图

几－左视图

几－俯视图

清式卷云搭脑扶手椅三件套

材质：老红木

年款：清代（清宫旧藏）

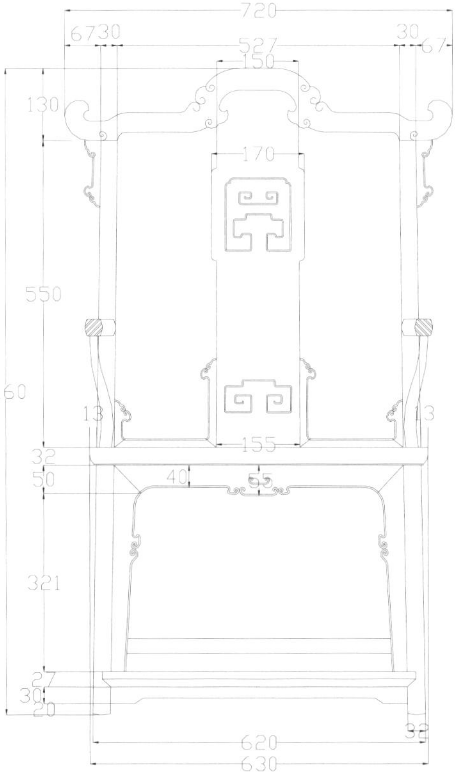

椅－主视图

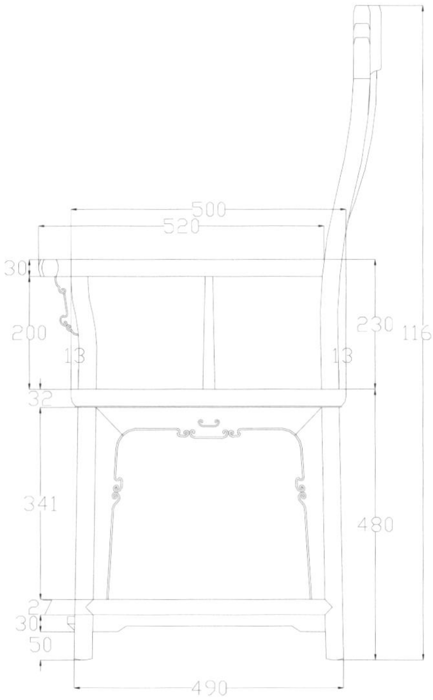

椅－右视图

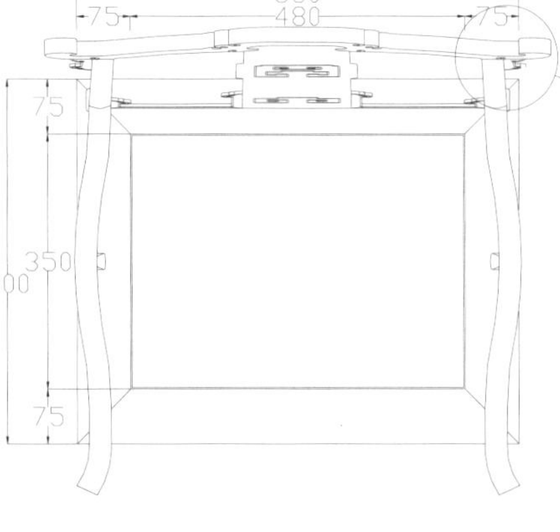

椅－俯视图

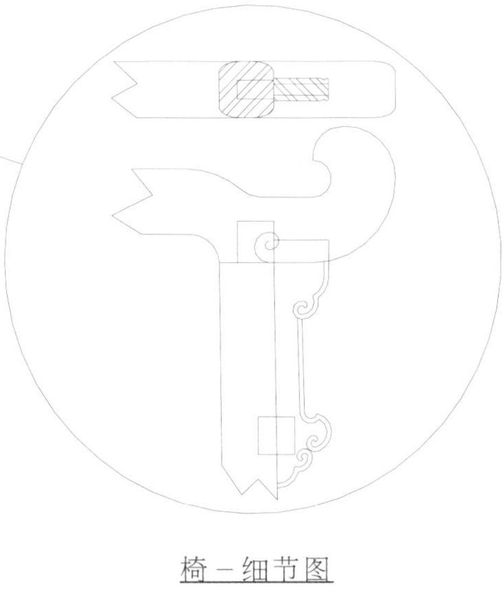

椅－细节图

注：此三件套中椅为 2 件，几为 1 件。

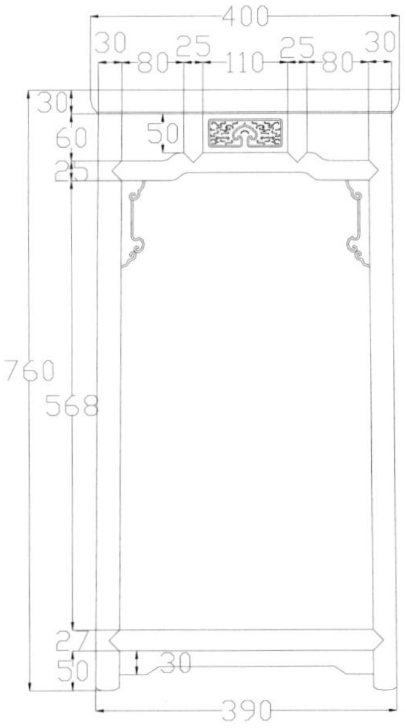

几－主视图

几－左视图

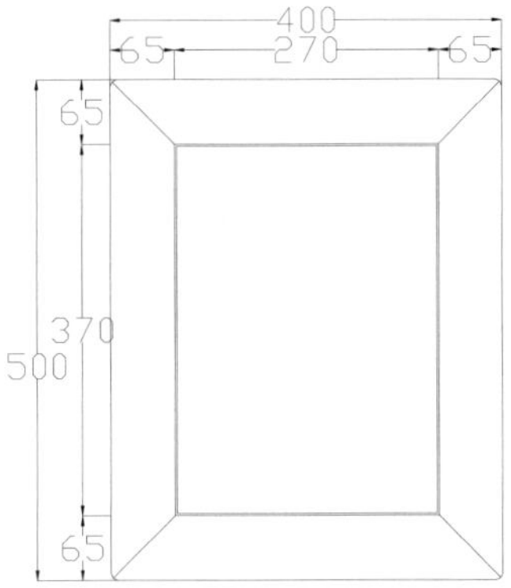

几－俯视图

图版清单（清式卷云搭脑扶手椅三件套）：

椅－主视图
椅－右视图
椅－俯视图
椅－细节图
几－主视图
几－左视图
几－俯视图

清式蝠螭纹扶手椅三件套

材质：老红木

年款：清代（清宫旧藏）

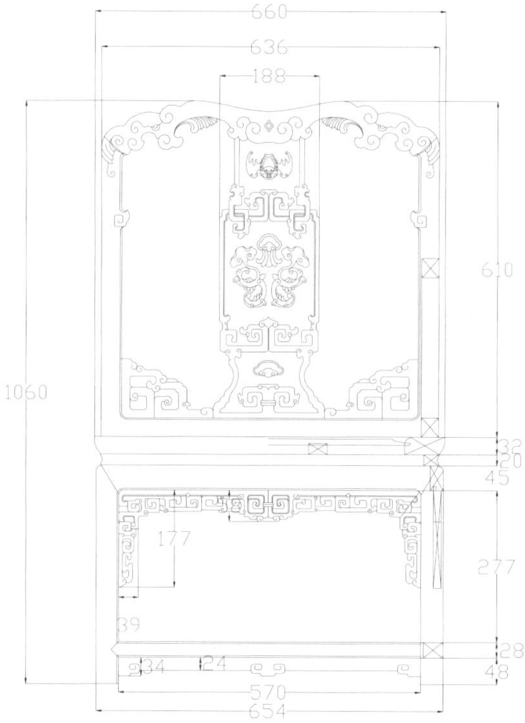

椅－主视图

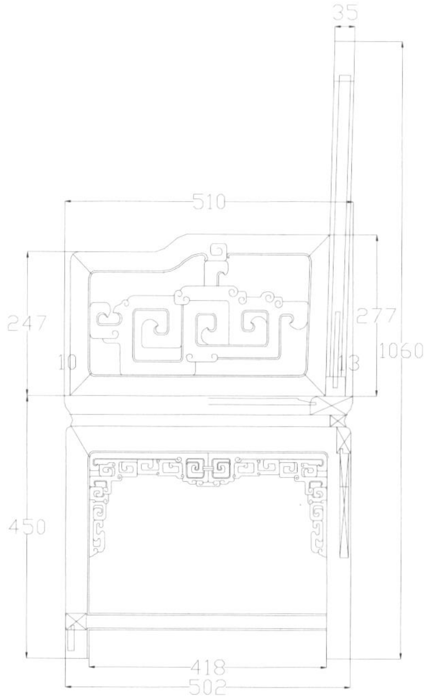

椅－右视图

椅－俯视图

注：此三件套中椅为 2 件，几为 1 件。

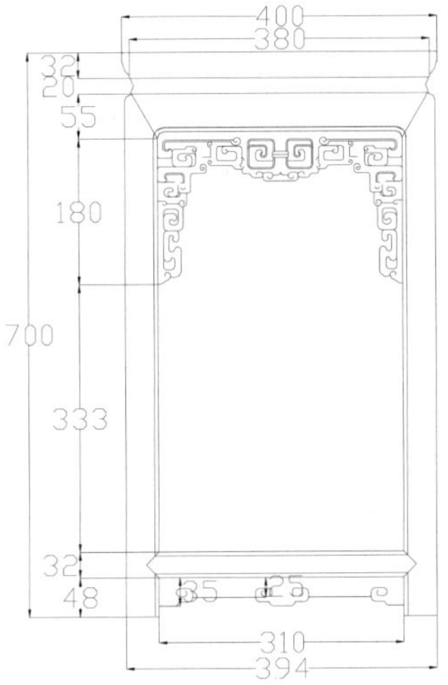

几－主视图

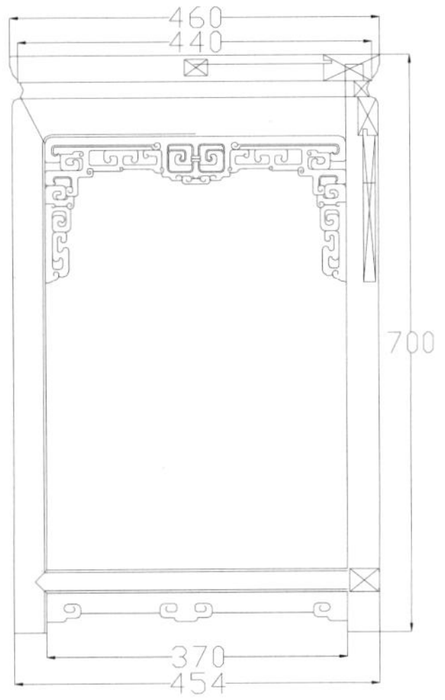

几－右视图

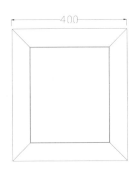

几－俯视图

图版清单（清式蝠螭纹扶手椅三件套）：

椅－主视图

椅－右视图

椅－俯视图

几－主视图

几－右视图

几－俯视图

清式夔风纹扶手椅三件套

材质：老红木

年款：清代（清宫旧藏）

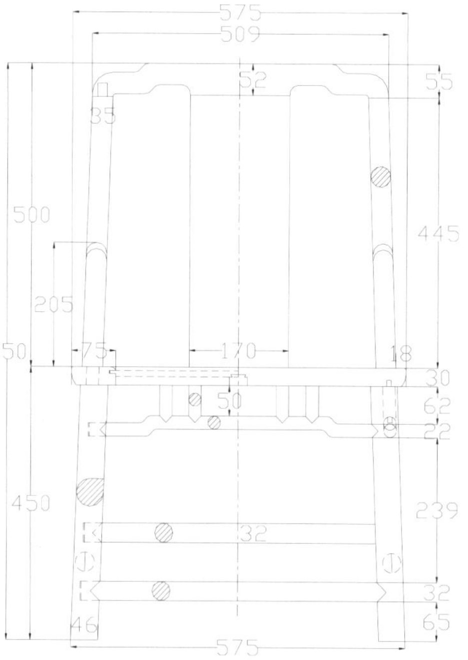

椅－主视图

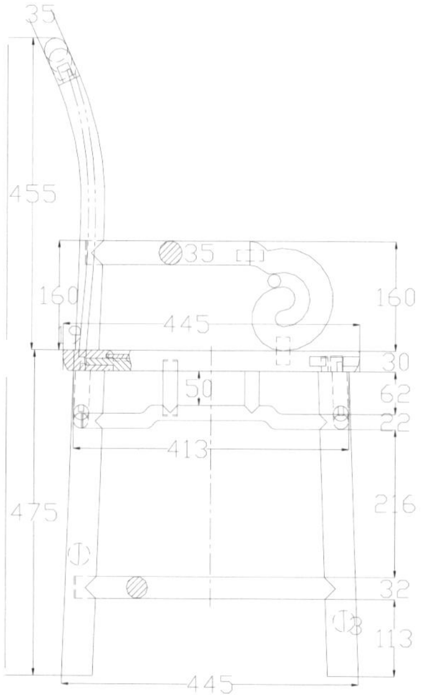

椅－左视图

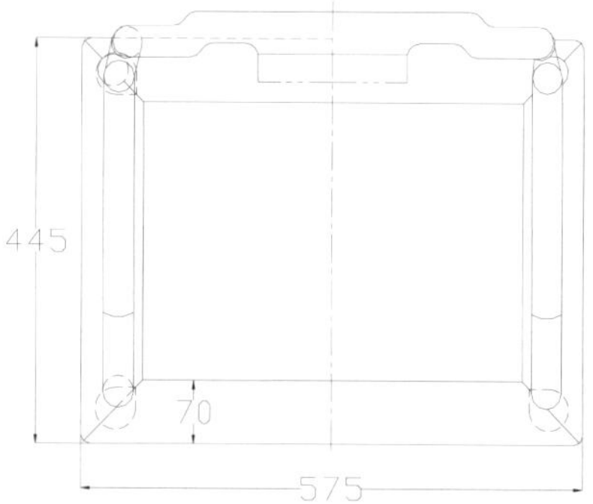

椅－俯视图

注：此三件套中椅为 2 件，几为 1 件。

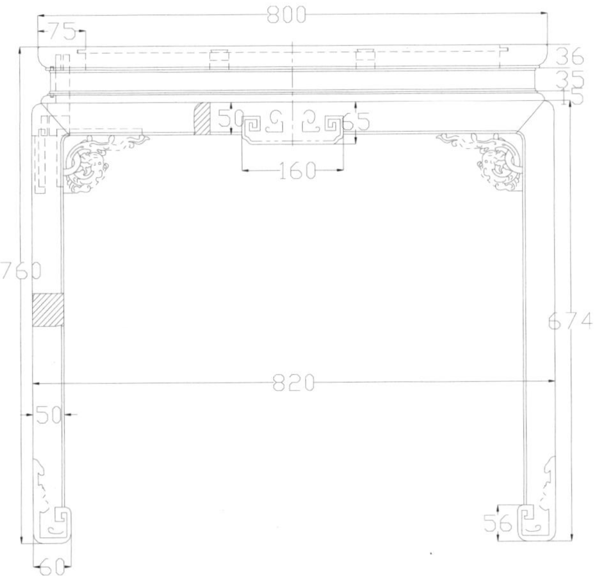

桌－主视图

桌－左视图

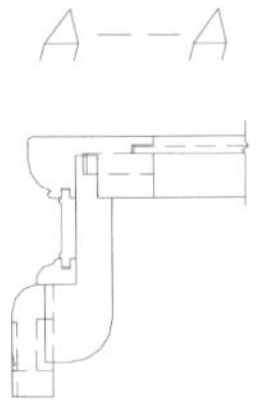

桌－剖视图

图版清单（清式夔凤纹扶手椅三件套）：

椅—主视图

椅—左视图

椅—俯视图

桌—主视图

桌—左视图

桌—剖视图

清式西番莲纹扶手椅三件套

材质：紫檀

年款：清代（清宫旧藏）

椅－主视图

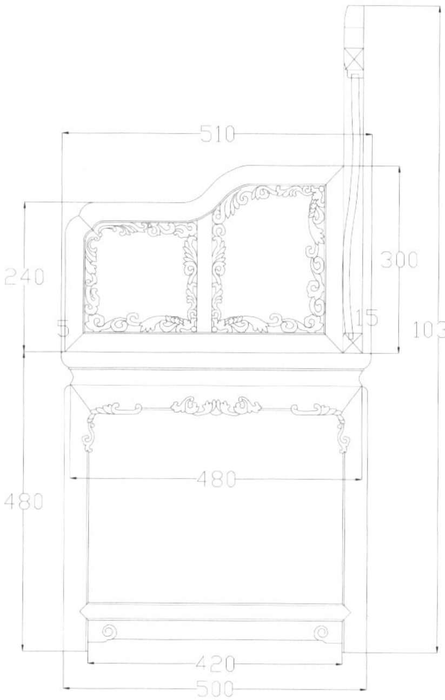

椅－右视图

椅－俯视图

注：此三件套中椅为 2 件，几为 1 件。

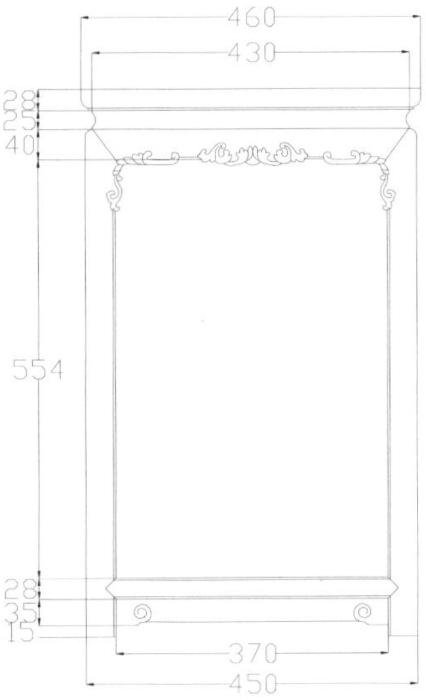

几－主视图

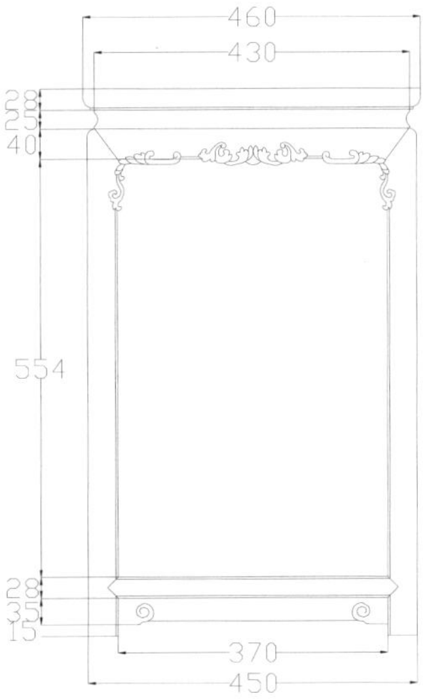

几－右视图

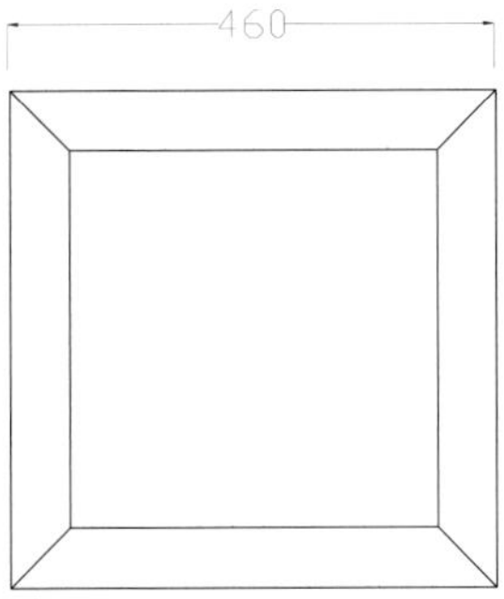

几－俯视图

图版清单（清式西番莲纹扶手椅三件套）：

椅—主视图

椅—右视图

椅—俯视图

几—主视图

几—右视图

几—俯视图

清式福寿纹扶手椅十件套

材质：老红木

年款：清代

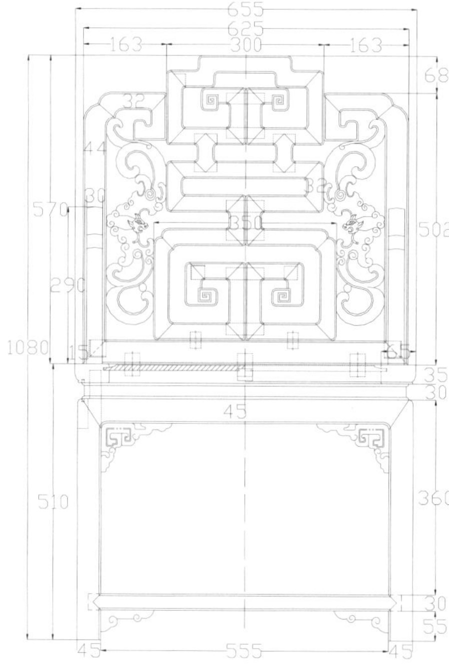

椅－主视图

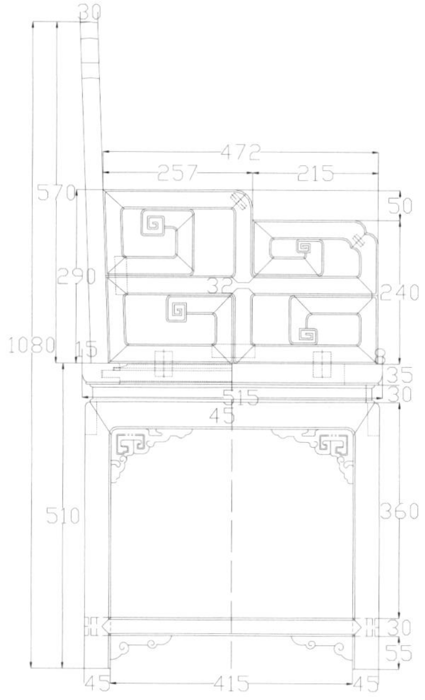

椅－左视图

椅－俯视图

注：此十件套中椅为 6 件，案为 1 件，桌为 1 件，几为 2 件。

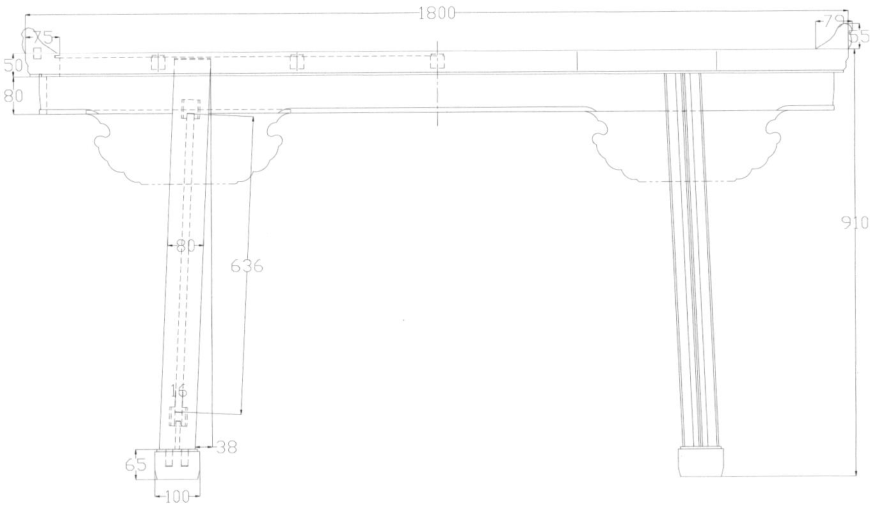
1800
75
79
55
50
80
80
636
910
16
38
65
100

案－主视图

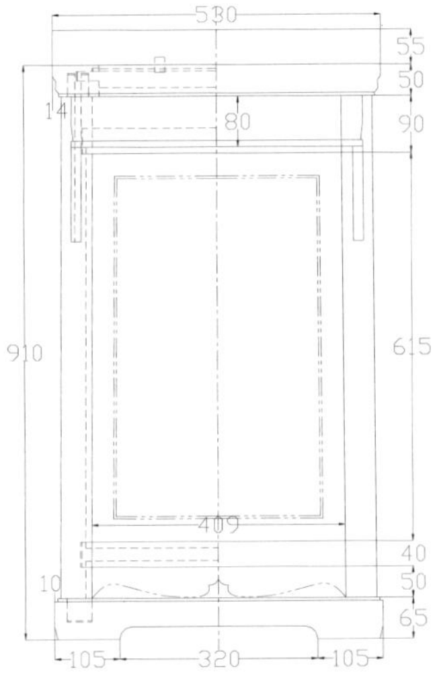
530
55
50
14
80
90
910
615
409
40
10
50
65
105
320
105

案－左视图

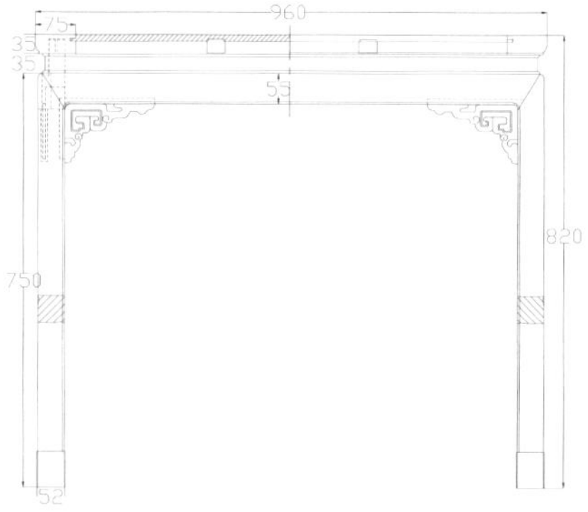

桌－主视图

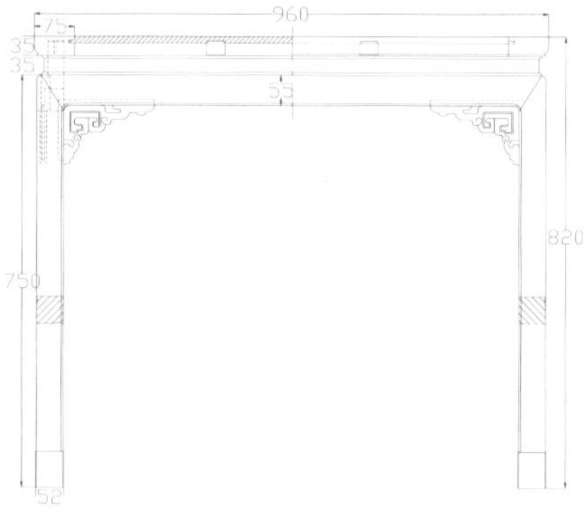

桌－左视图

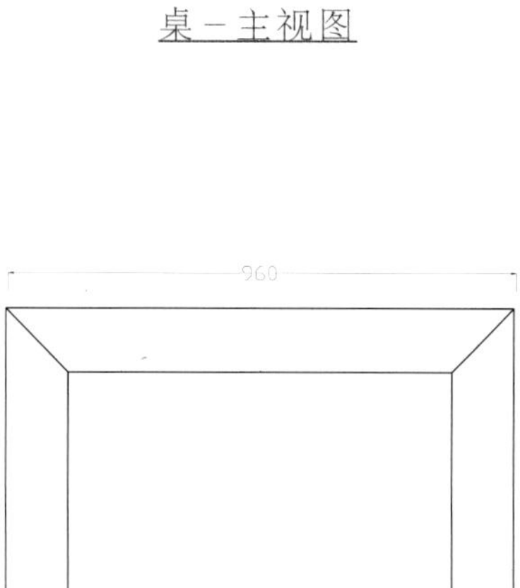

桌－俯视图

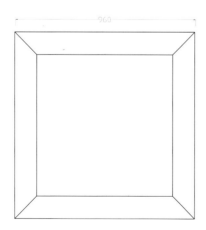

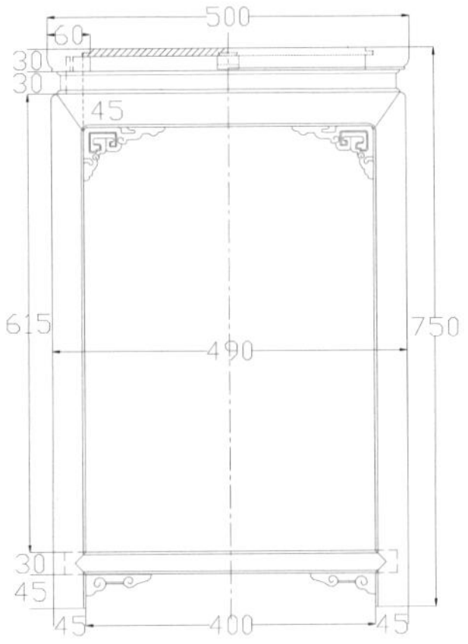

几－主视图

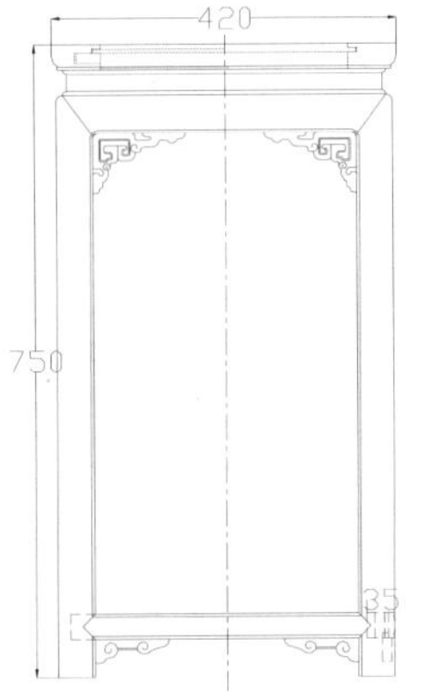

几－左视图

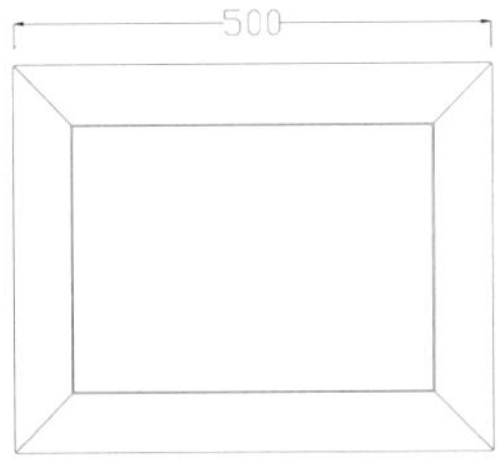

几－俯视图

图版清单（清式福寿纹扶手椅十件套）：

椅—主视图

椅—左视图

椅—俯视图

案—主视图

案—左视图

桌—主视图

桌—左视图

桌—俯视图

几—主视图

几—左视图

几—俯视图

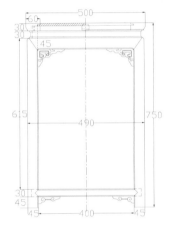

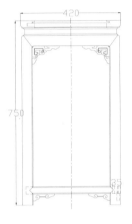

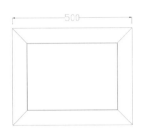

清式云龙纹交椅两件套

材质：紫檀

年款：清代（清宫旧藏）

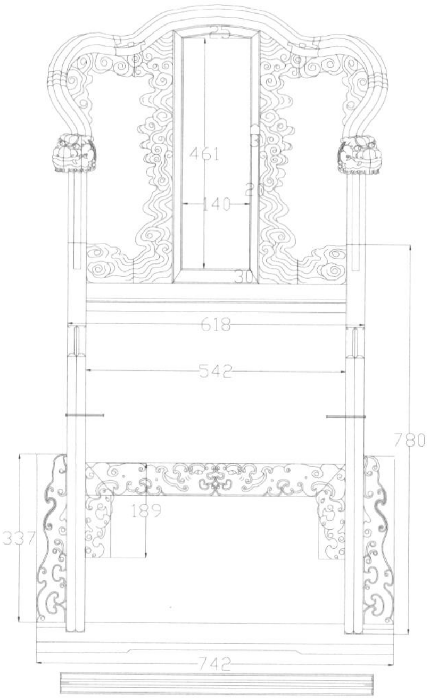

椅－主视图

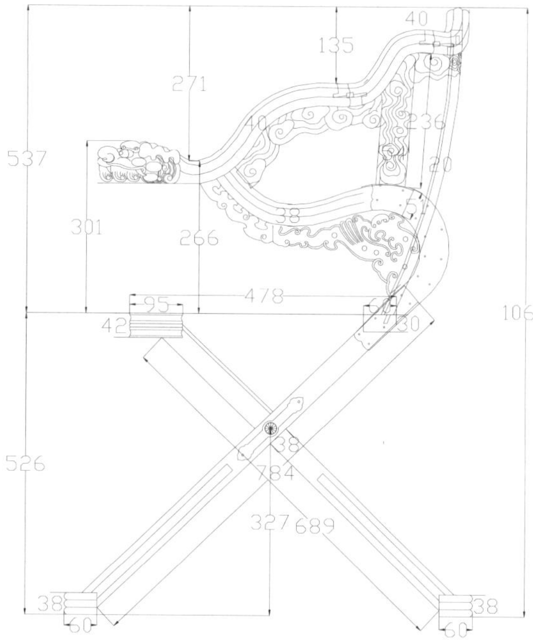

椅－右视图

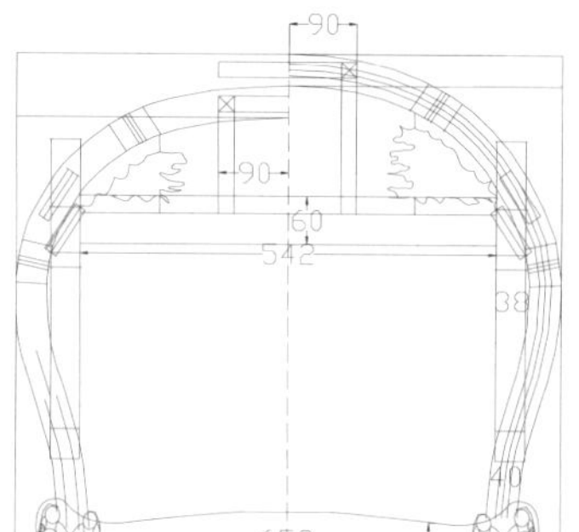

椅－俯视图

注：此两件套中椅为 1 件，脚踏为 1 件；另外，椅腿、靠背板单独绘制。

椅－细节图 1（靠背板）

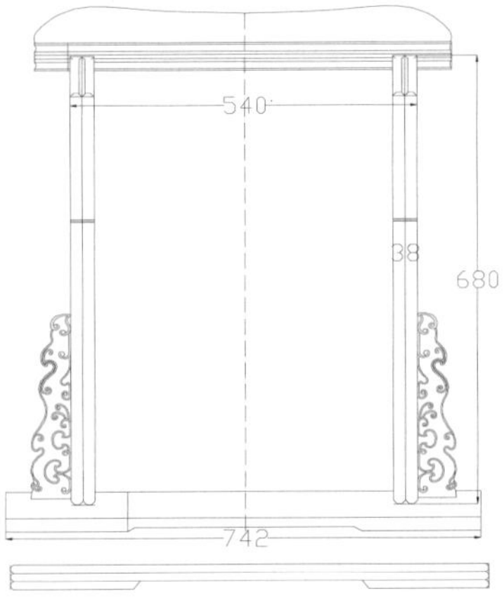

椅－细节图 2（腿足）

脚踏－主视图

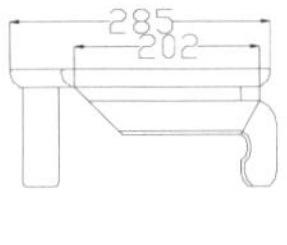

脚踏－左视图

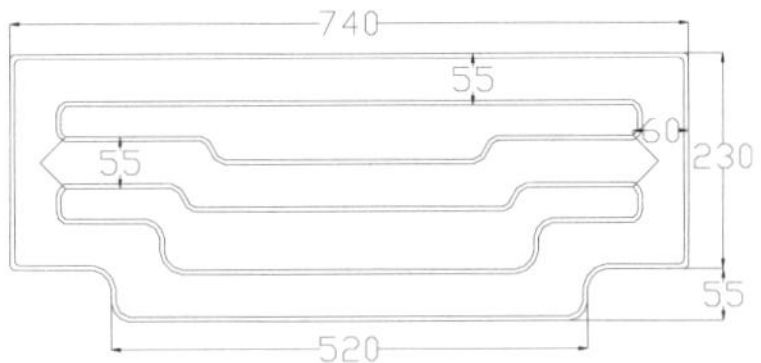

脚踏－俯视图

图版清单（清式云龙纹交椅两件套）：

椅－主视图

椅－右视图

椅－俯视图

椅－细节图 1（靠背板）

椅－细节图 2（腿足）

脚踏－主视图

脚踏－左视图

脚踏－俯视图

清式玫瑰椅三件套

材质：黄花梨

年款：清代（清宫旧藏）

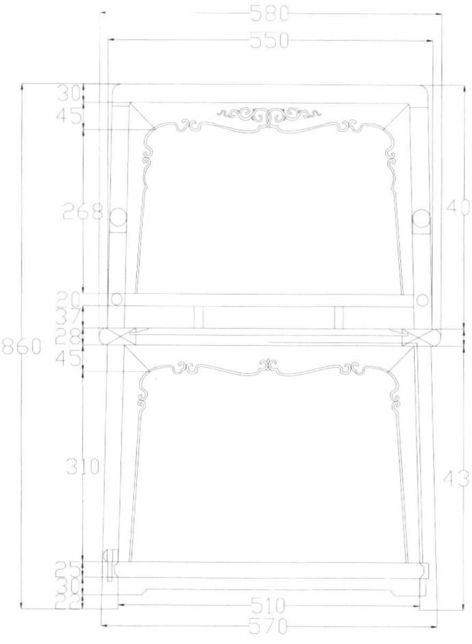

椅－主视图

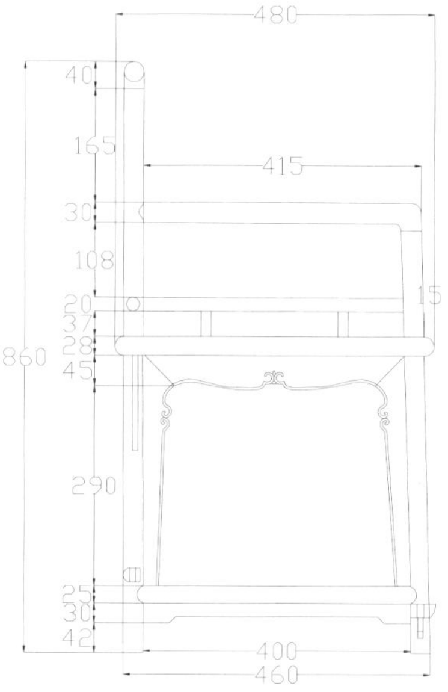

椅－左视图

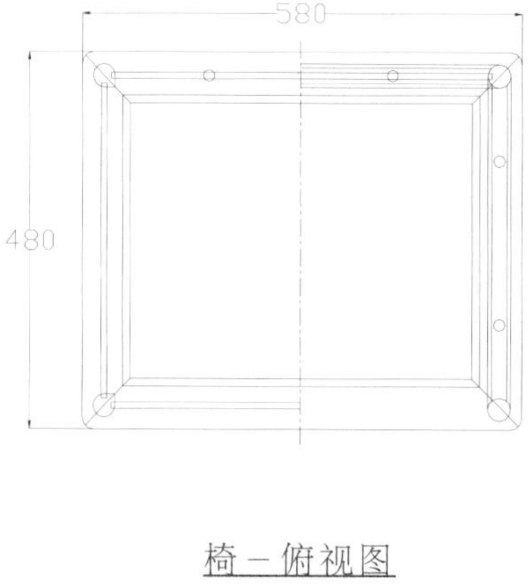

椅－俯视图

注：此三件套中椅为 2 件，几为 1 件。

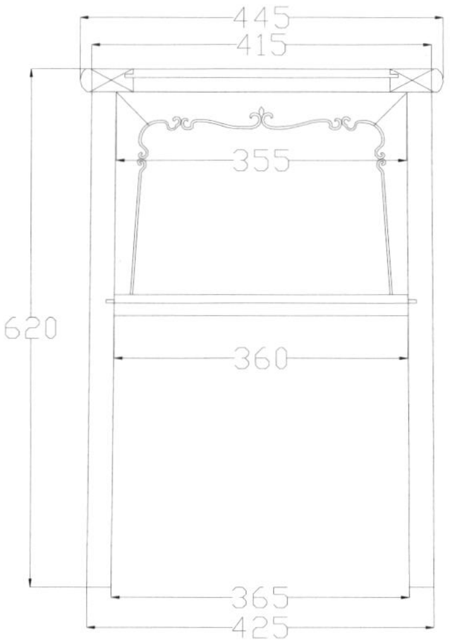

几－主视图

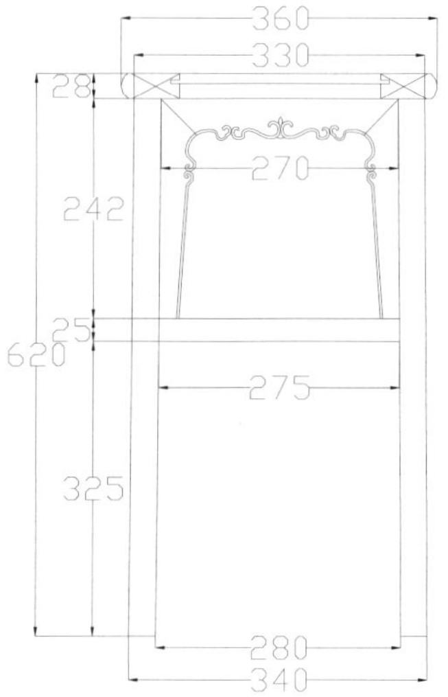

几－左视图

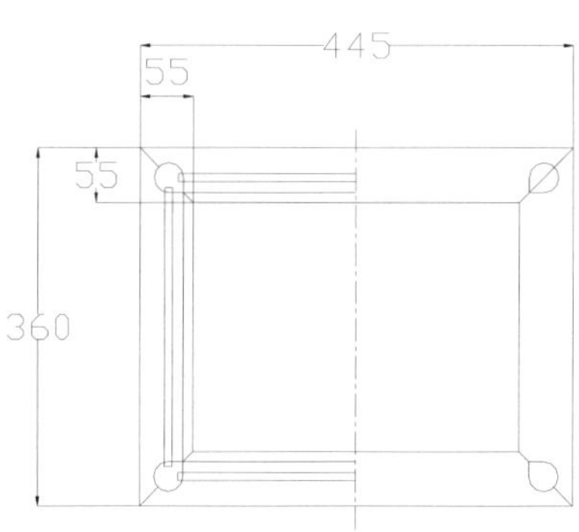

几－俯视图

图版清单（清式玫瑰椅三件套）：

椅—主视图

椅—左视图

椅—俯视图

几—主视图

几—左视图

几—俯视图

清式螭龙纹玫瑰椅三件套

材质：老红木

年款：清代

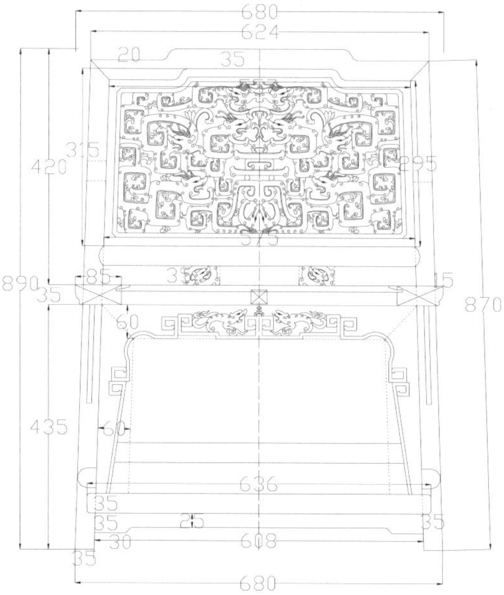

椅－主视图

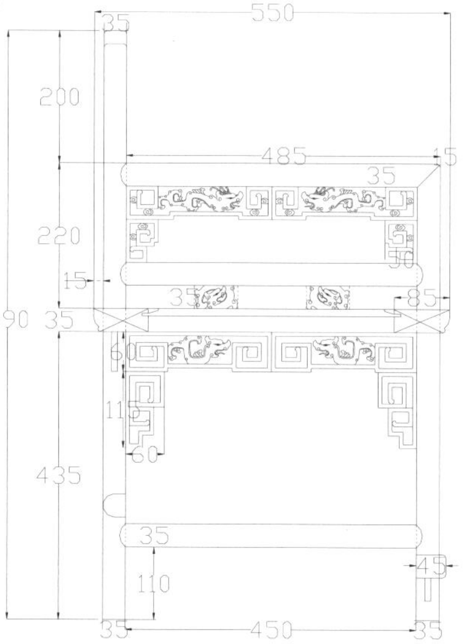

椅－左视图

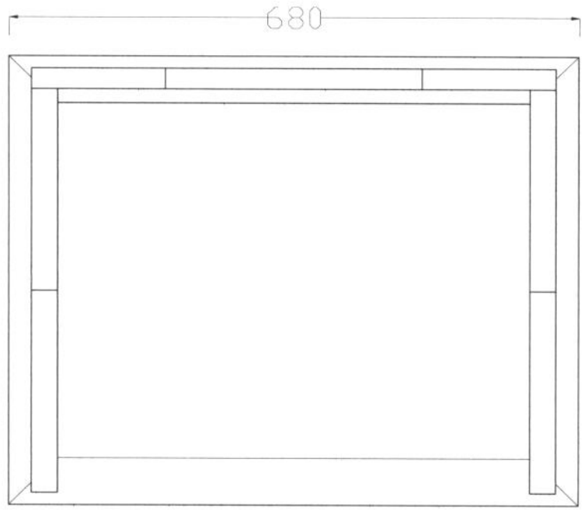

椅－俯视图

注：此三件套中椅为 2 件，几为 1 件。

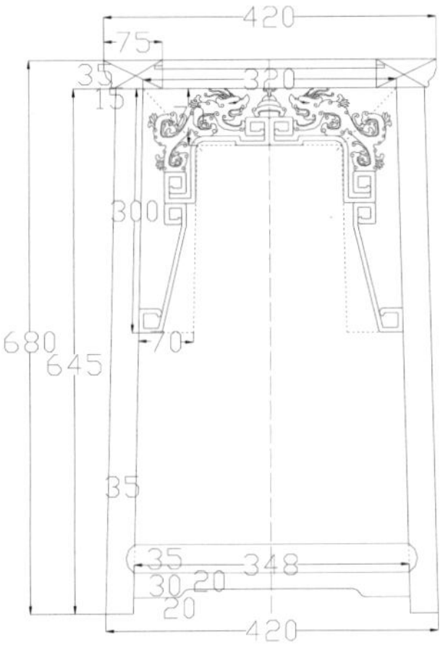

几－主视图

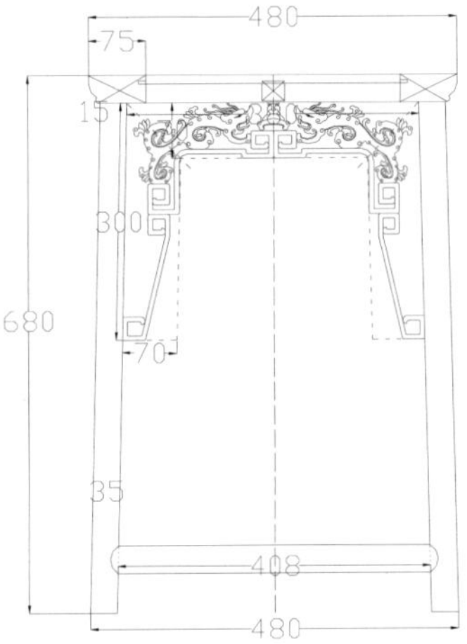

几－左视图

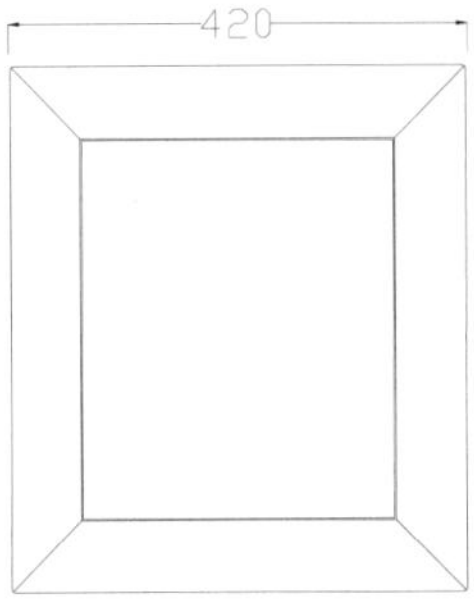

几－俯视图

图版清单（清式螭龙纹玫瑰椅三件套）：

椅－主视图

椅－左视图

椅－俯视图

几－主视图

几－左视图

几－俯视图

清式四合如意纹南官帽椅三件套

材质：紫檀

年款：清代（清宫旧藏）

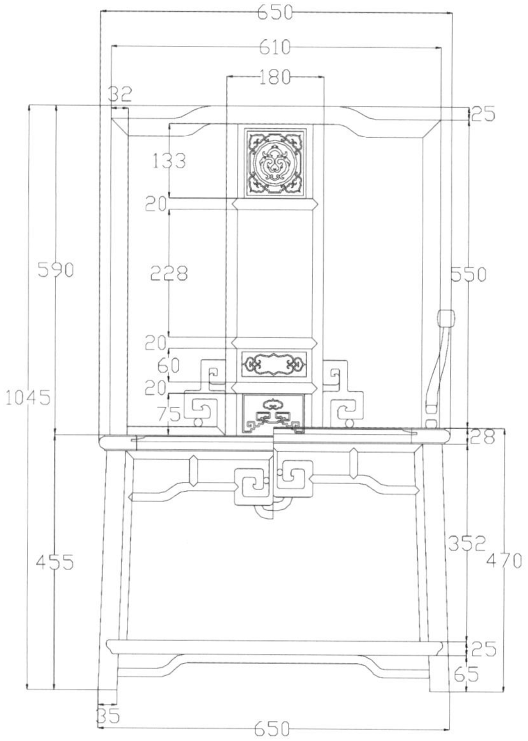

椅－主视图

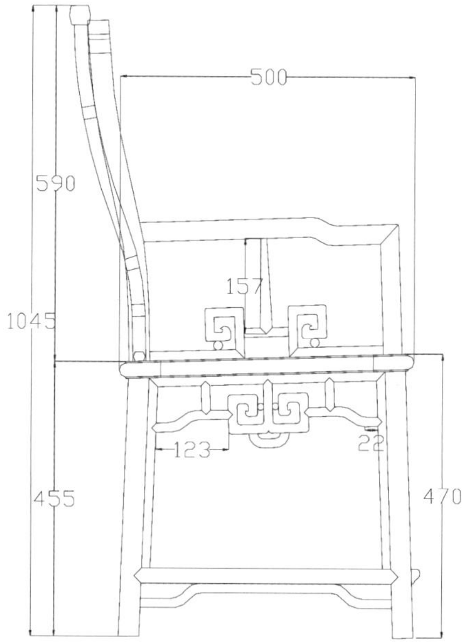

椅－左视图

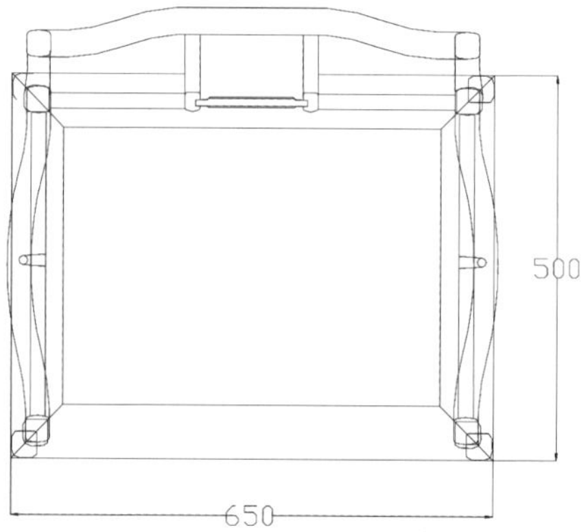

椅－俯视图

注：此三件套中椅为 2 件，几为 1 件。

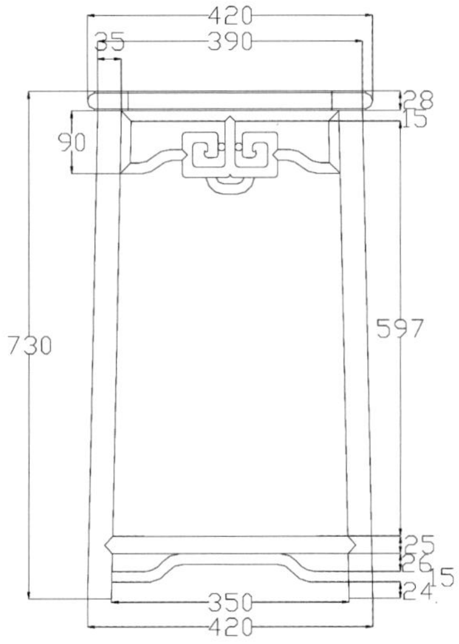

几－主视图

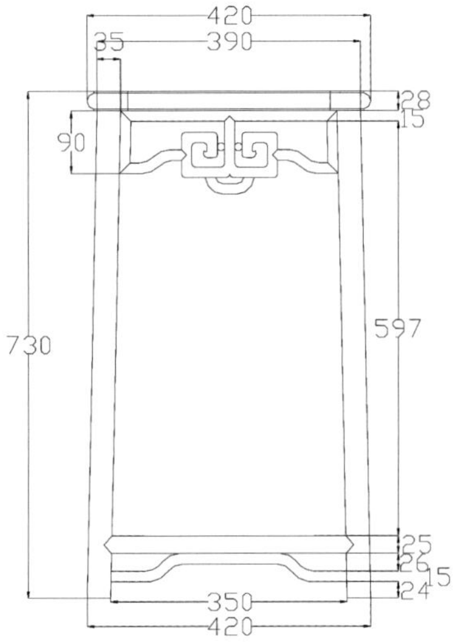

几－左视图

图版清单（清式四合如意纹南官帽椅三件套）：

椅—主视图

椅—左视图

椅—俯视图

几—主视图

几—左视图

清式南官帽椅三件套

材质：老红木

年款：清代（清宫旧藏）

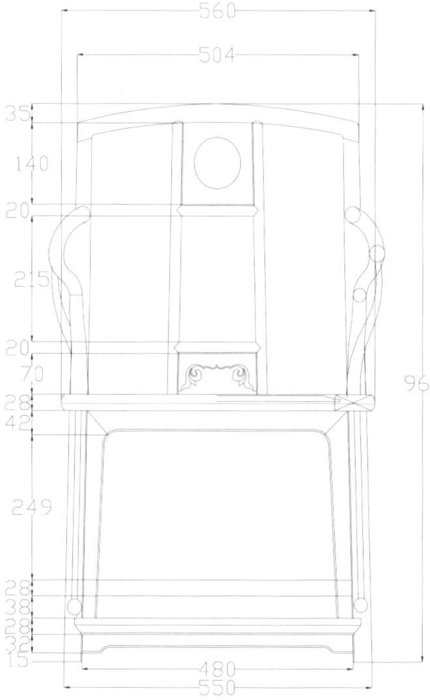

椅－主视图

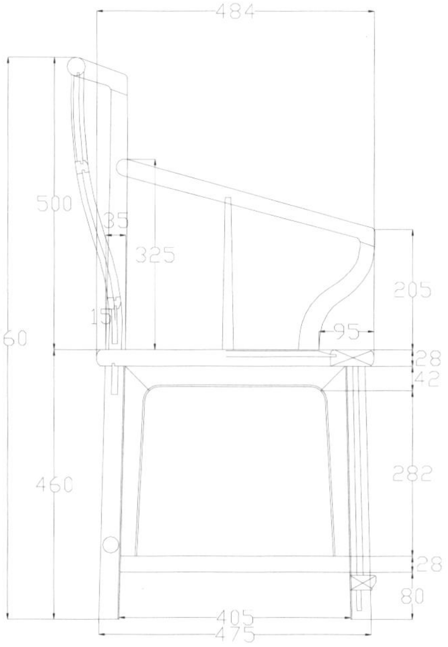

椅－左视图

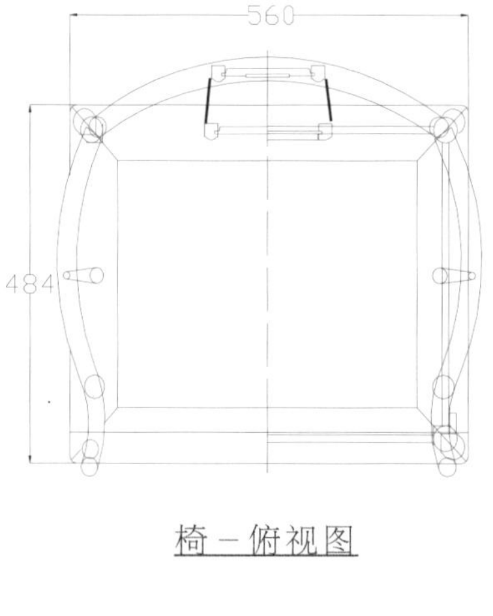

椅－俯视图

注：此三件套中椅为 2 件，几为 1 件。

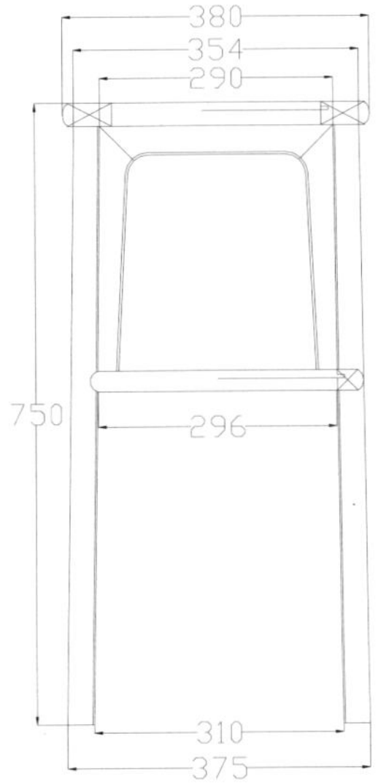

几－主视图

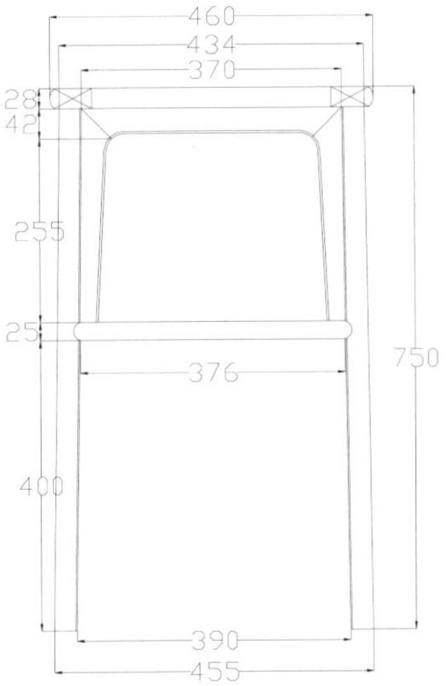

几－左视图

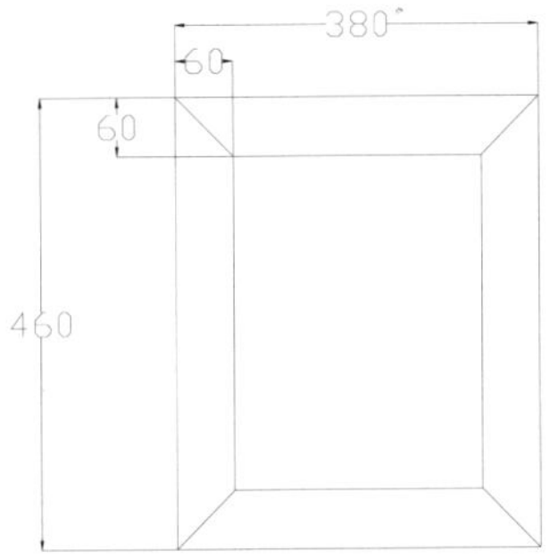

几－俯视图

图版清单（清式南官帽椅三件套）：

椅－主视图
椅－左视图
椅－俯视图
几－主视图
几－左视图
几－俯视图

清式四出头官帽椅三件套

材质：老红木

年款：清代（清宫旧藏）

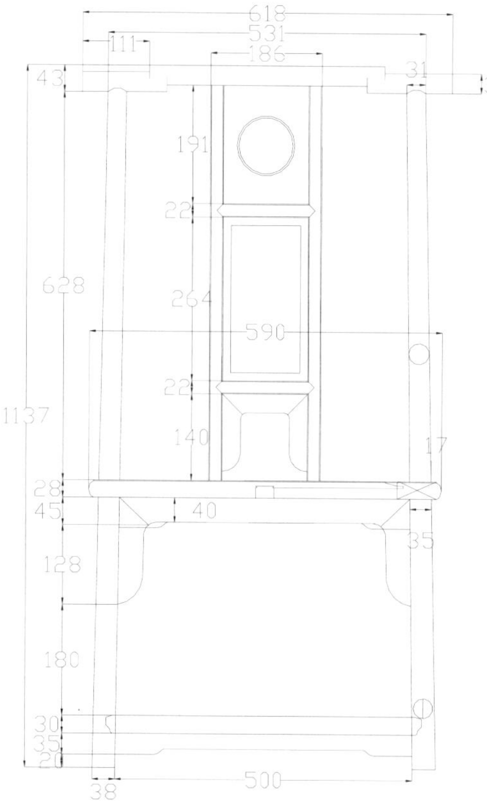

椅－主视图

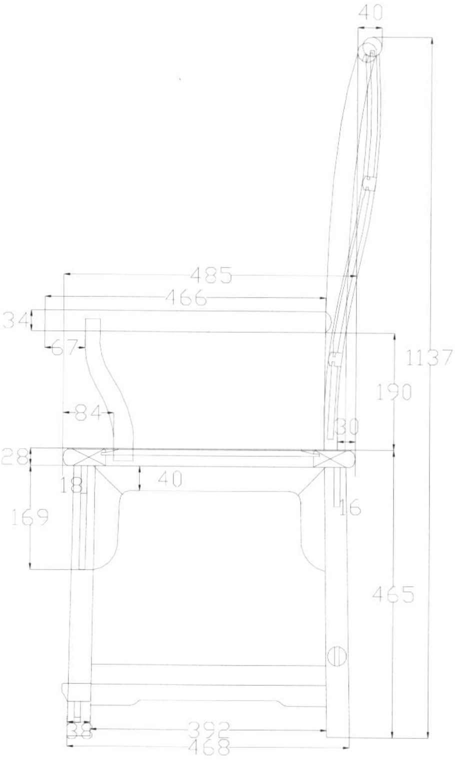

椅－右视图

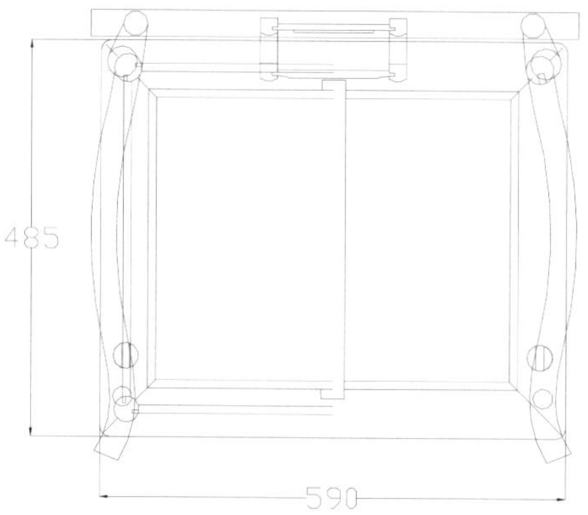

椅－俯视图

注：此三件套中椅为 2 件，几为 1 件。

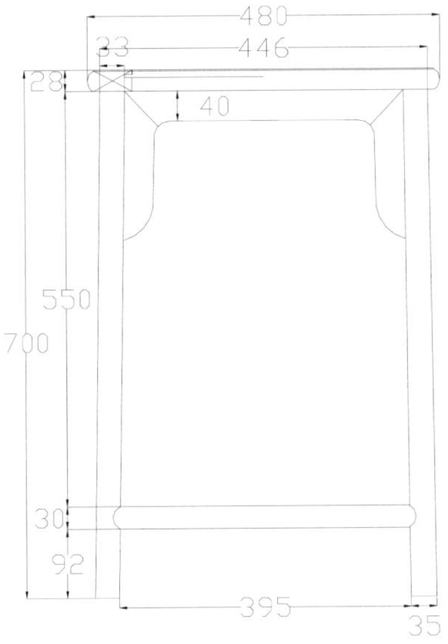

几－主视图

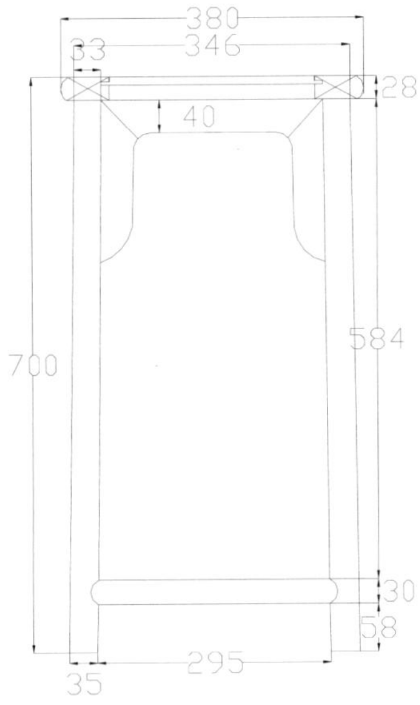

几－右视图

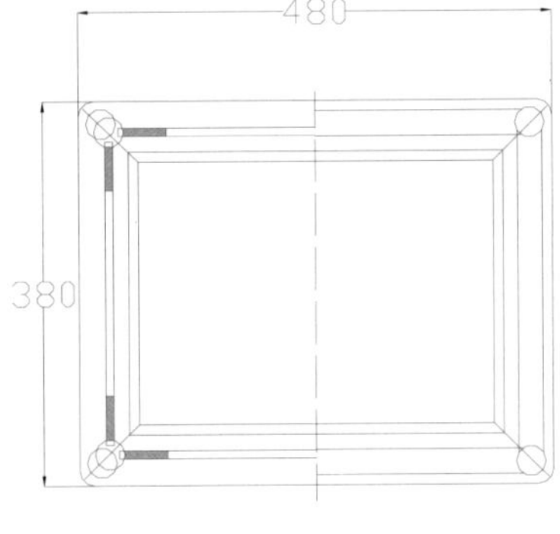

几－俯视图

图版清单（清式四出头官帽椅三件套）：

椅—主视图

椅—右视图

椅—俯视图

几—主视图

几—右视图

几—俯视图

清式卷书式圈椅三件套

材质：老红木

年款：清代（清宫旧藏）

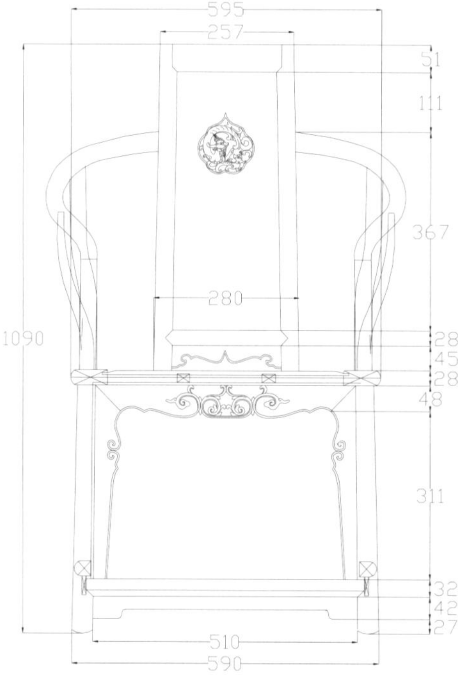

椅－主视图

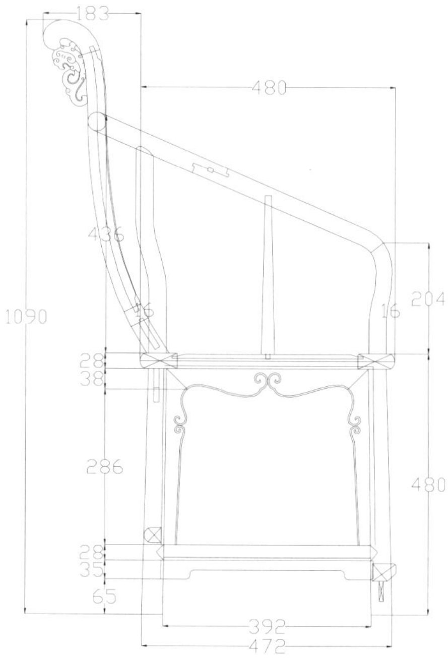

椅－左视图

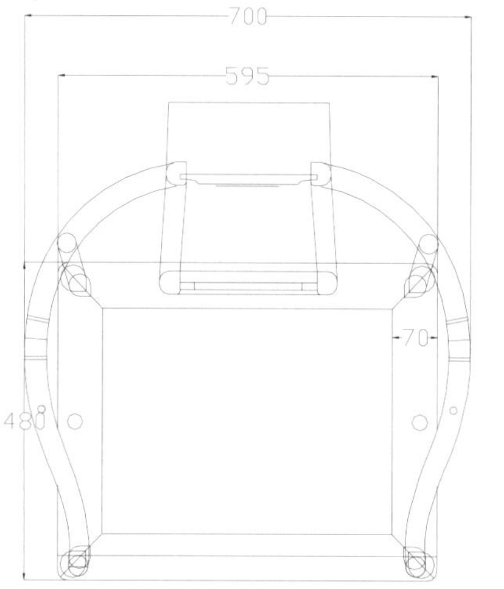

椅－俯视图

注：此三件套中椅为 2 件，几为 1 件。

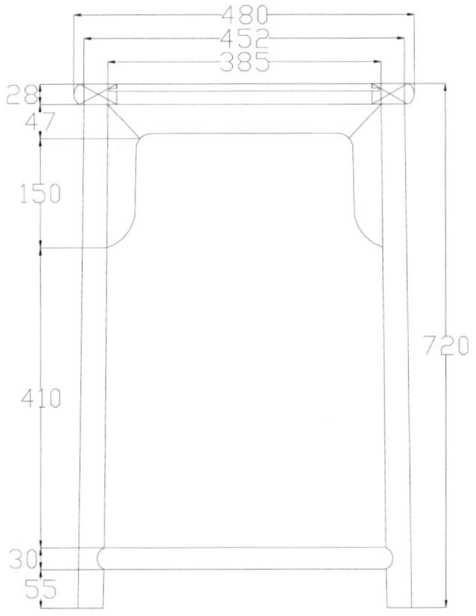

几－主视图

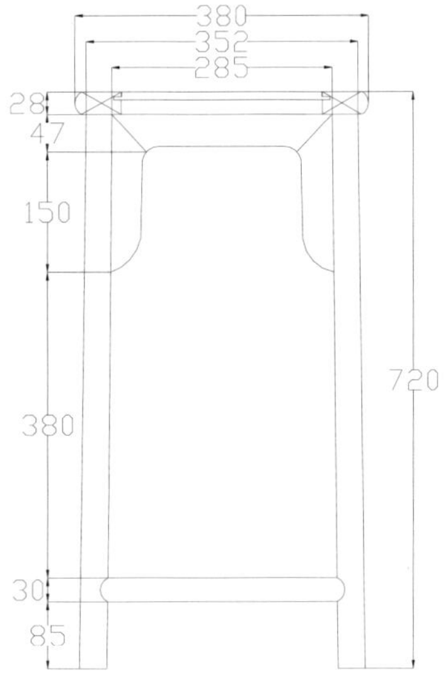

几－左视图

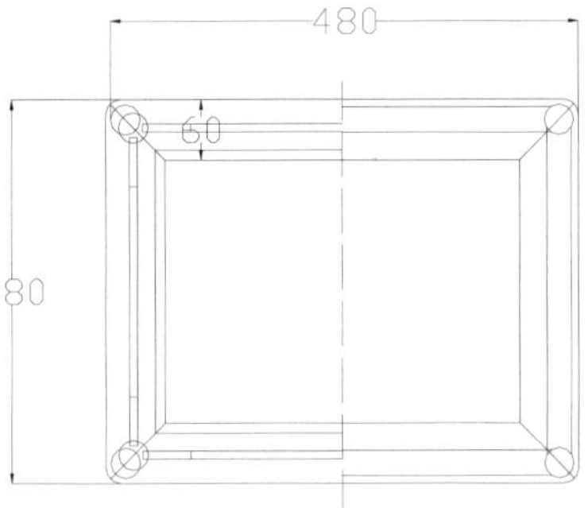

几－俯视图

图版清单（清式卷书式圈椅三件套）：

椅—主视图

椅—左视图

椅—俯视图

几—主视图

几—左视图

几—俯视图

清式竹节纹圈椅三件套

材质：紫光檀

年款：清代

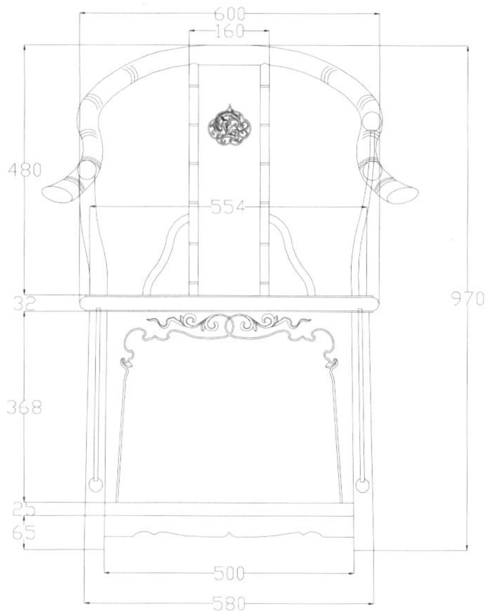

椅－主视图

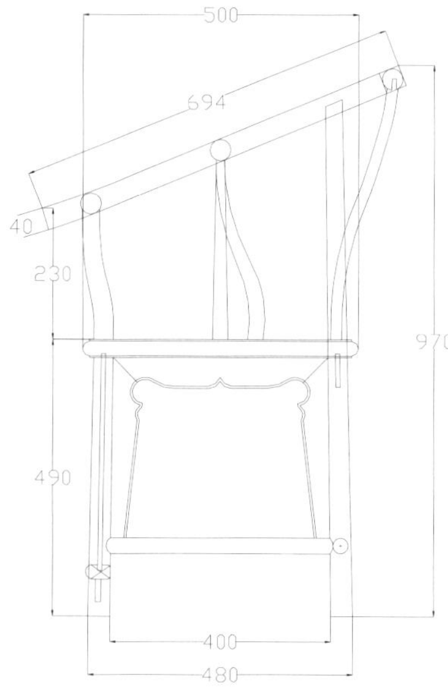

椅－右视图

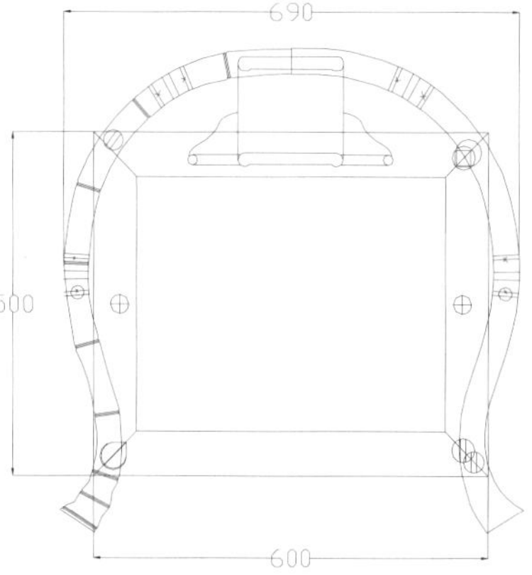

椅－俯视图

注：此三件套中椅为 2 件，几为 1 件。

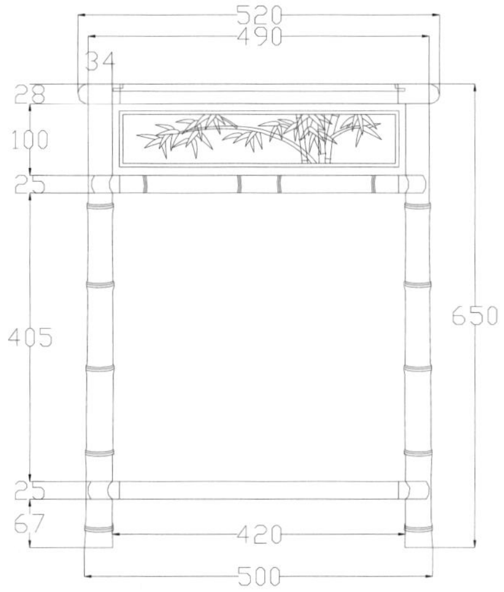

几－主视图

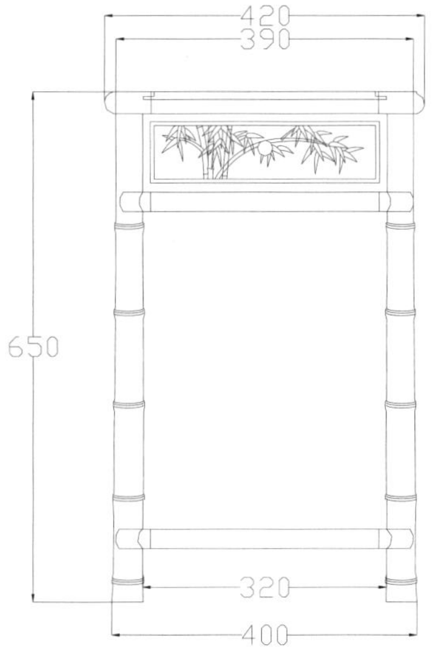

几－右视图

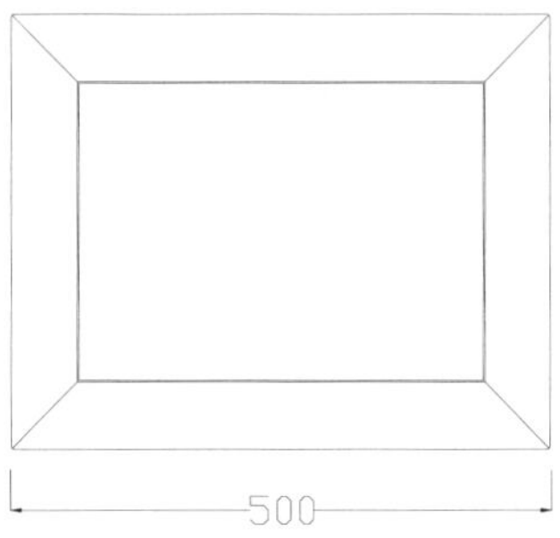

几－俯视图

图版清单（清式竹节纹圈椅三件套）：
椅－主视图
椅－右视图
椅－俯视图
几－主视图
几－右视图
几－俯视图

清式竹节纹圈椅三件套

材质：紫光檀

年款：清代

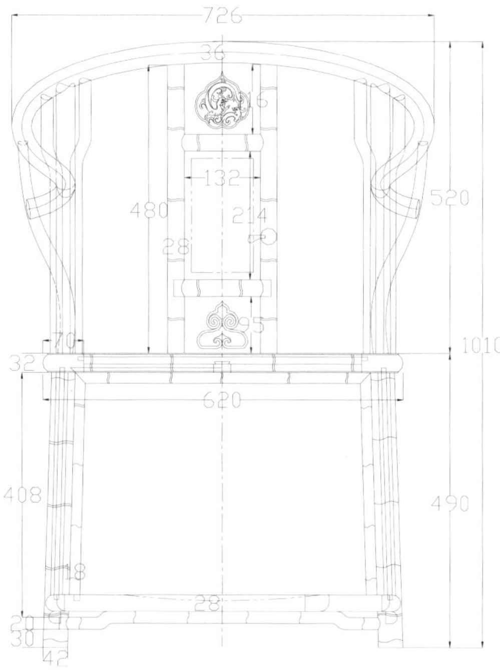

椅－主视图

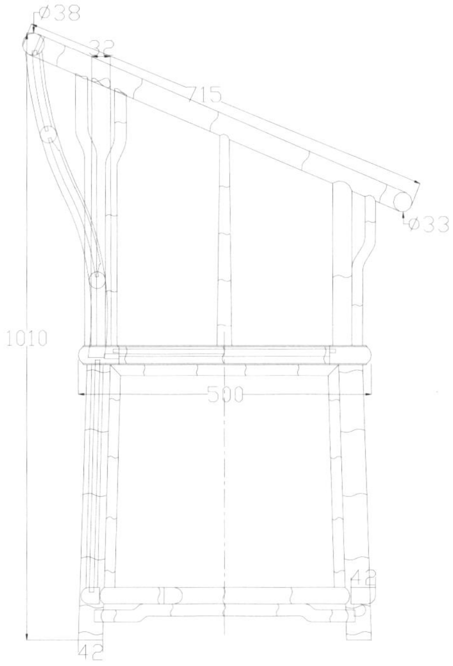

椅－左视图

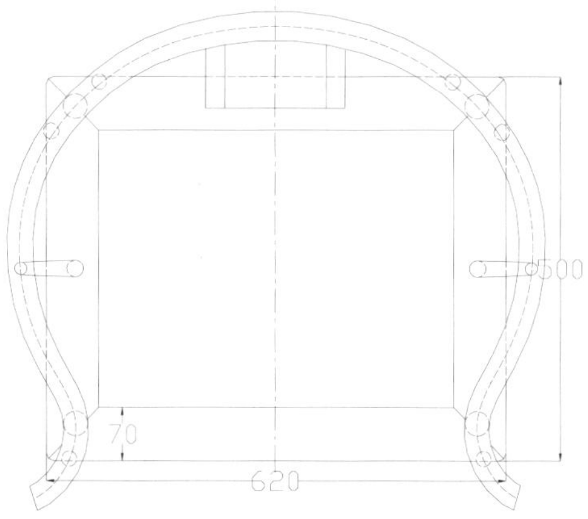

椅－俯视图

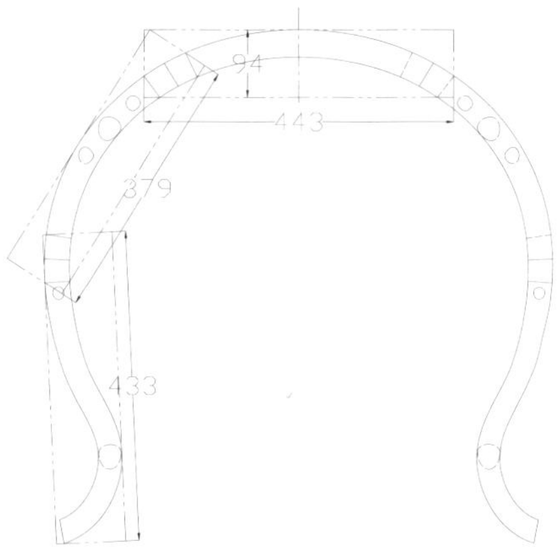

椅－细节图（椅圈）

注：此三件套中椅为 2 件，几为 1 件。

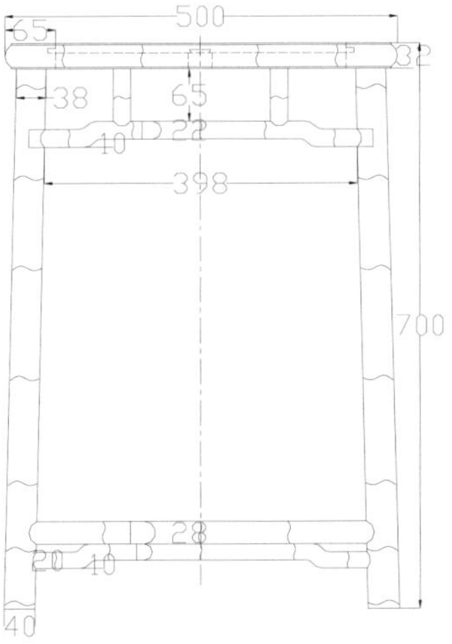

几－主视图

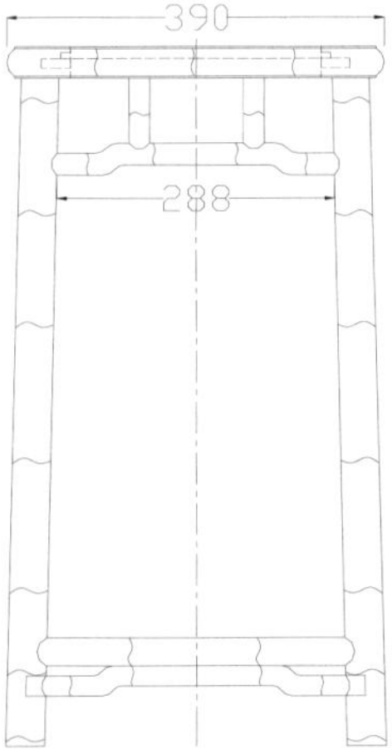

几－左视图

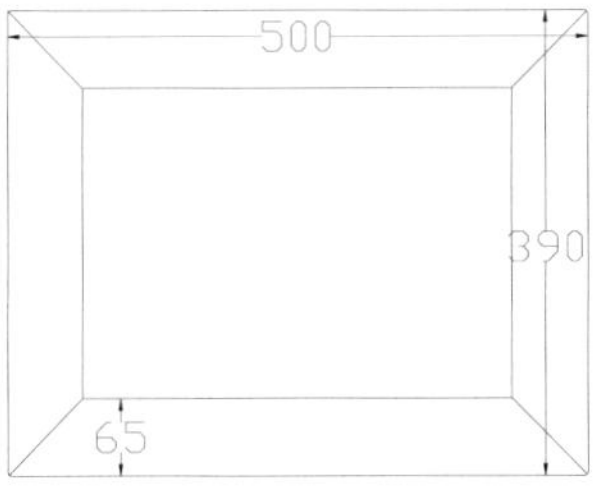

几－俯视图

图版清单（清式竹节纹圈椅三件套）：

椅—主视图

椅—左视图

椅—俯视图

椅—细节图（椅圈）

几—主视图

几—左视图

几—俯视图

清式皇宫椅三件套

材质：老红木

年款：清代（清宫旧藏）

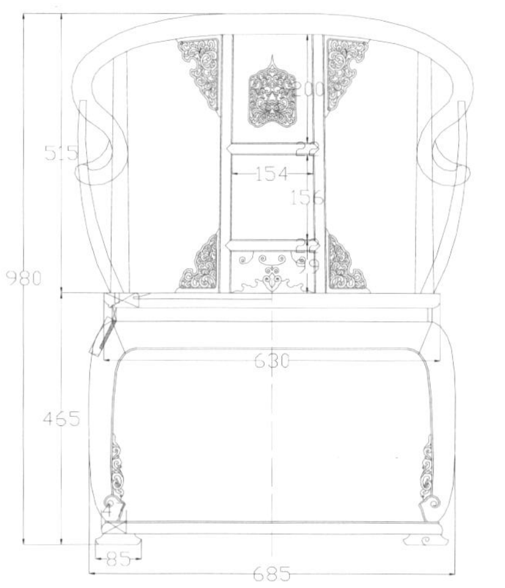

椅－主视图

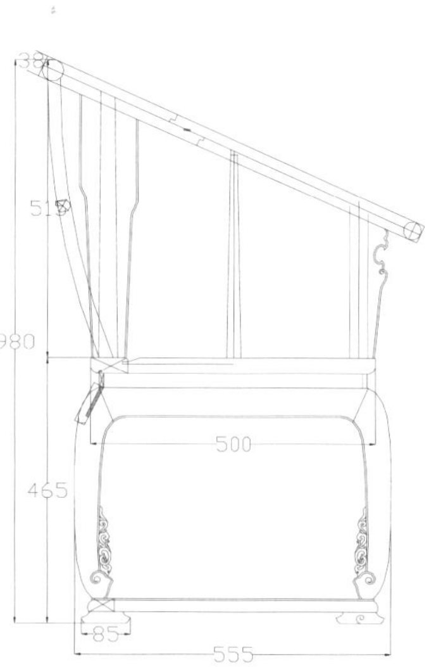

椅－左视图

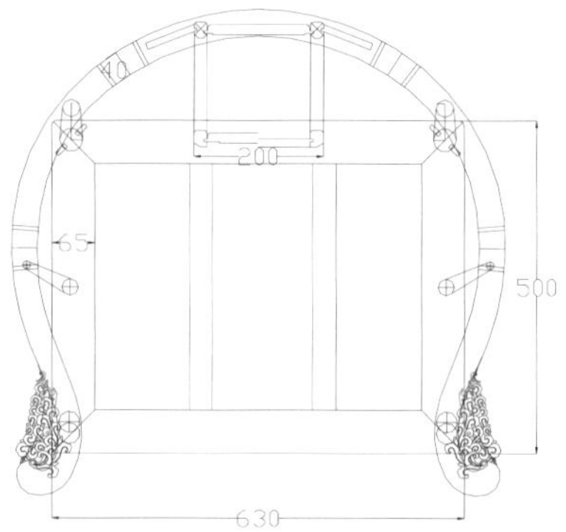

椅－俯视图

注：此三件套中椅为 2 件，几为 1 件。

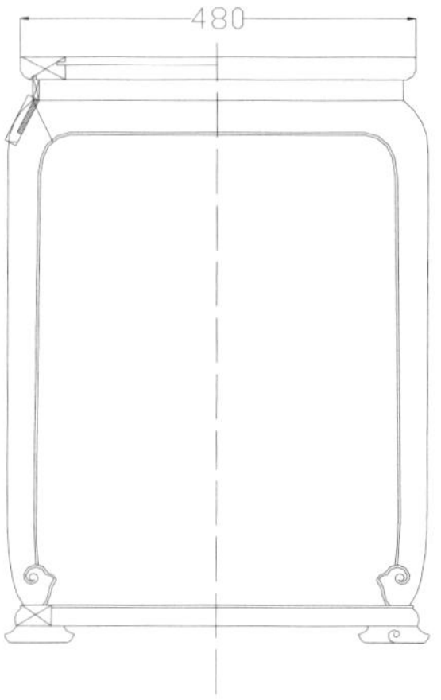

几－主视图

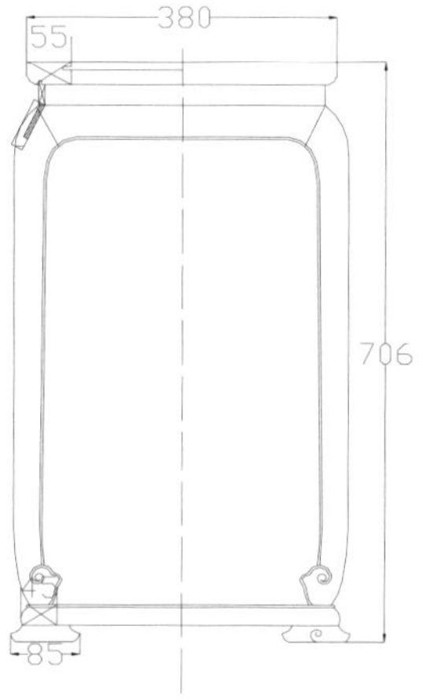

几－左视图

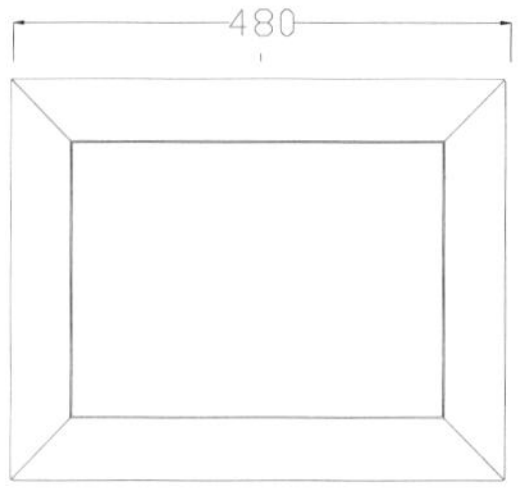

几－俯视图

图版清单（清式皇宫椅三件套）：

椅－主视图

椅－左视图

椅－俯视图

几－主视图

几－左视图

几－俯视图

清式太师椅三件套

材质：老红木

年款：清代（清宫旧藏）

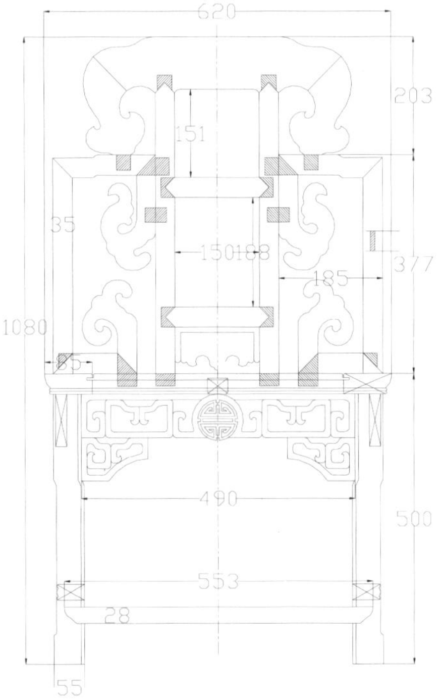

椅－主视图

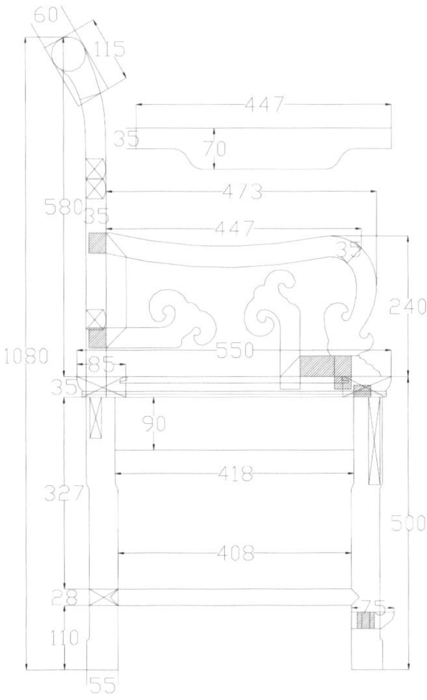

椅－左视图

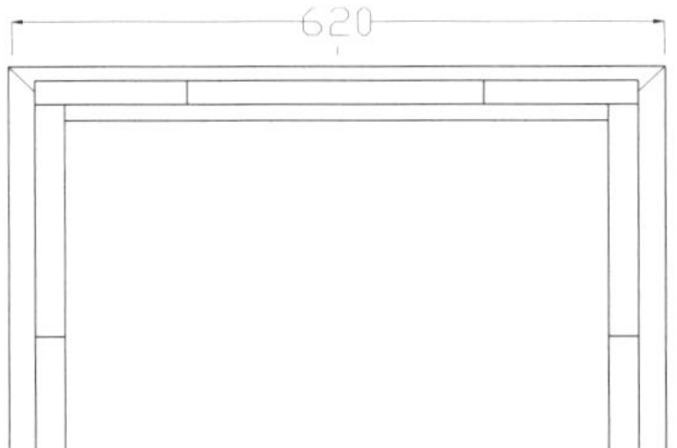

椅－俯视图

注：此三件套中椅为 2 件，几为 1 件。

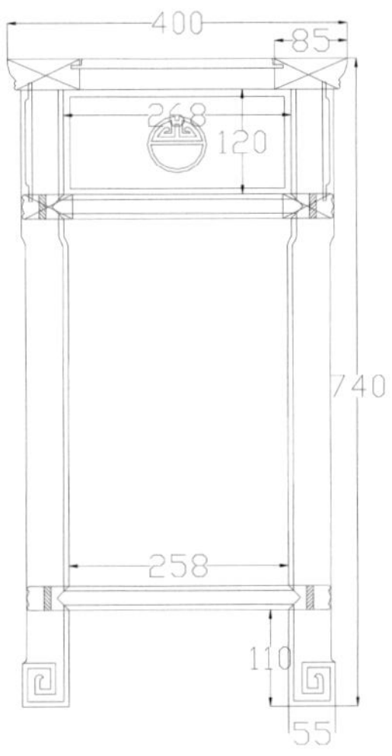

几－主视图

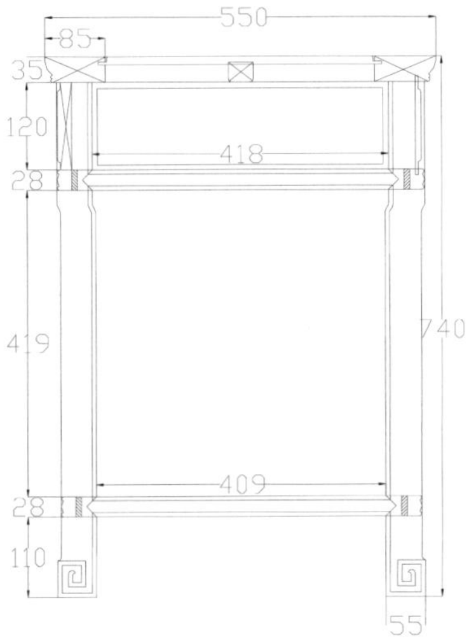

几－左视图

几－俯视图

图版清单（清式太师椅三件套）：
椅－主视图
椅－左视图
椅－俯视图
几－主视图
几－左视图
几－俯视图

清式卷云纹太师椅三件套

材质：老红木

年款：清代（清宫旧藏）

椅－主视图

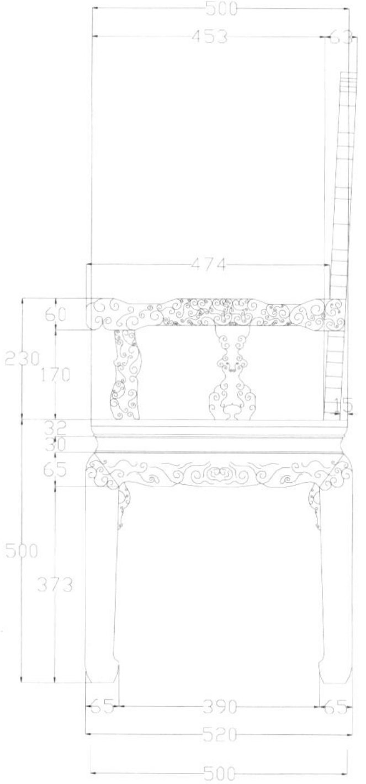

椅－右视图

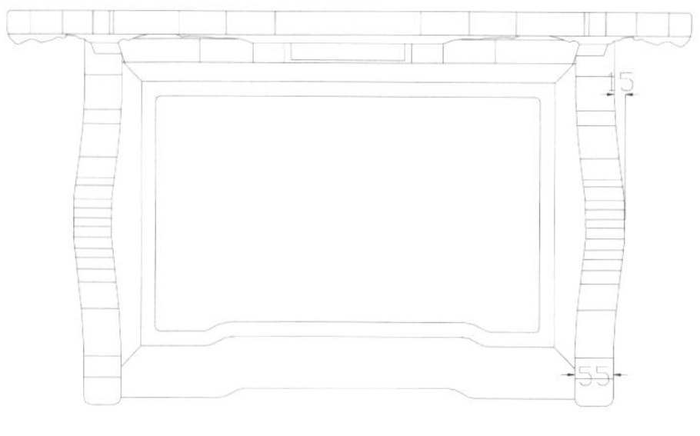

椅－俯视图

注：此三件套中椅为 2 件，几为 1 件。

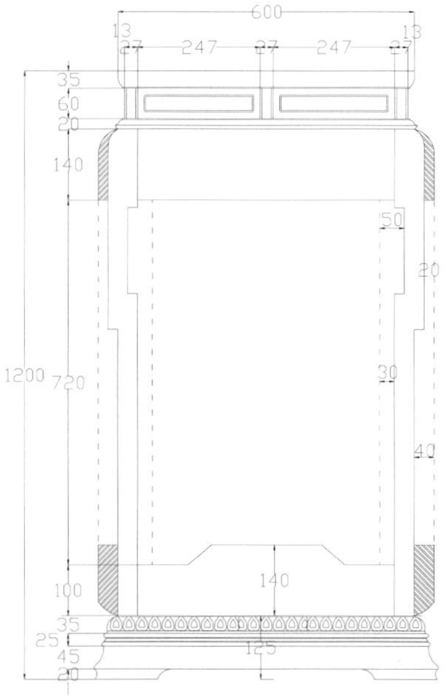

几－主视图

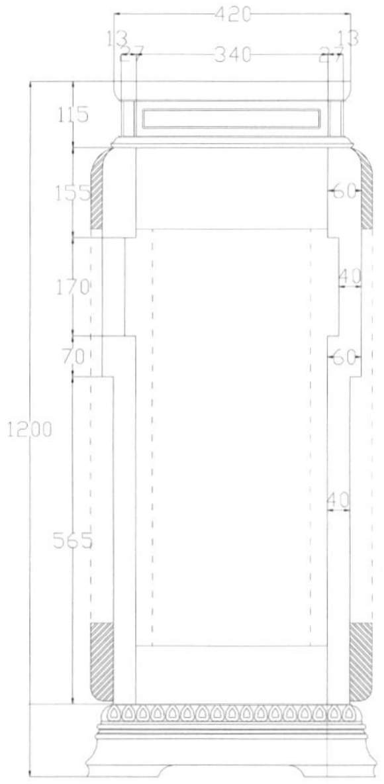

几－左视图

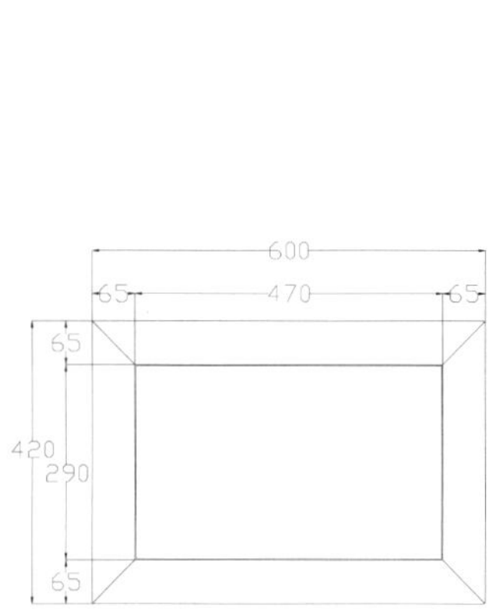

几－俯视图

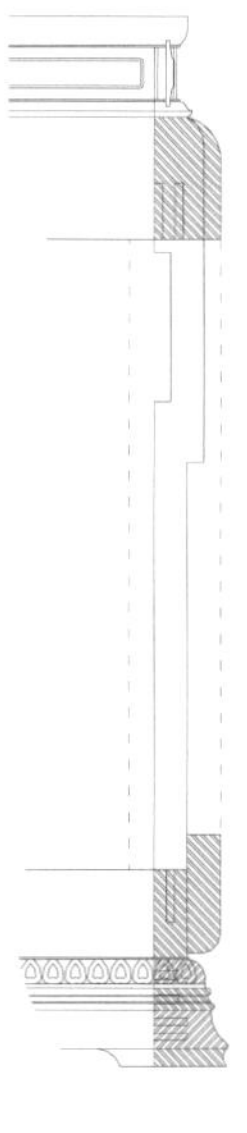

几－剖视图

图版清单（清式卷云纹太师椅三件套）：

椅—主视图

椅—右视图

椅—俯视图

几—主视图

几—左视图

几—俯视图

几—剖视图

清式灵芝纹太师椅三件套

材质：老红木

年款：清代（清宫旧藏）

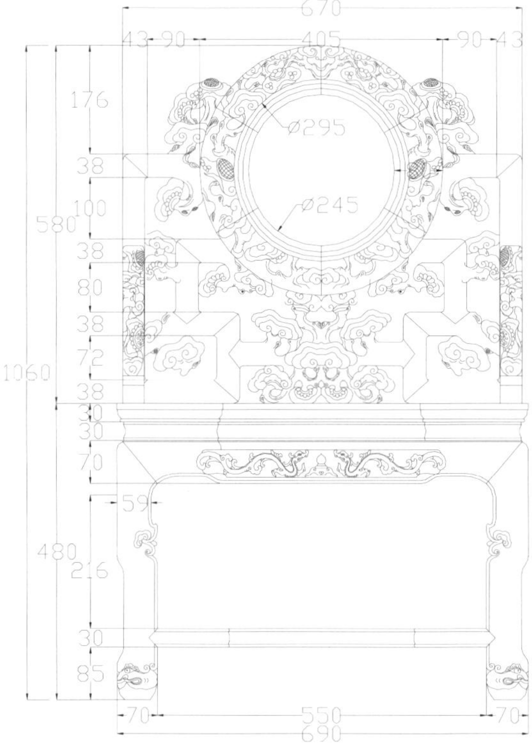

椅－主视图

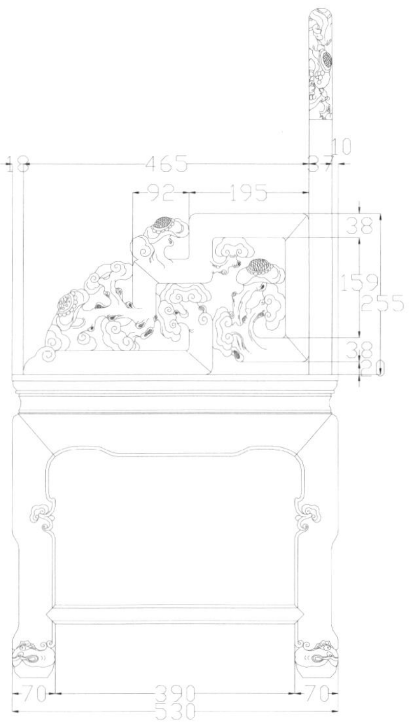

椅－右视图

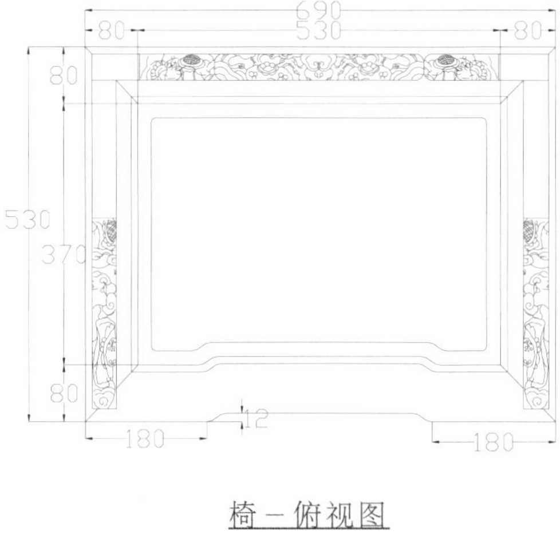

椅－俯视图

注：此三件套中椅为 2 件，几为 1 件。

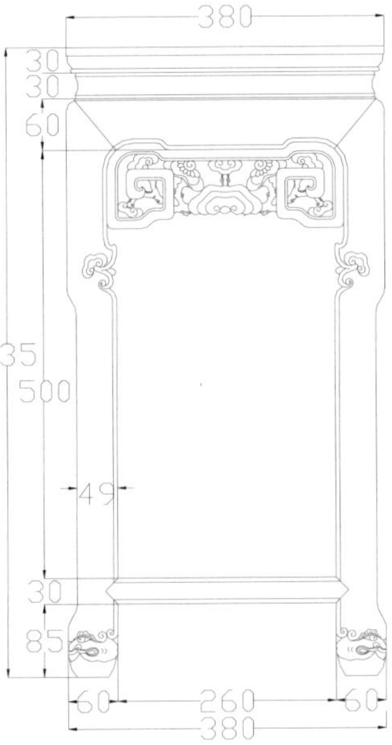

几－主视图

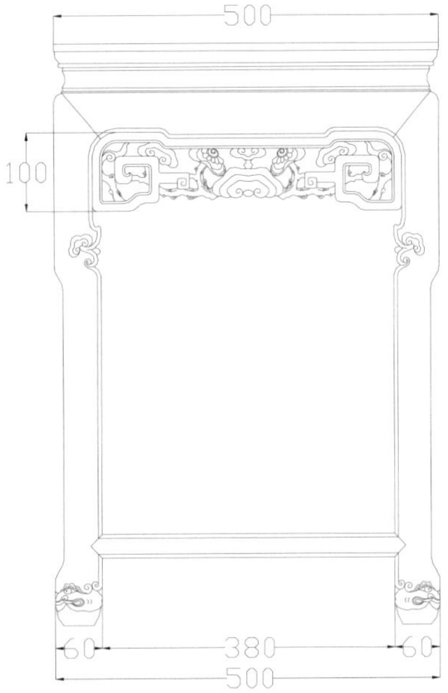

几－左视图

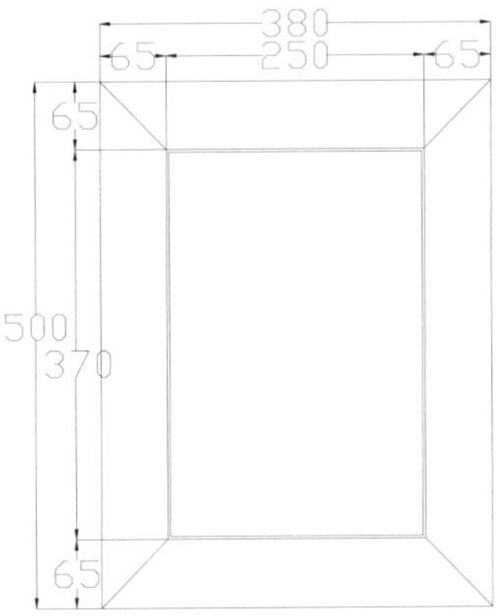

几－俯视图

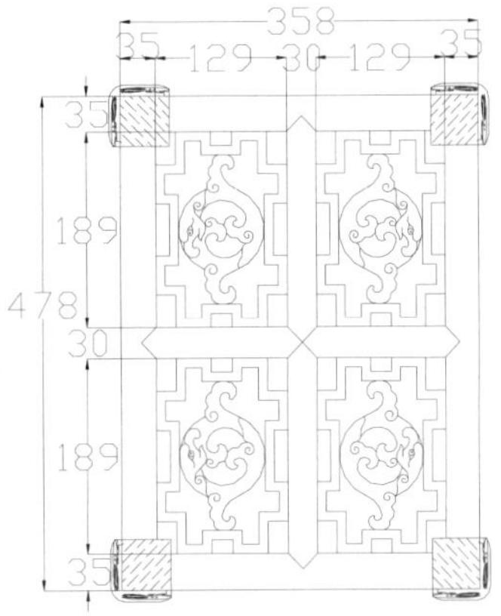

几－剖视图（屉板）

图版清单（清式灵芝纹太师椅三件套）：

椅—主视图

椅—右视图

椅—俯视图

几—主视图

几—左视图

几—俯视图

几—剖视图（屉板）

清式灵芝纹太师椅三件套

材质：紫檀

年款：清代（清宫旧藏）

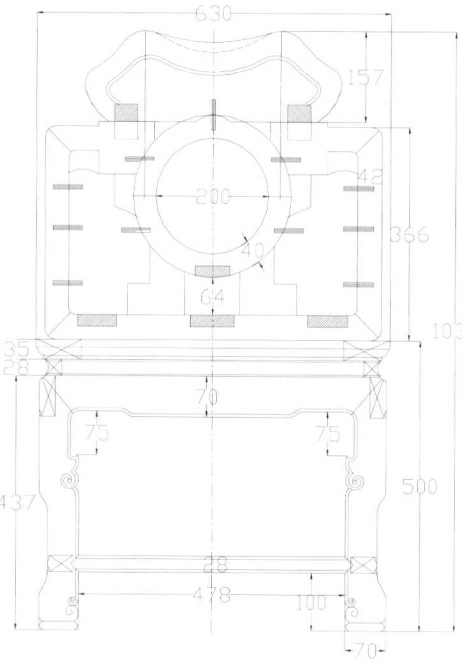

椅－主视图

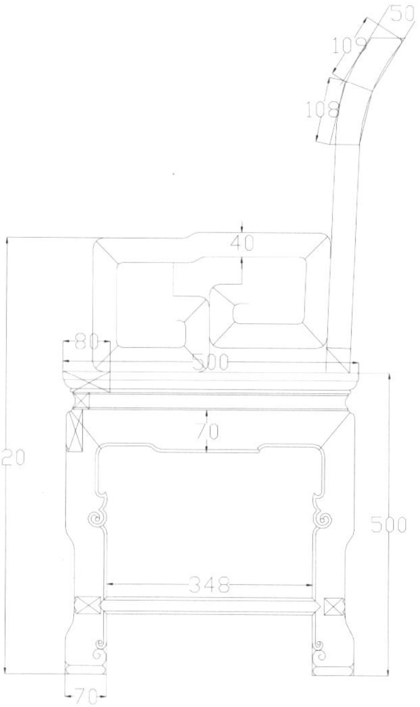

椅－右视图

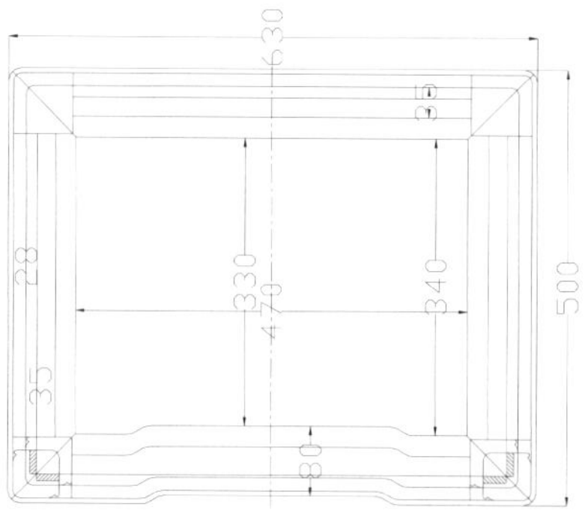

椅－俯视图

注：此三件套中椅为 2 件，几为 1 件。另几三视图采用轴对称绘法，省略了部分视图。

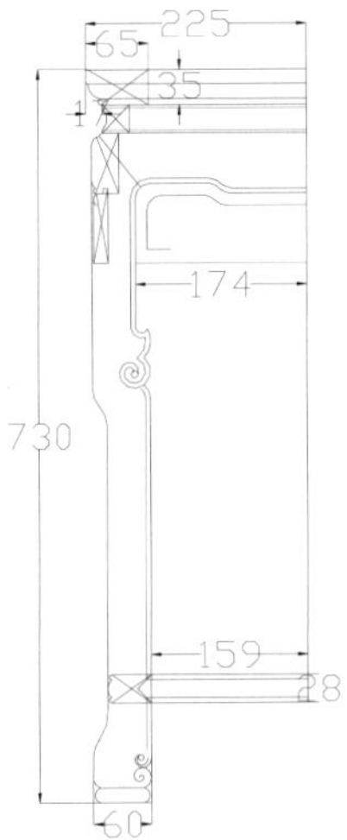

几－主视图

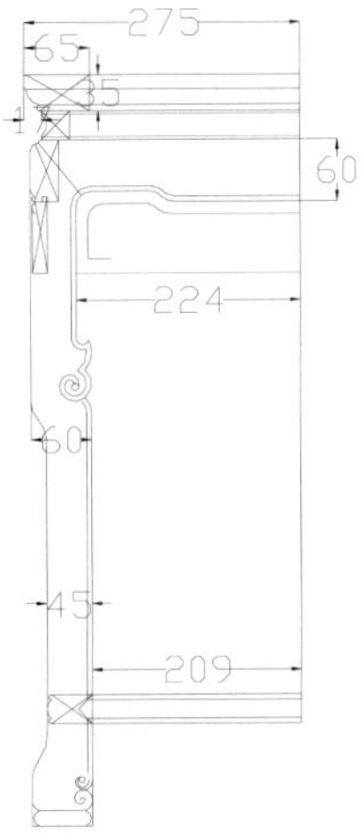

几－右视图

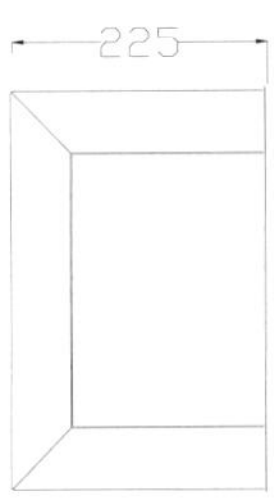

几－俯视图

图版清单（清式灵芝纹太师椅三件套）：

椅—主视图

椅—右视图

椅—俯视图

几—主视图

几—右视图

几—俯视图

清式夔龙纹太师椅十二件套

材质：紫檀

年款：清代

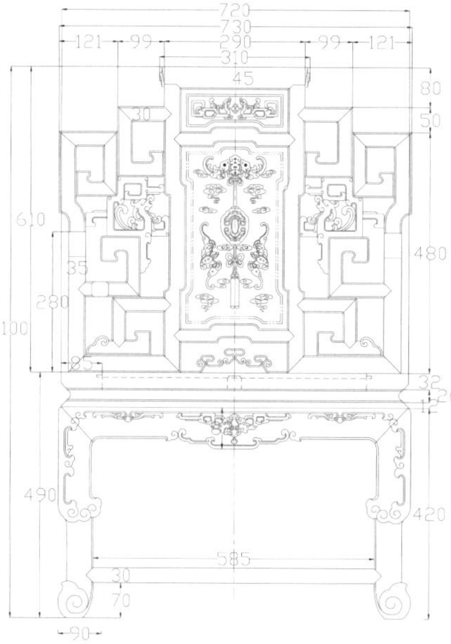

椅－主视图

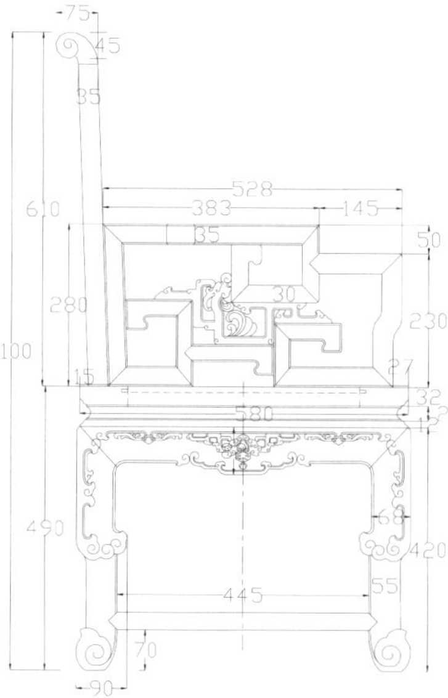

椅－左视图

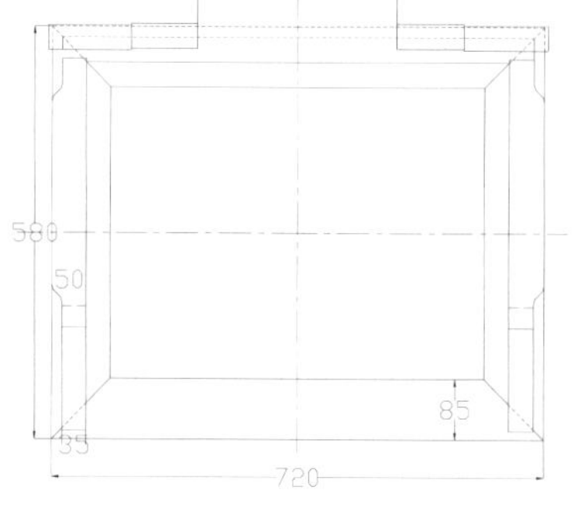

椅－俯视图

注：此十二件套中椅为 6 件，桌为 1 件，案为 1 件，花几为 2 件，茶几为 2 件。

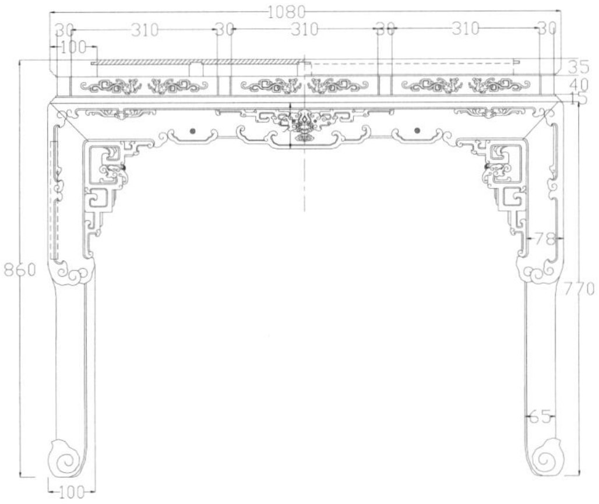

桌－主视图

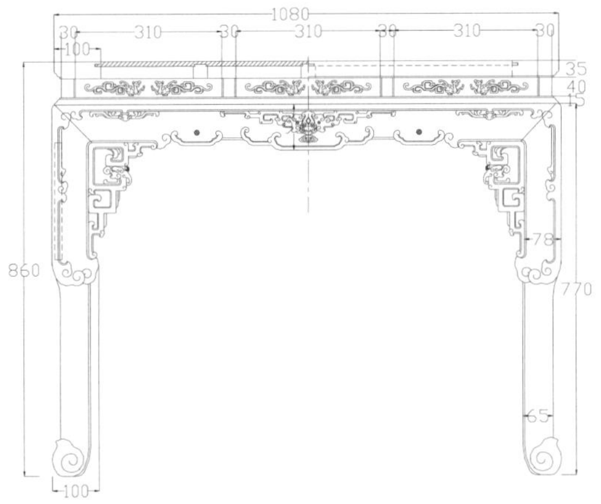

桌－左视图

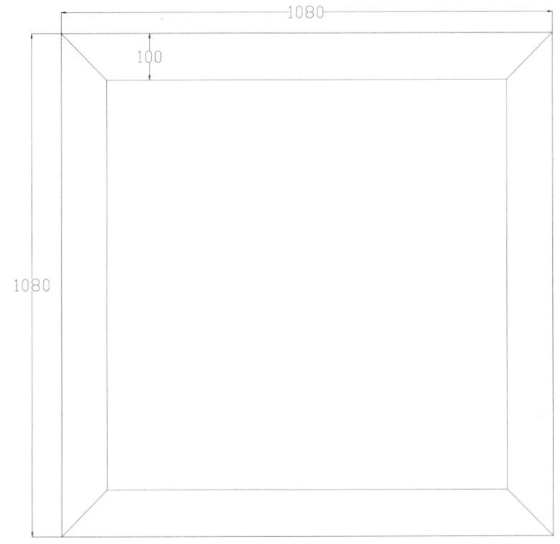

桌－俯视图

坐具·清代

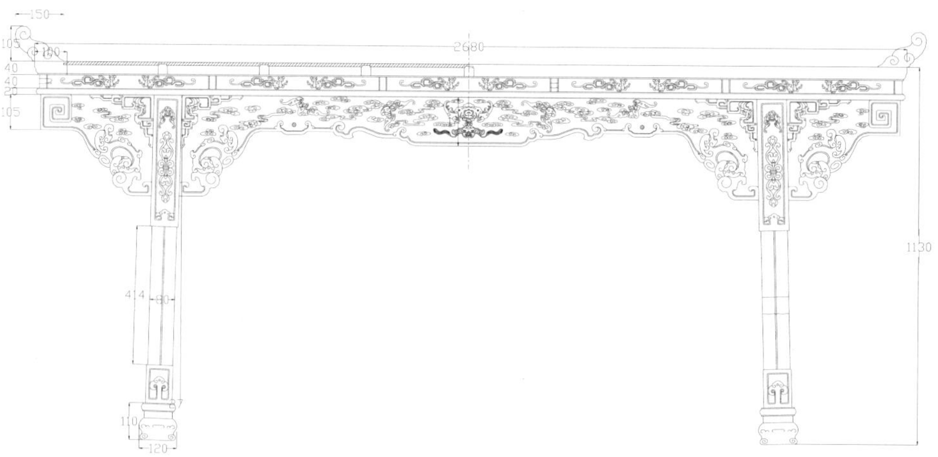
150
105
2680
105
1130
414
80
110
120

案一主视图

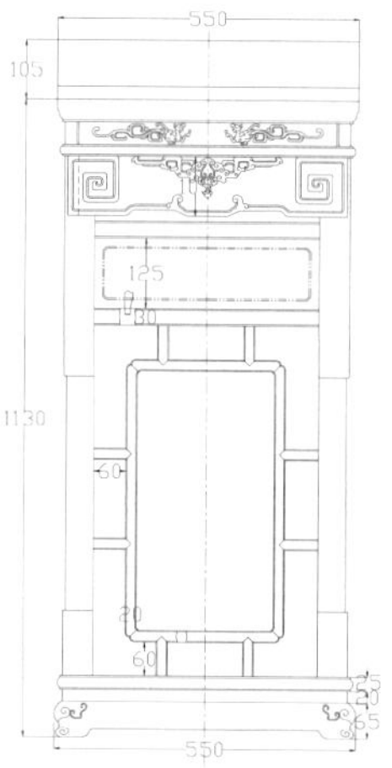
550
105
125
1130
60
20
60
550

案一左视图

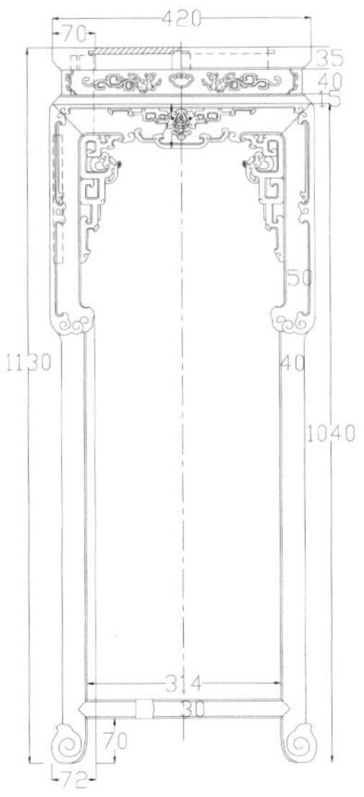

花几－主视图

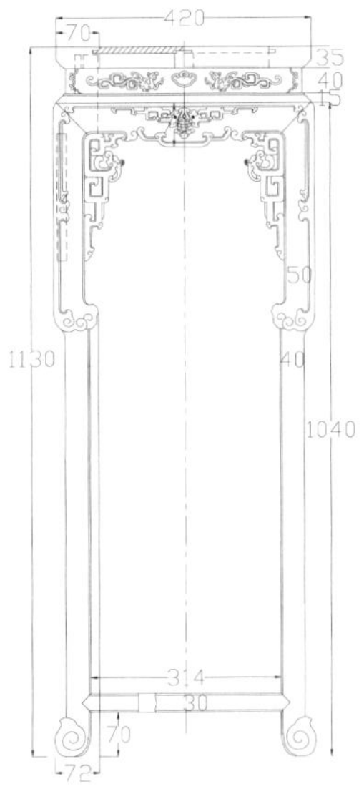

花几－左视图

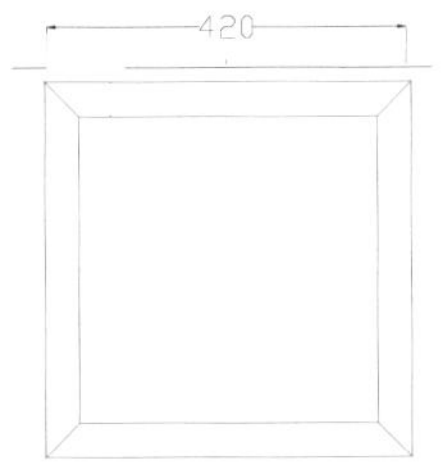

花几－俯视图

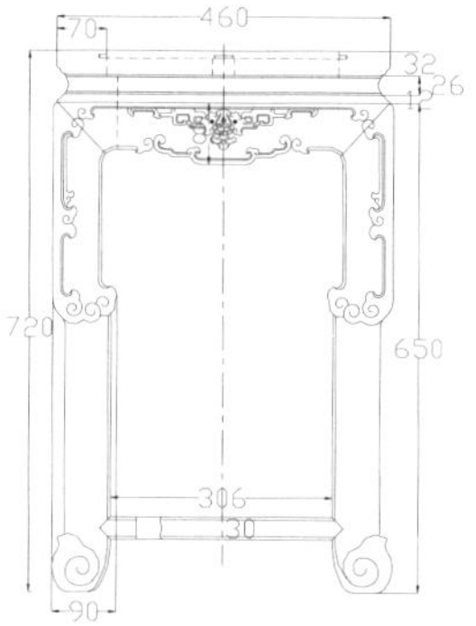

茶几－主视图

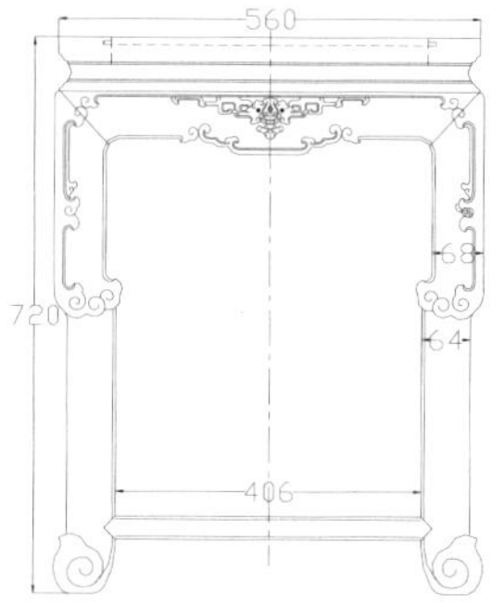

茶几－左视图

图版清单（清式夔龙纹太师椅十二件套）：

椅—主视图
椅—左视图
椅—俯视图
桌—主视图
桌—左视图
桌—俯视图
案—主视图
案—左视图
花几—主视图
花几—左视图
花几—俯视图
茶几—主视图
茶几—左视图
茶几—细节图（屉板）

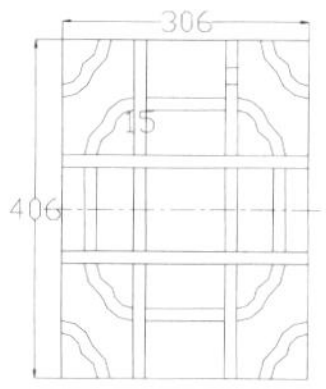

茶几－细节图（屉板）

清式百宝纹太师椅十件套

材质：紫檀

年款：清代

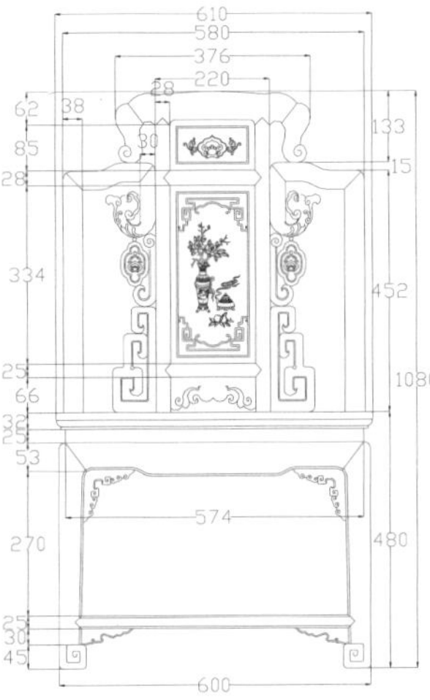

椅－主视图

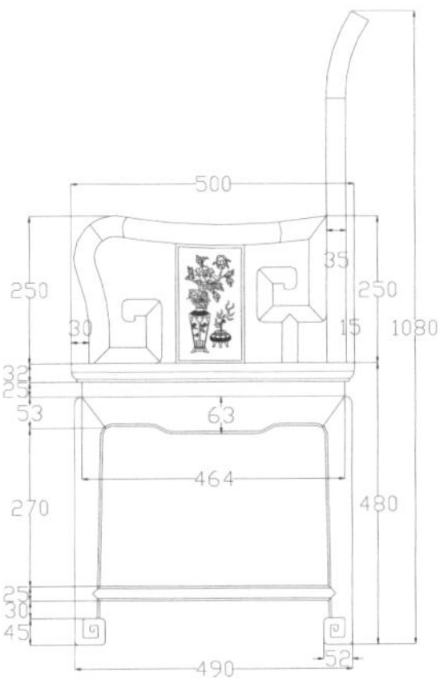

椅－右视图

案－主视图

注：此十件套中椅为 6 件，案为 1 件，桌为 1 件，几为 2 件。

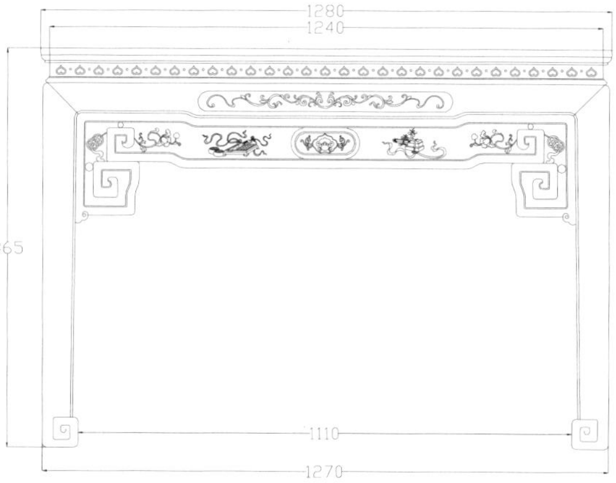

桌－主视图

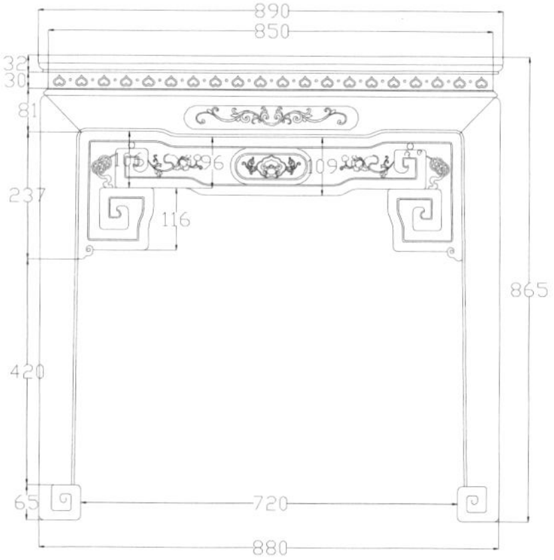

桌－左视图

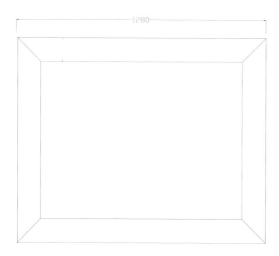

桌－俯视图

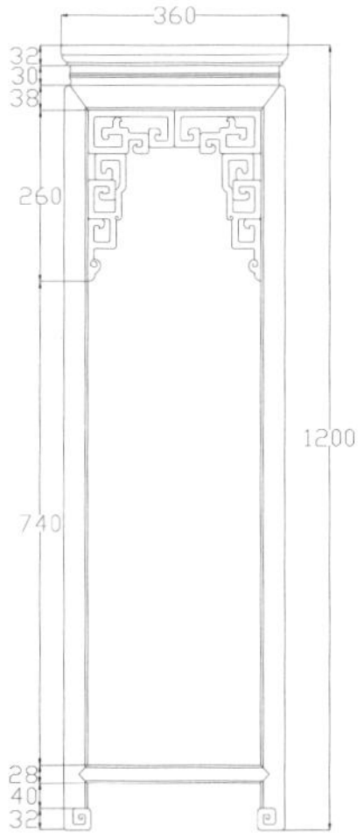

几－主视图

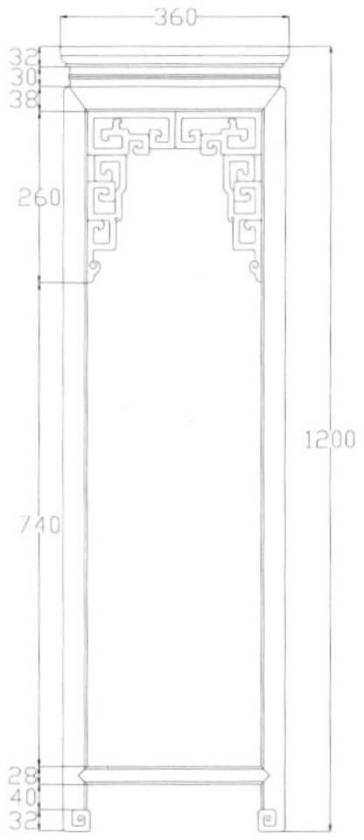

几－左视图

几－俯视图

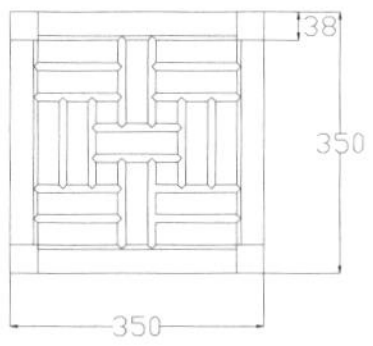

几－细节图（屉板）

图版清单（清式百宝纹太师椅十件套）：

椅—主视图
椅—右视图
案—主视图
桌—主视图
桌—左视图
桌—俯视图
几—主视图
几—左视图
几—俯视图
几—细节图（屉板）

清式灵芝纹太师椅四件套

材质：紫檀

年款：清代

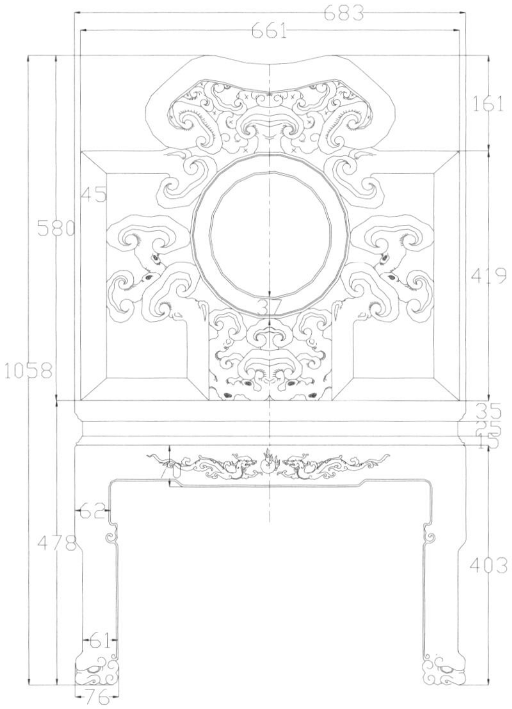

椅－主视图

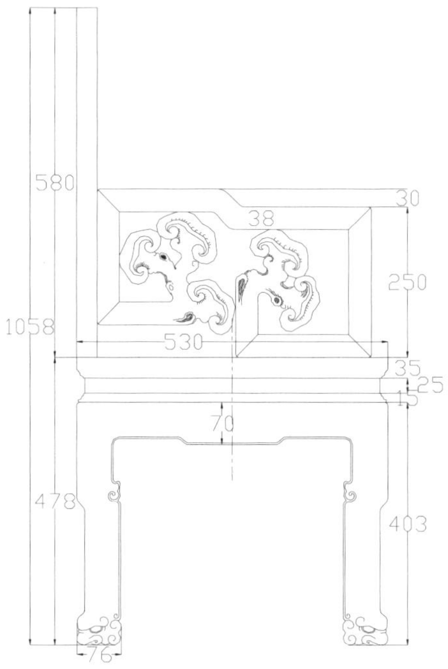

椅－左视图

注：此四件套中椅为 2 件，桌为 1 件，案为 1 件。

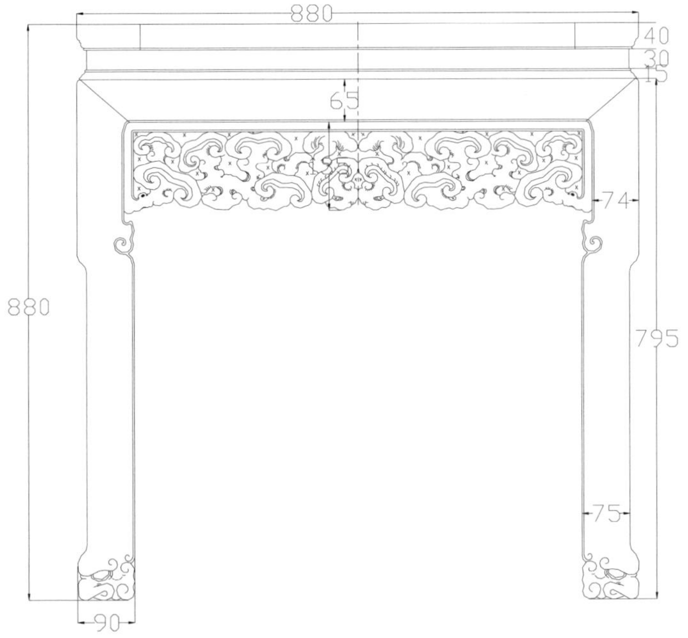

桌－主视图

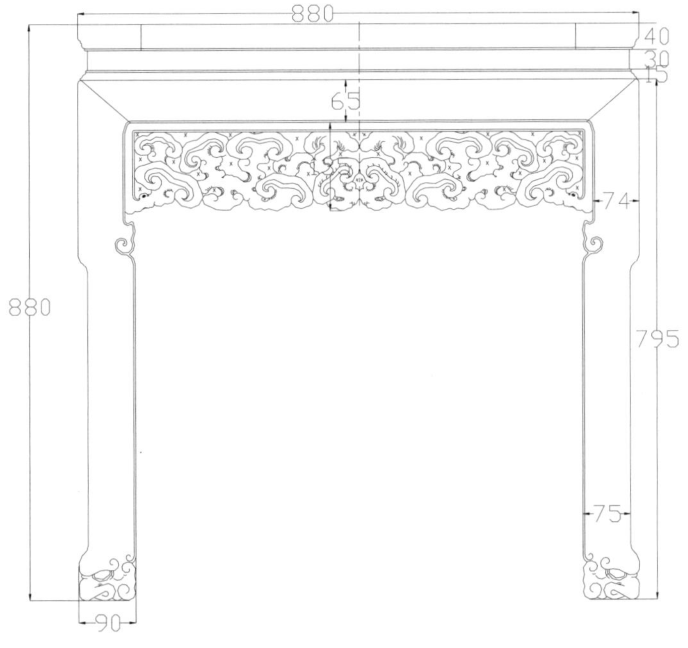

桌－左视图

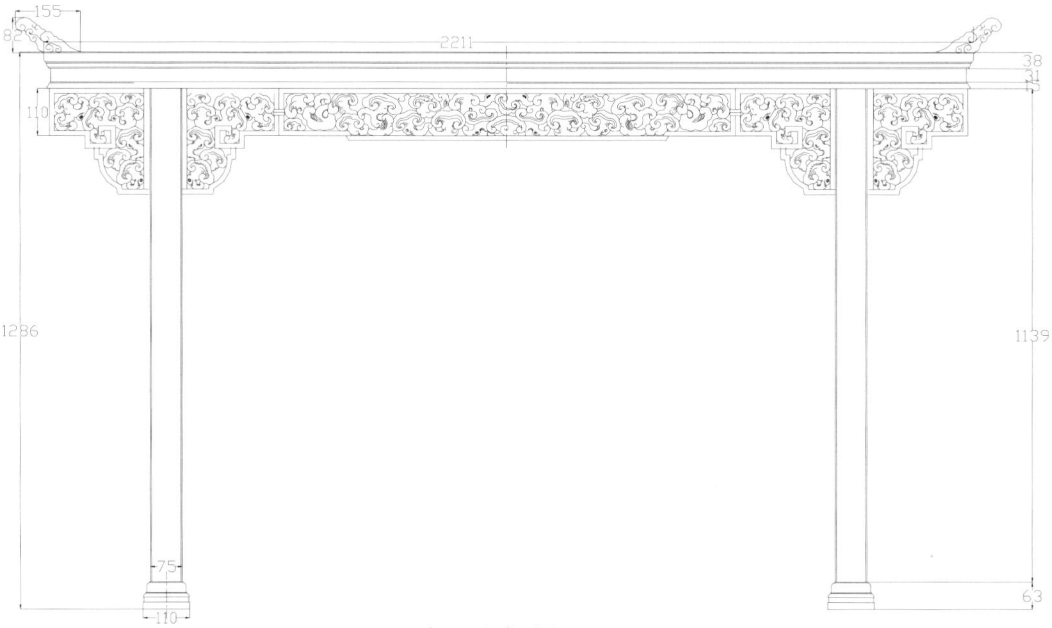

案－主视图

案－左视图

图版清单（清式灵芝纹太师椅四件套）：
椅—主视图
椅—左视图
桌—主视图
桌—左视图
案—主视图
案—左视图

清式福寿纹太师椅十件套

材质：紫檀

年款：清代

椅－主视图

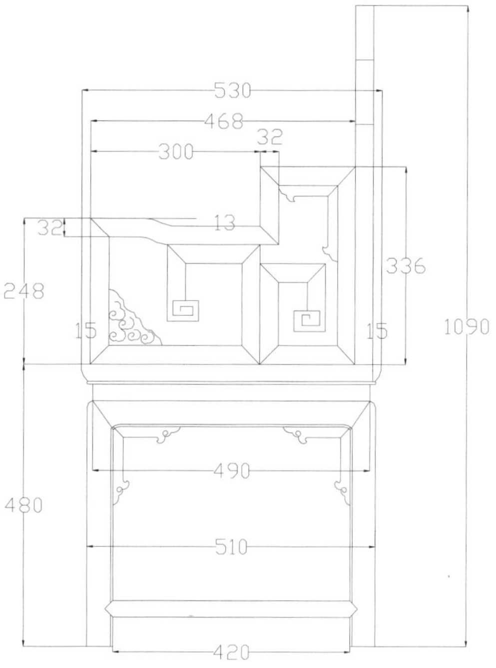

椅－右视图

注：此十件套中椅为6件，桌为1件，案为1件，几为2件。

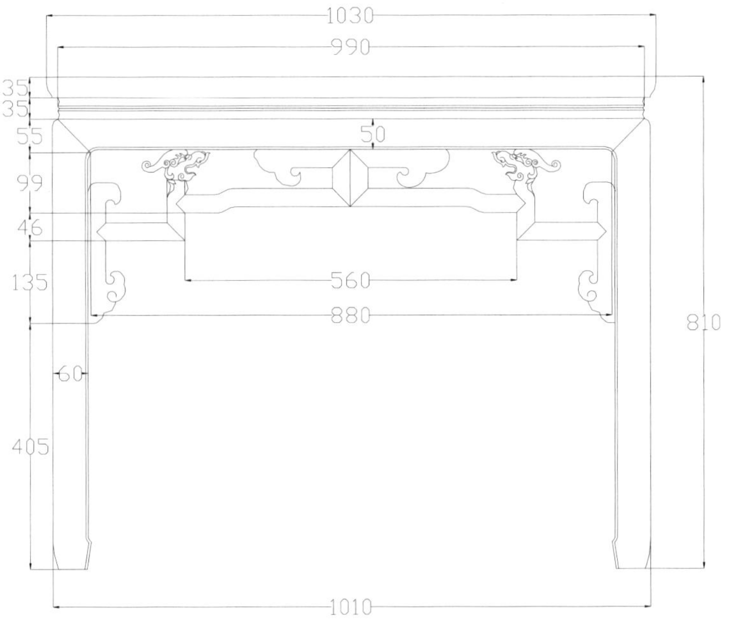
1030
990
35
35
55
50
99
46
135
560
880
810
60
405
1010

桌－主视图

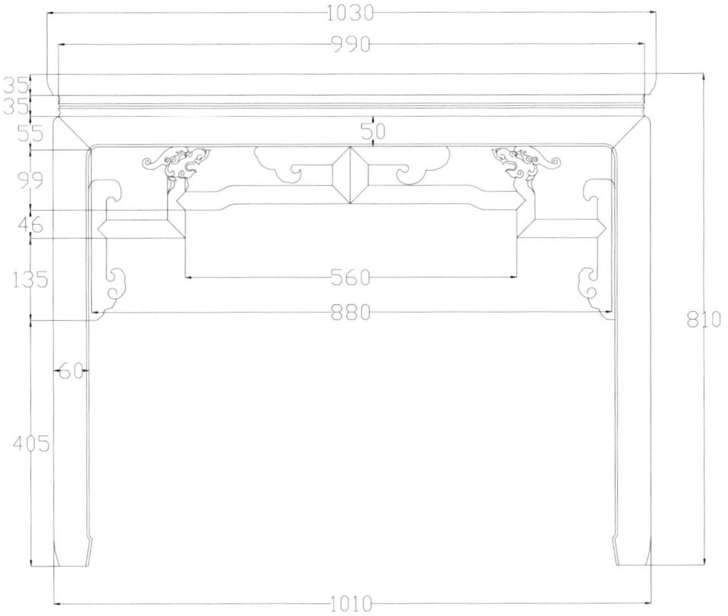
1030
990
35
35
55
50
99
46
135
560
880
810
60
405
1010

桌－左视图

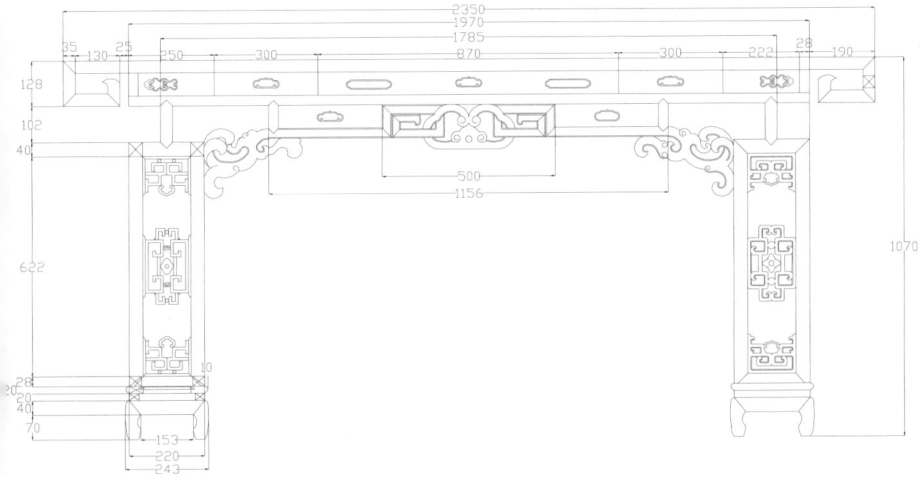

案－主视图

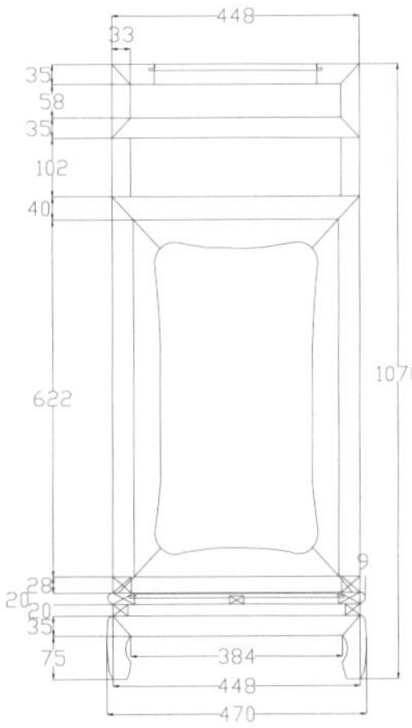

案－左视图

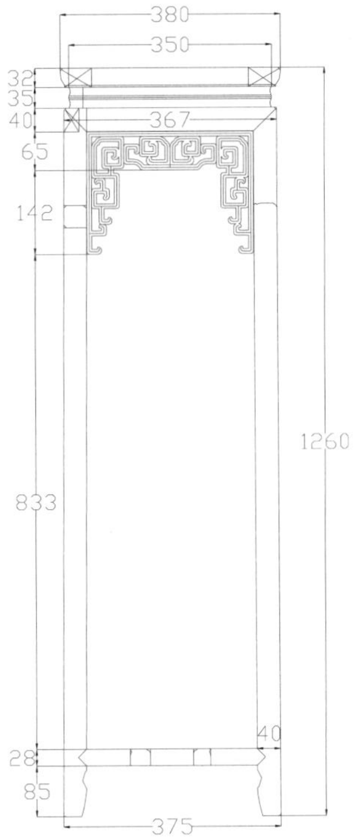

几－主视图

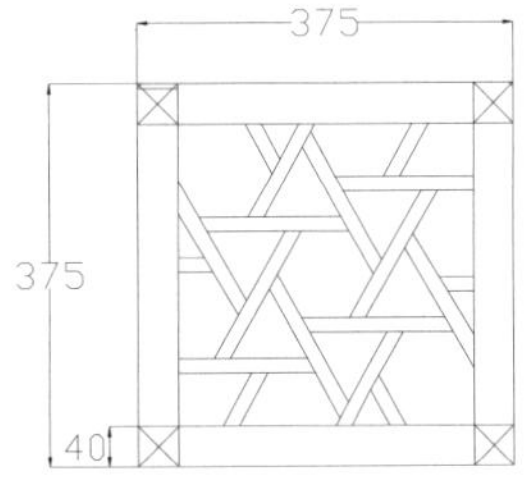

几－剖视图（屉板）

图版清单（清式福寿纹太师椅十件套）：

椅一主视图

椅一右视图

桌一主视图

桌一左视图

案一主视图

案一左视图

几一主视图

几一剖视图（屉板）

清式如意回纹太师椅十件套

材质：紫檀

年款：清代

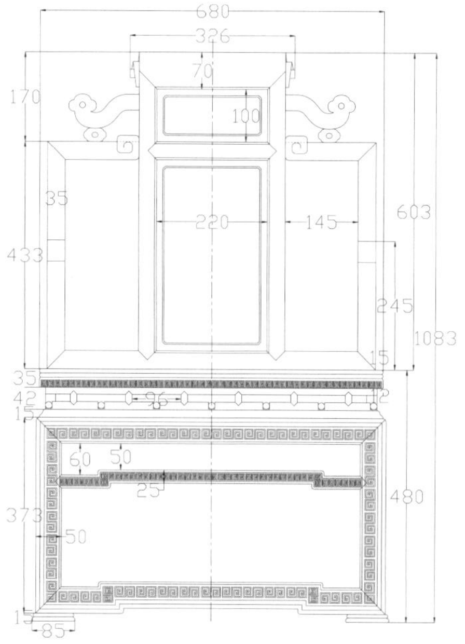

椅－主视图

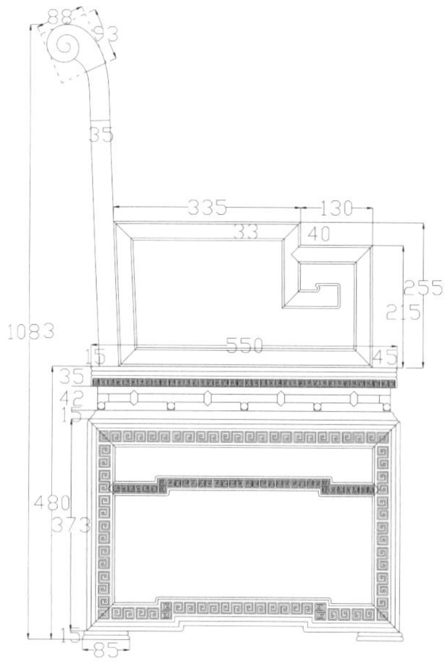

椅－左视图

注：此十件套中椅为 6 件，桌为 1 件，案为 1 件，几为 2 件。

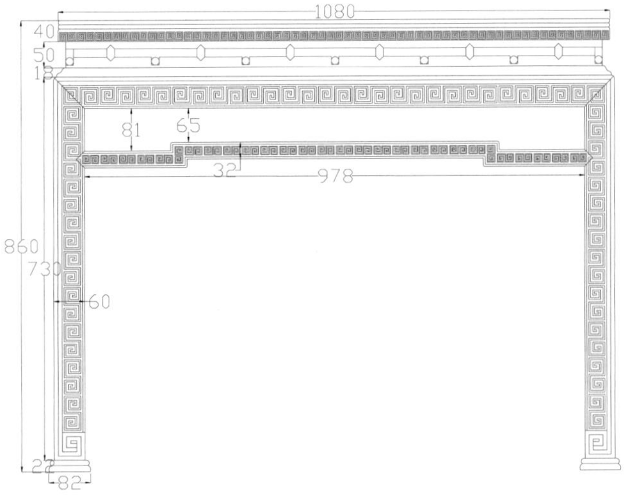
1080
40
50
18
81
65
32
978
860
730
60
22
82

桌－主视图

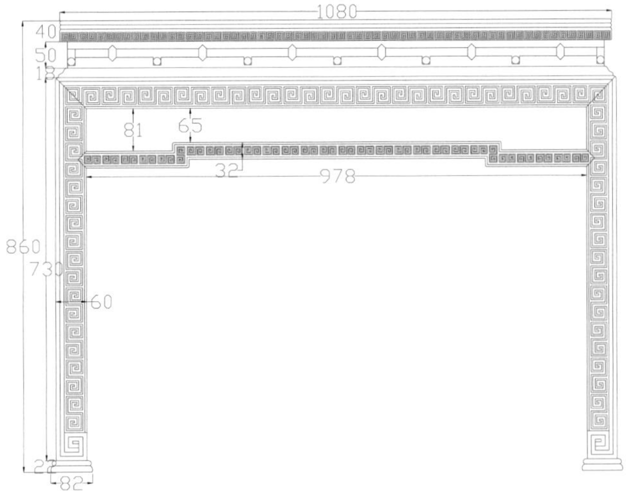
1080
40
50
18
81
65
32
978
860
730
60
22
82

桌－左视图

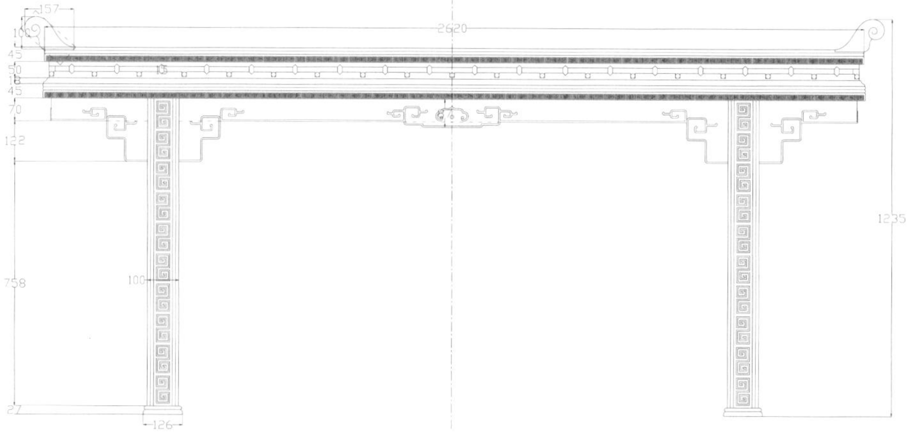

案－主视图

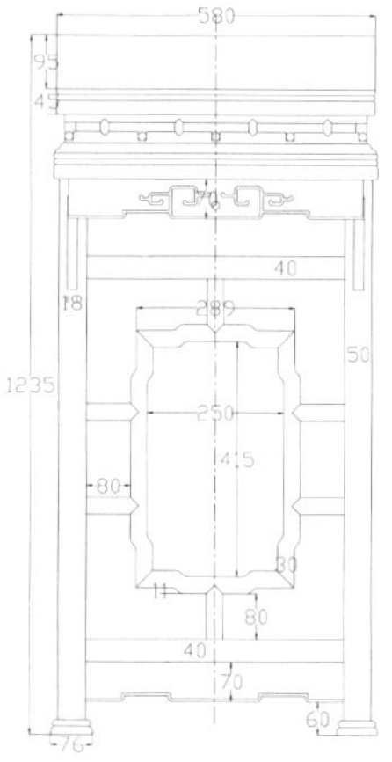

案－左视图

图版清单（清式如意
回纹太师椅十件套）：
椅—主视图
椅—左视图
桌—主视图
桌—左视图
案—主视图
案—左视图
几—主视图
几—左视图

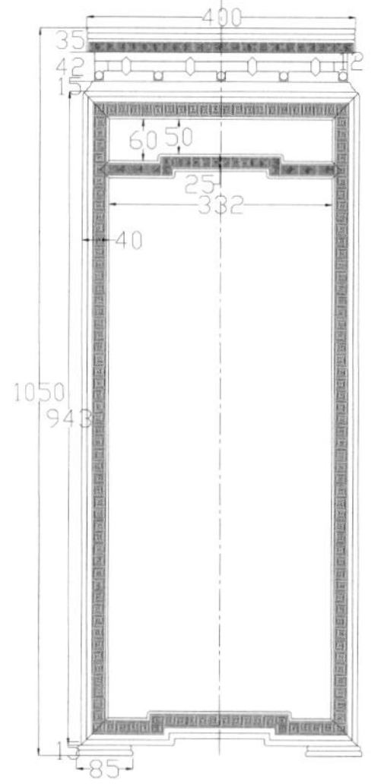

几－主视图

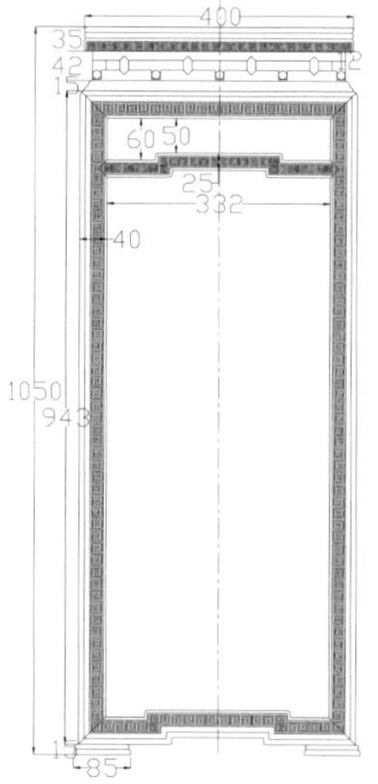

几－左视图

现代中式麒麟卷云纹扶手椅

材质：红酸枝

年款：现代

主视图

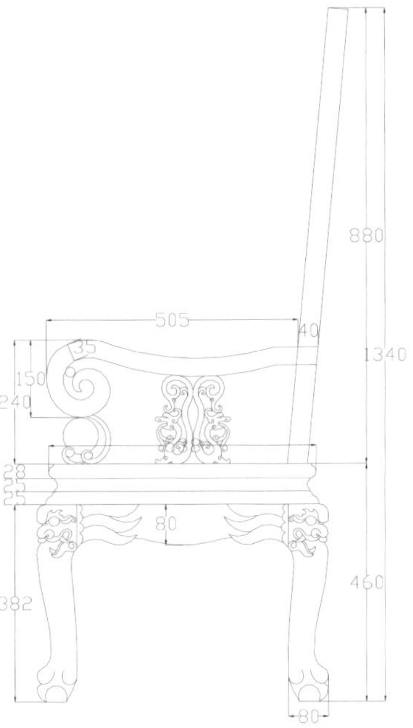

右视图

图版清单（现代中式麒麟卷云纹扶手椅）：
主视图
右视图

现代中式西番莲纹扶手椅

材质：红酸枝

年款：现代

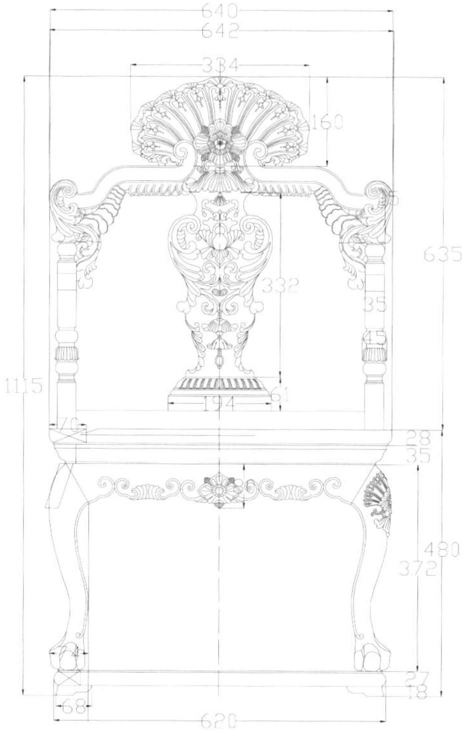

主视图

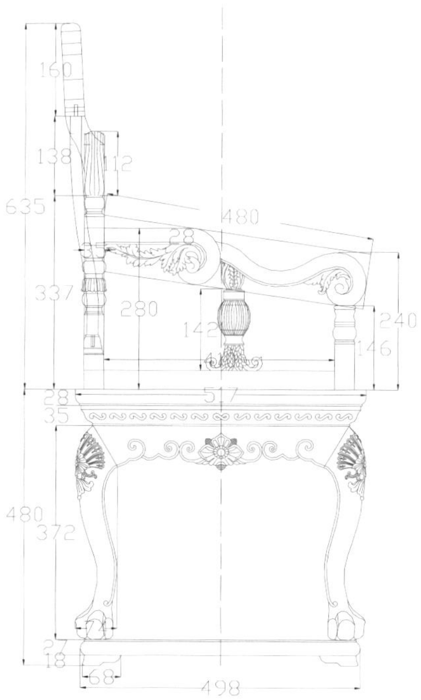

左视图

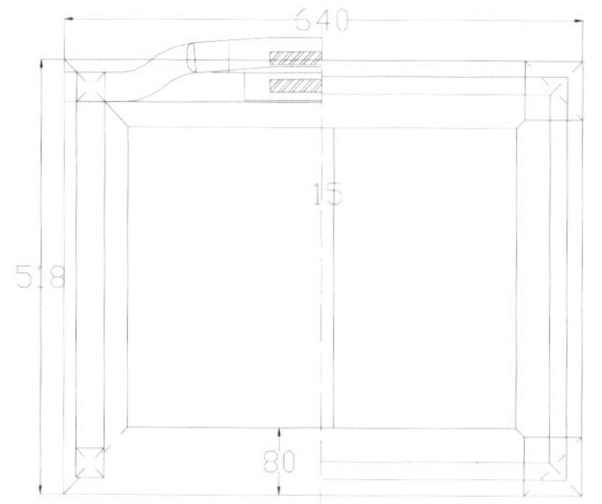

俯视图

图版清单（现代中式西番莲纹扶手椅）：
主视图
左视图
俯视图

现代中式明韵餐椅

材质：红酸枝

年款：现代

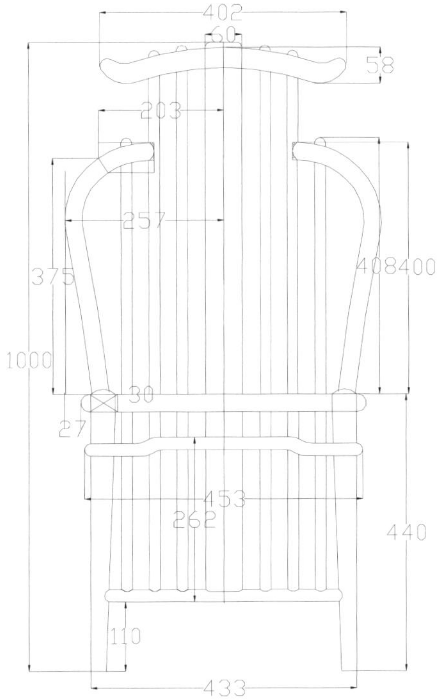

主视图

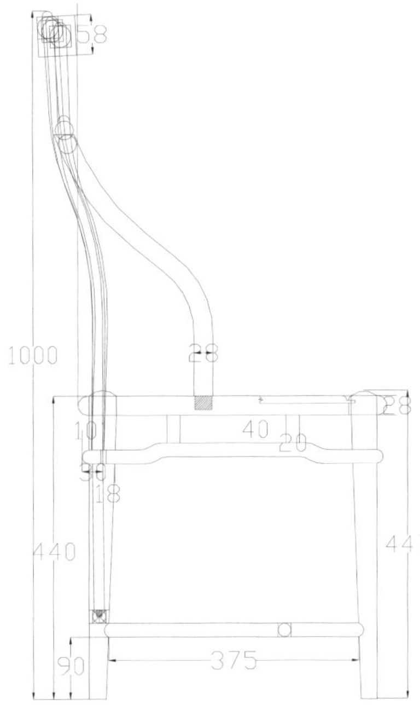

左视图

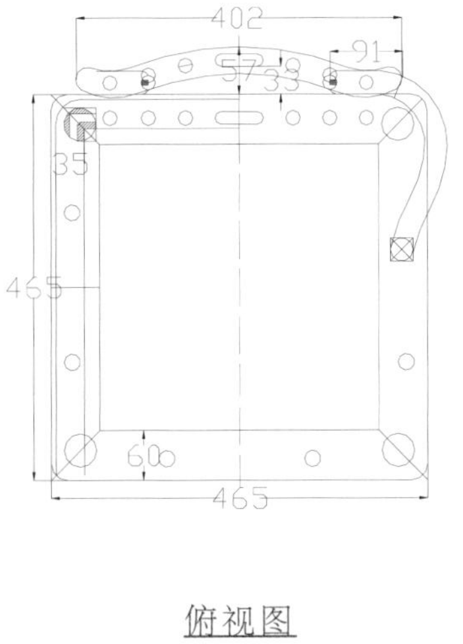

俯视图

图版清单（现代中式明韵餐椅）：
主视图
左视图
俯视图

现代中式躺椅

材质：红酸枝

年款：现代

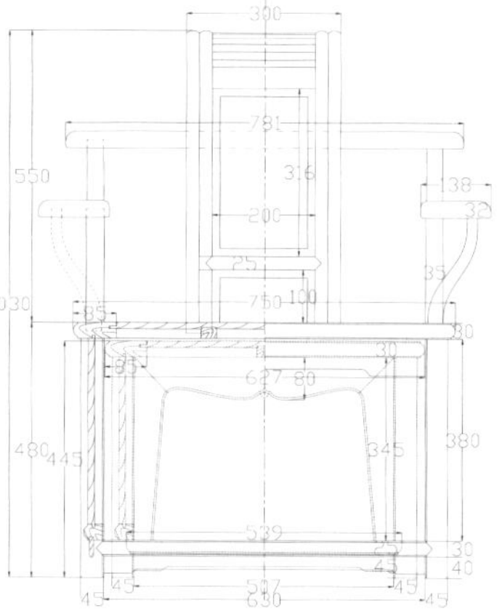

主视图

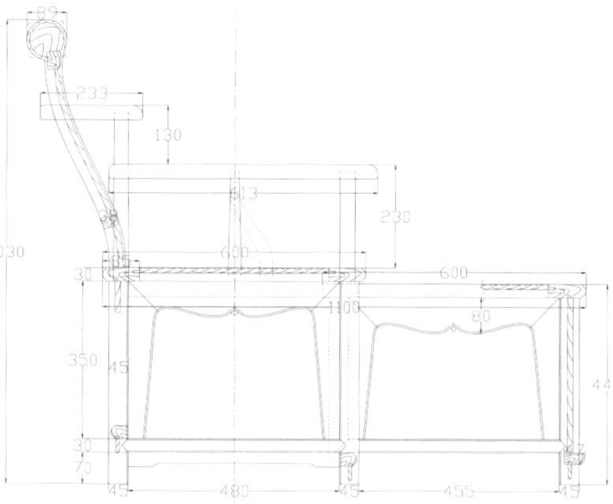

左视图

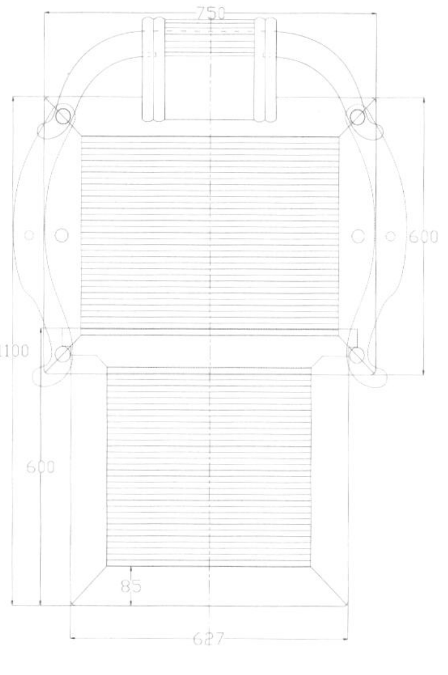

图版清单（现代中式躺椅）：
主视图
左视图
俯视图

俯视图

现代中式卷草纹摇椅

材质：红酸枝

年款：现代

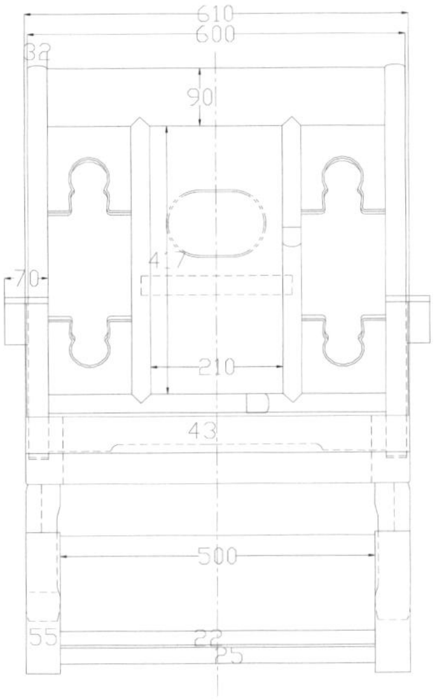

主视图

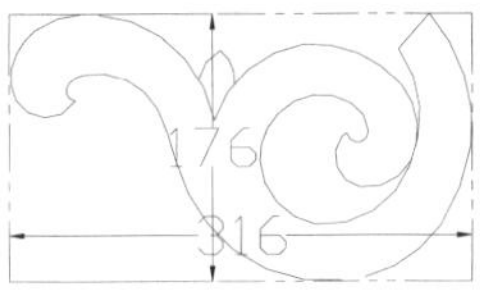

细节图（角牙）

左视图

图版清单（现代中式卷草纹摇椅）：
主视图
左视图
细节图（角牙）

现代中式莲花纹摇椅

材质：红酸枝

年款：现代

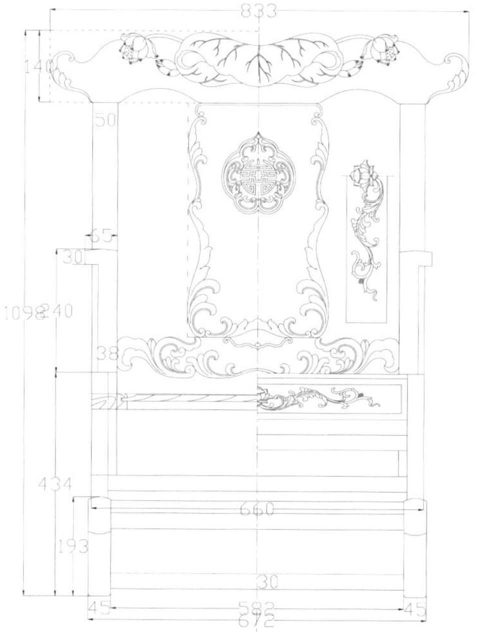

主视图

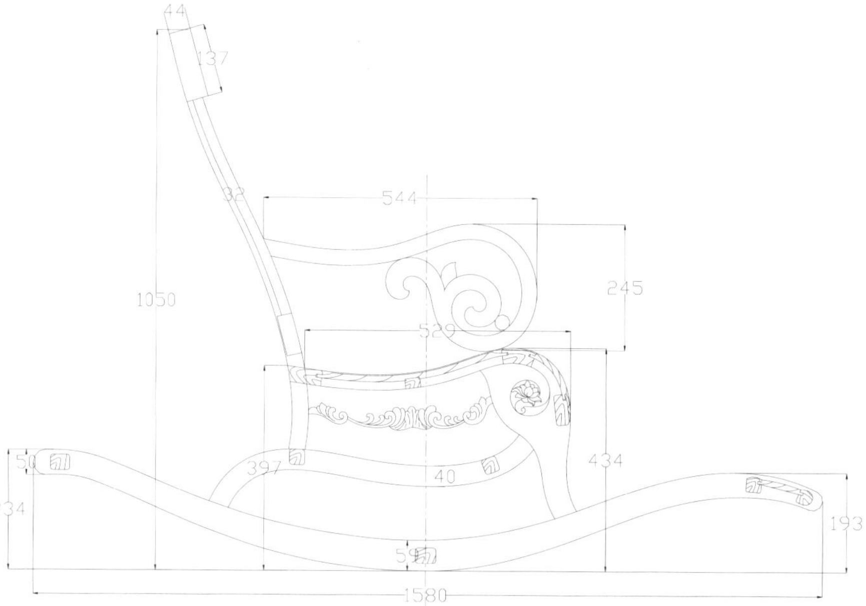

左视图

图版清单（现代中式莲花纹摇椅）：
主视图
左视图

现代中式寿字纹靠背椅三件套

材质：鸡翅木

年款：现代

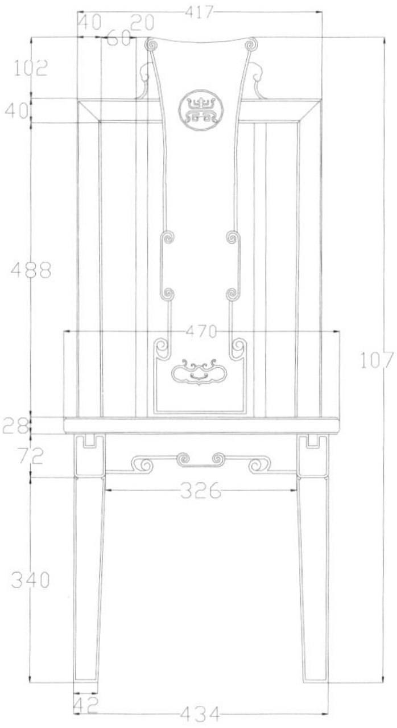

椅－主视图

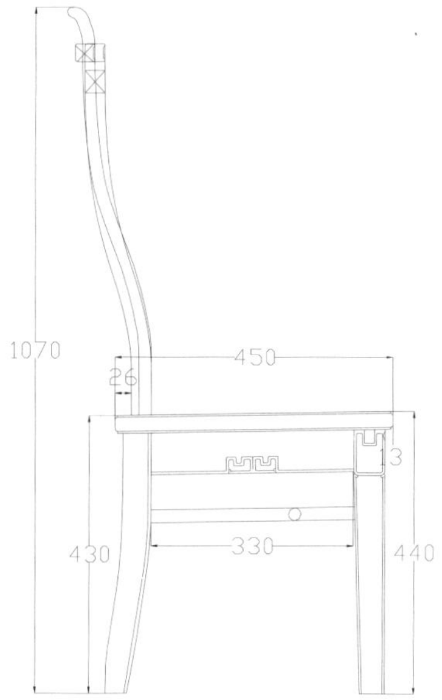

椅－左视图

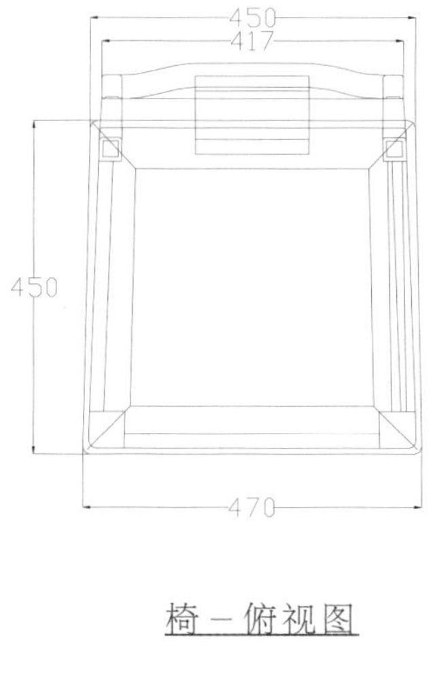

椅－俯视图

注：此三件套中椅为 2 件，案为 1 件。

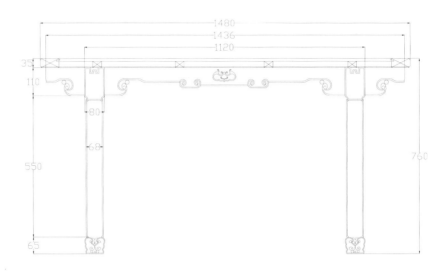

案－主视图

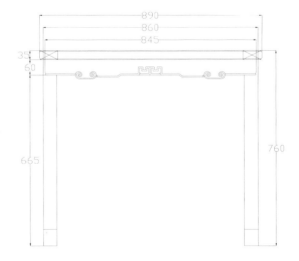

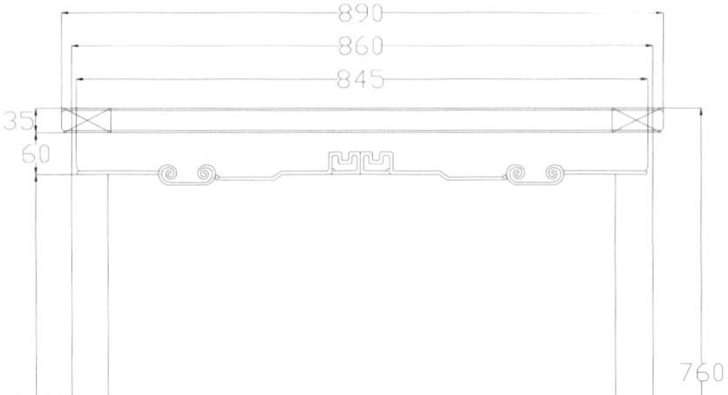

案－左视图

图版清单（现代中式寿字纹靠背椅三件套）：

椅—主视图

椅—左视图

椅—俯视图

案—主视图

案—左视图

现代中式拐子纹靠背椅五件套

材质：红酸枝

年款：现代

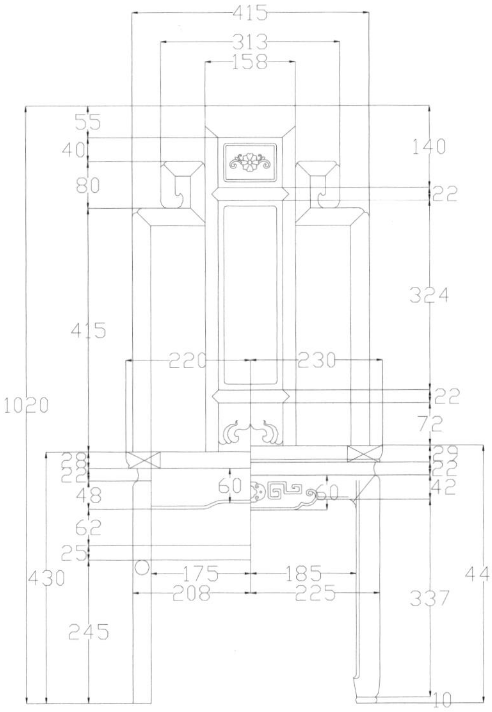

椅－主视图

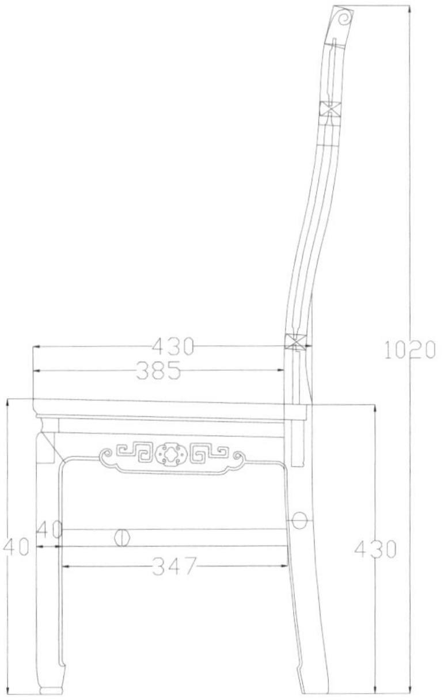

椅－右视图

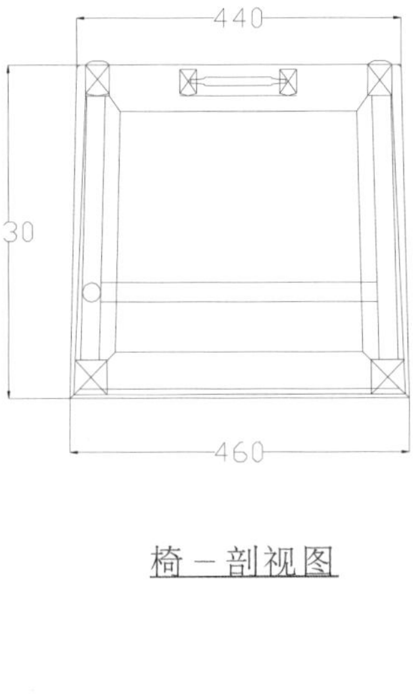

椅－剖视图

注：此五件套中椅为 4 件，桌为 1 件。

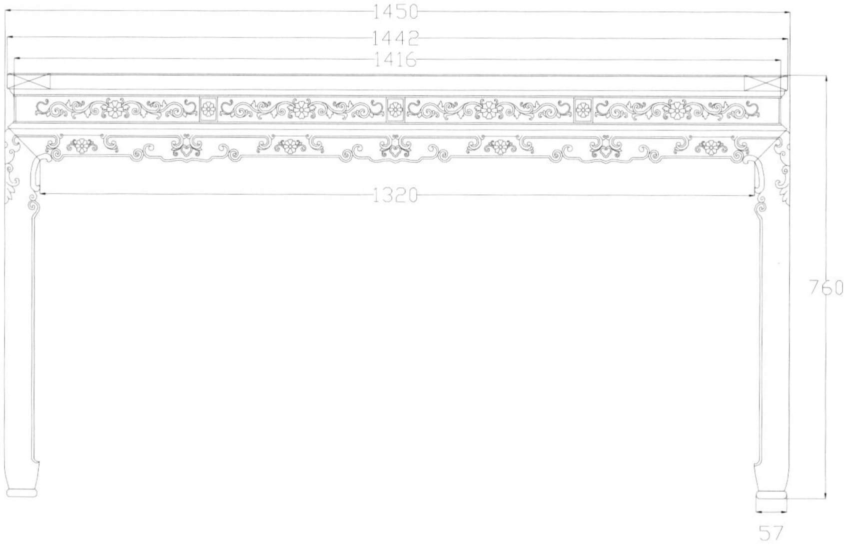

桌－主视图

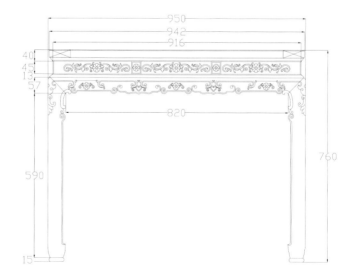

桌－右视图

图版清单（现代中式拐子纹靠背椅五件套）：
椅—主视图
椅—右视图
椅—剖视图
桌—主视图
桌—右视图

现代中式直棂靠背椅五件套

材质：染料紫檀

年款：现代

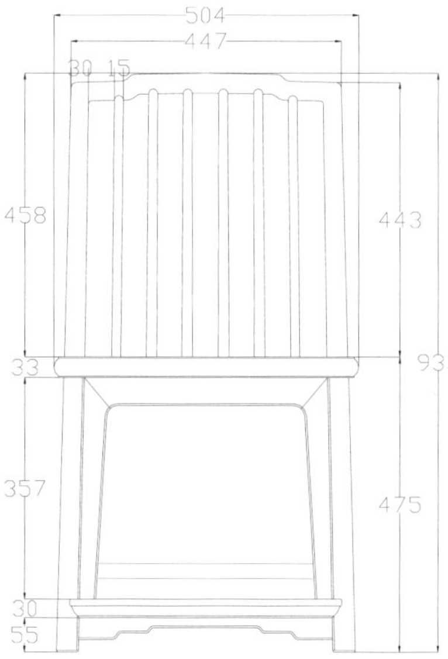

椅－主视图

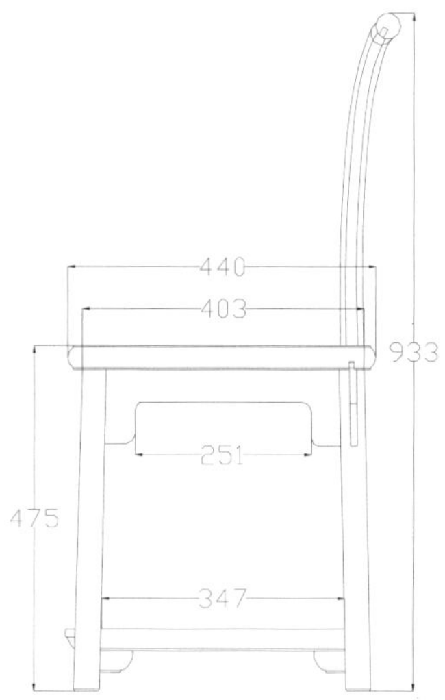

椅－右视图

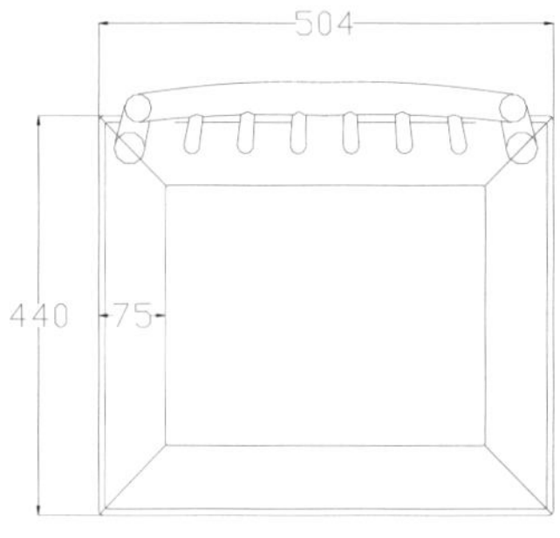

椅－俯视图

注：此五件套中椅为 4 件，桌为 1 件。

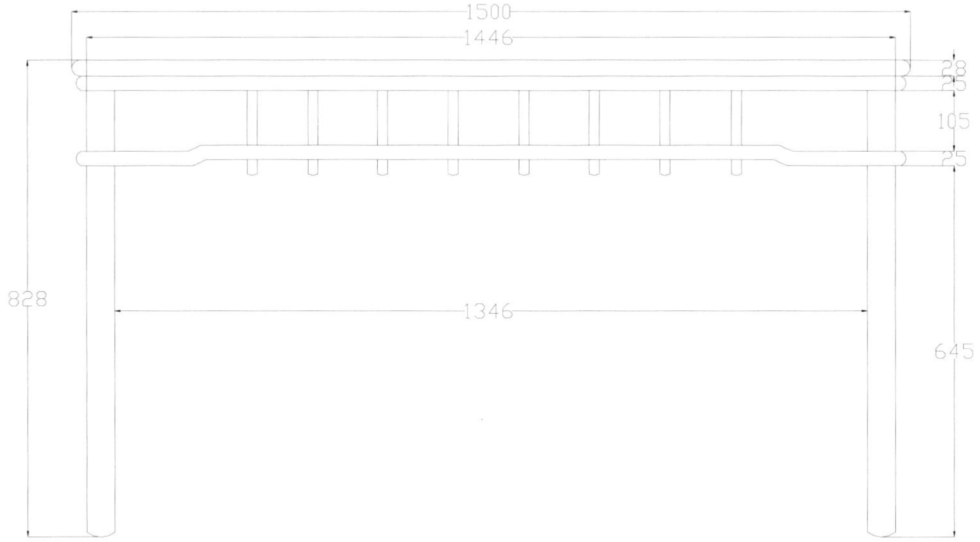

桌－主视图

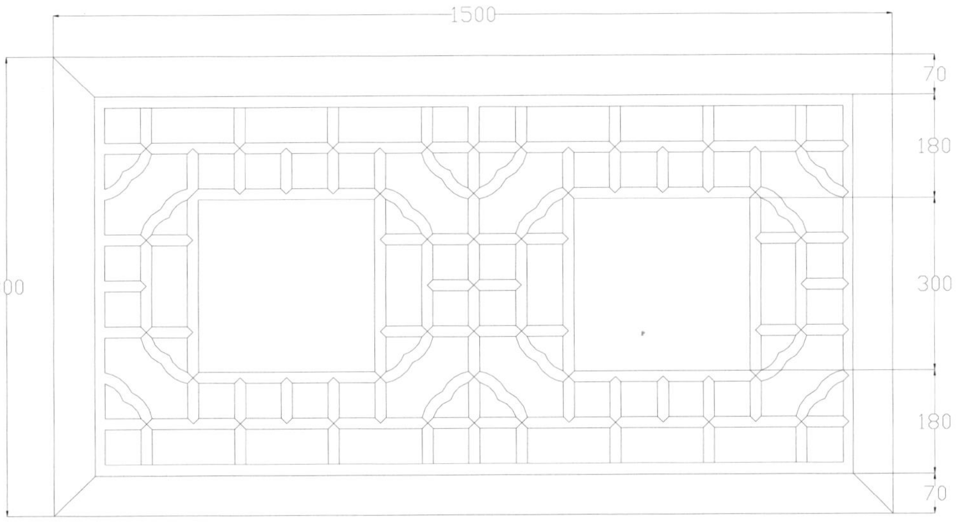

桌－俯视图

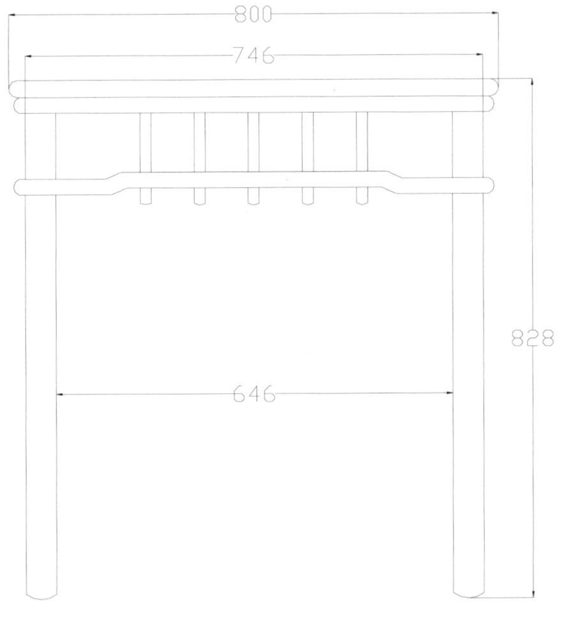

桌－左视图

图版清单（现代中式直棂靠背椅五件套）：
椅－主视图
椅－右视图
椅－俯视图
桌－主视图
桌－俯视图
桌－左视图

现代中式外翻马蹄足靠背椅五件套

材质：红酸枝

年款：现代

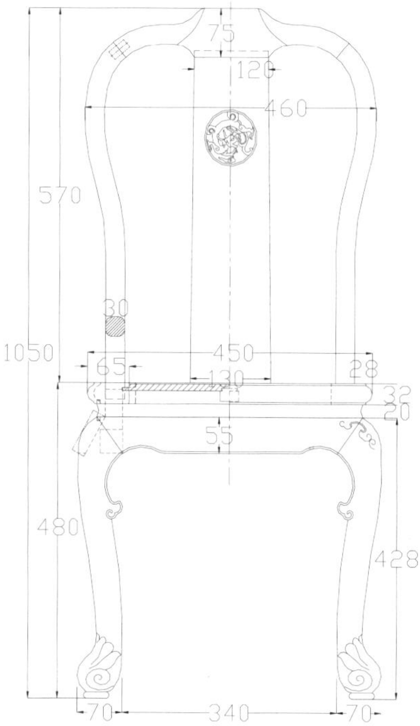

椅－主视图

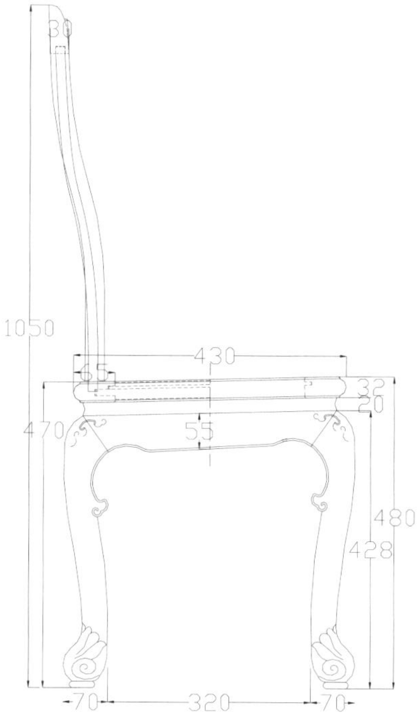

椅－左视图

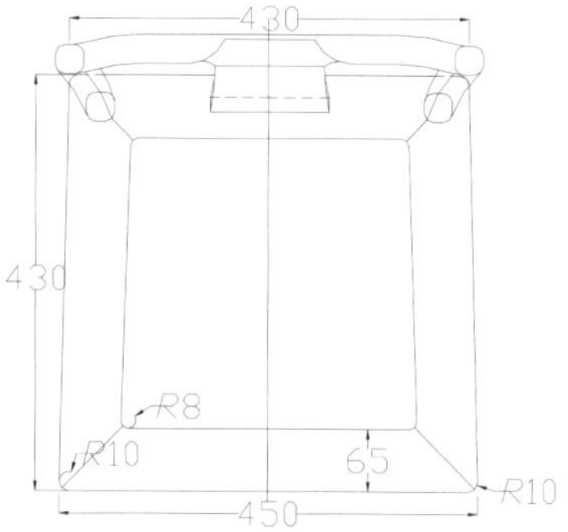

椅－俯视图

注：此五件套中椅为 4 件，桌为 1 件。

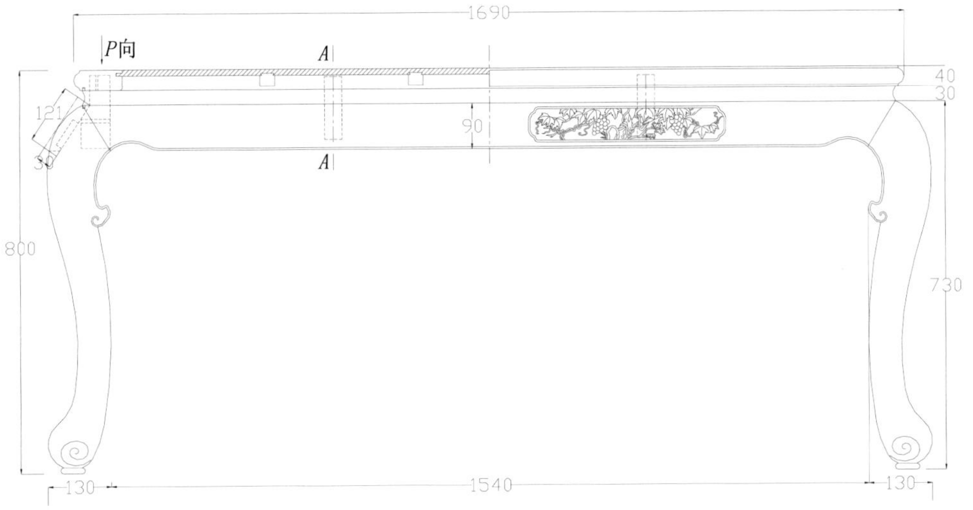

桌－主视图

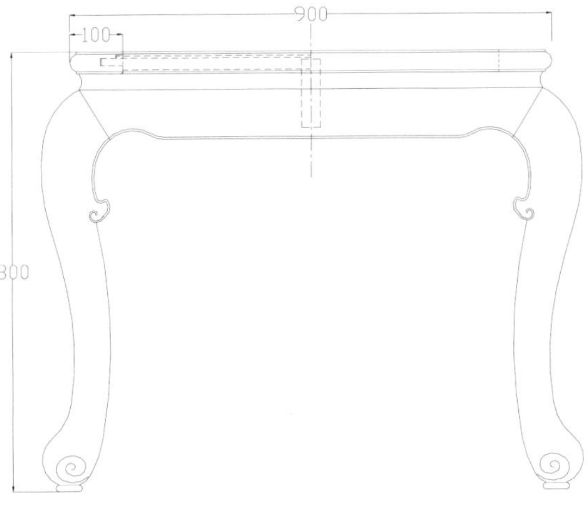

桌－左视图

图版清单（现代中式外翻马蹄足靠背椅·五件套）：

椅—主视图

椅—左视图

椅—俯视图

桌—主视图

桌—左视图

现代中式宝相花纹靠背椅五件套

材质：红酸枝

年款：现代

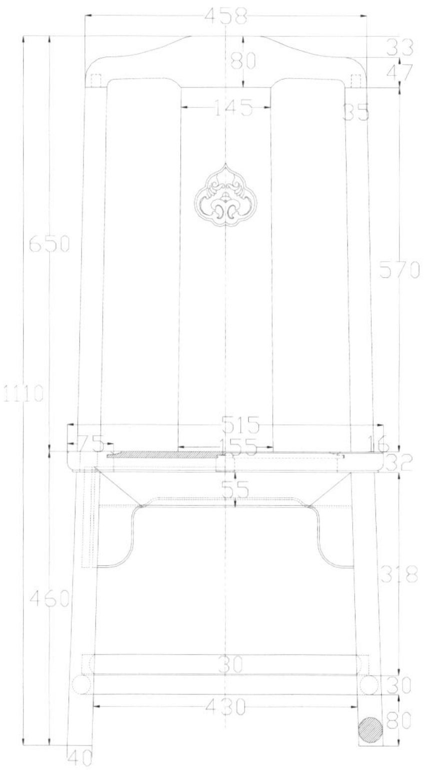

椅－主视图

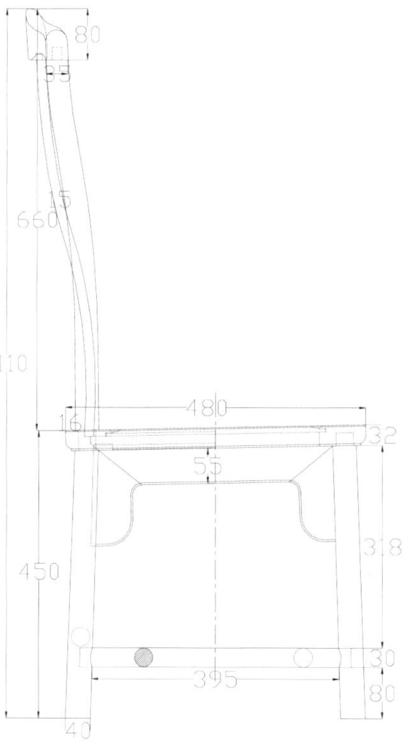

椅－左视图

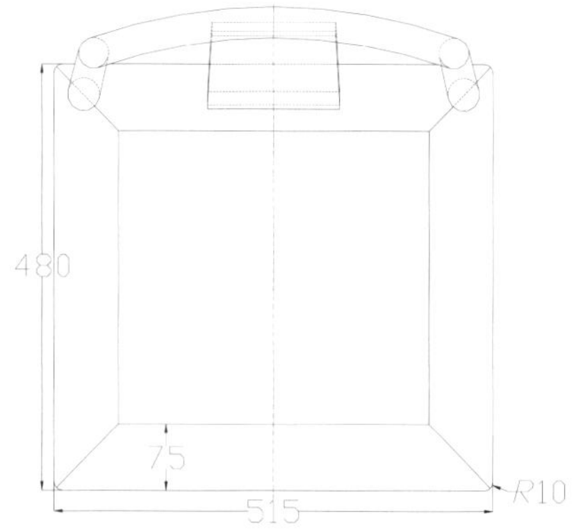

椅－俯视图

注：此五件套中椅为 4 件，桌为 1 件。

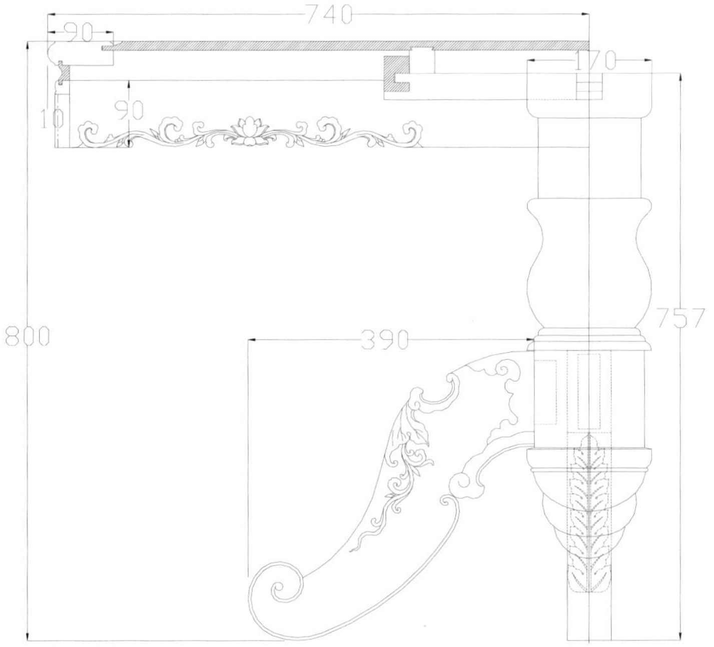

桌－主视图（剖面）

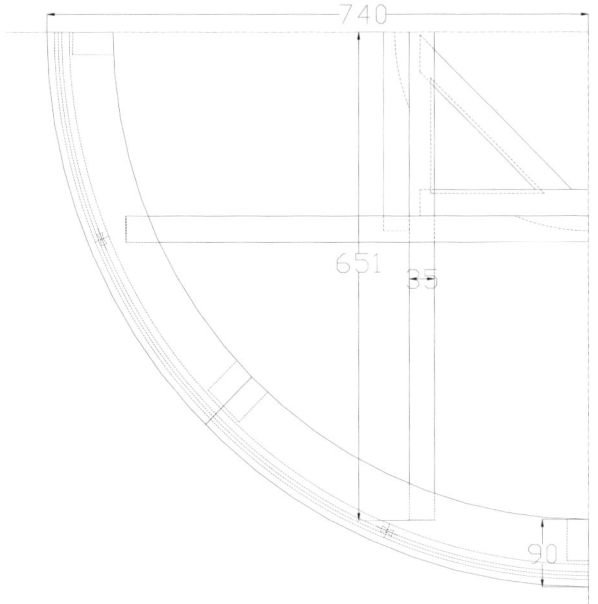

桌－俯视图（剖面）

图版清单（现代中式宝相花纹靠背椅五件套）：
椅—主视图
椅—左视图
椅—俯视图
桌—主视图（剖面）
桌—俯视图（剖面）

现代中式福庆有余靠背椅五件套

材质：刺猬紫檀

年款：现代

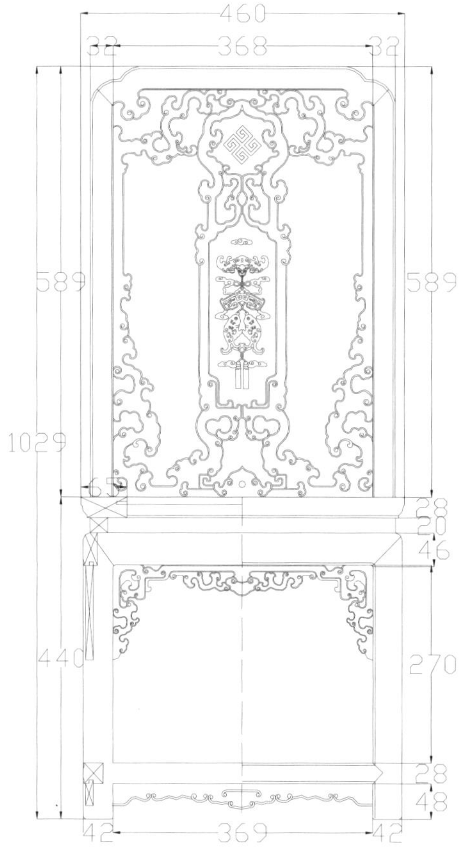

椅－主视图

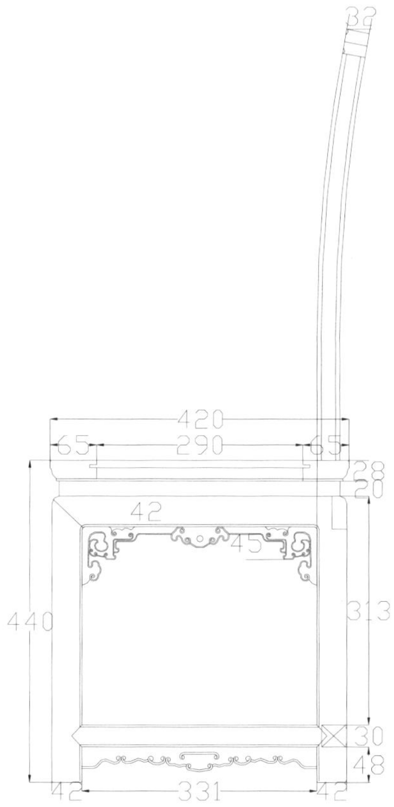

椅－右视图

注：此五件套中椅为 4 件，桌为 1 件。

桌－主视图

桌－俯视图

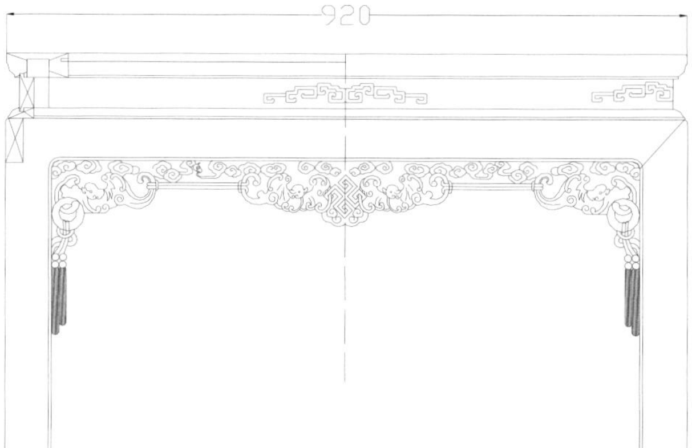

桌－右视图

图版清单（现代中式福庆有余靠背椅五件套）：

椅—主视图

椅—右视图

桌—主视图

桌—俯视图

桌—右视图

现代中式绳系玉璧纹靠背椅五件套

材质：白酸枝

年款：现代

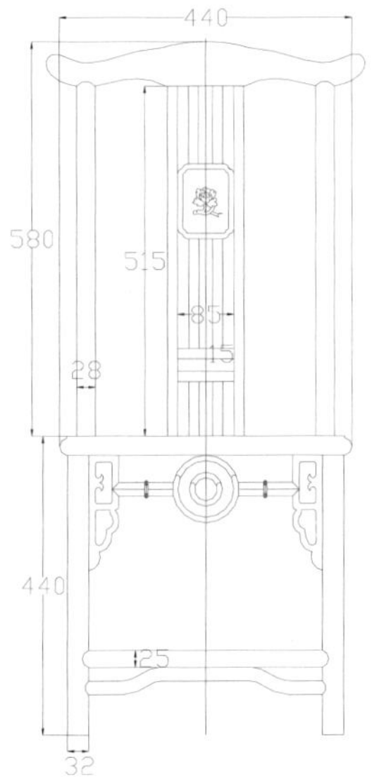

椅－主视图

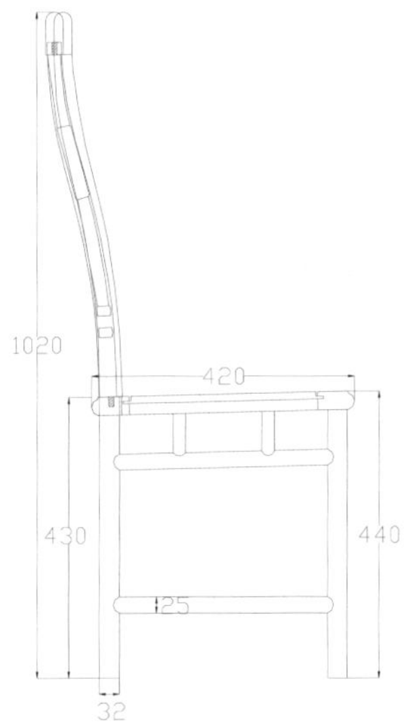

椅－左视图

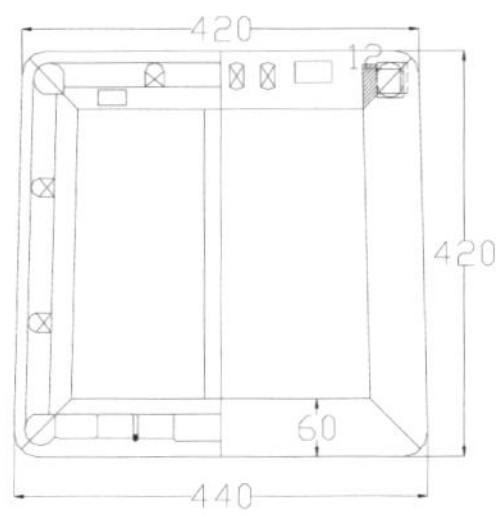

椅－剖视图

注：此五件套中椅为 4 件，桌为 1 件。

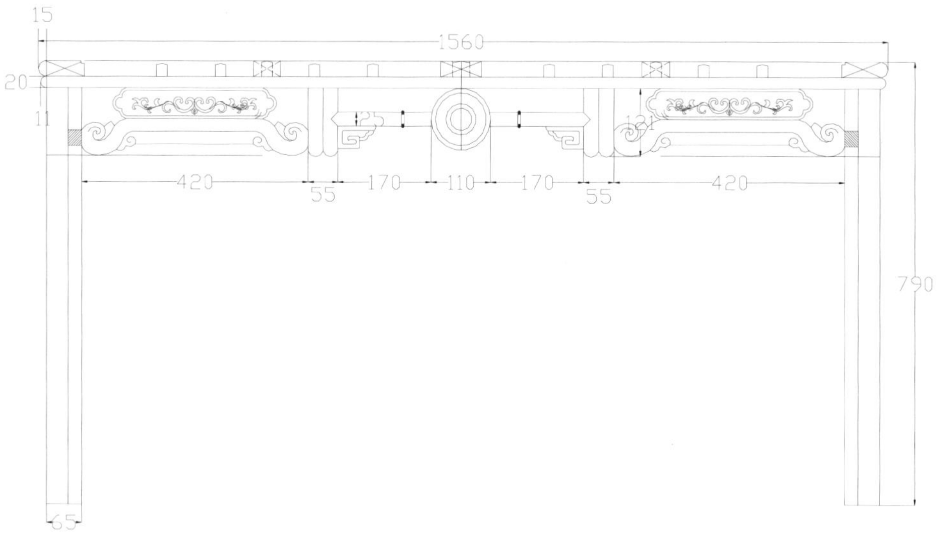

桌一主视图

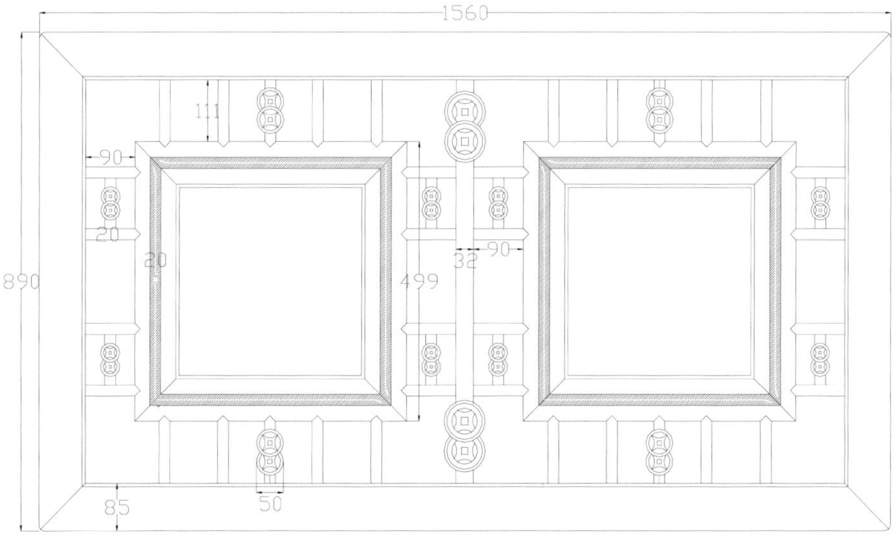

桌－俯视图

桌－细节图

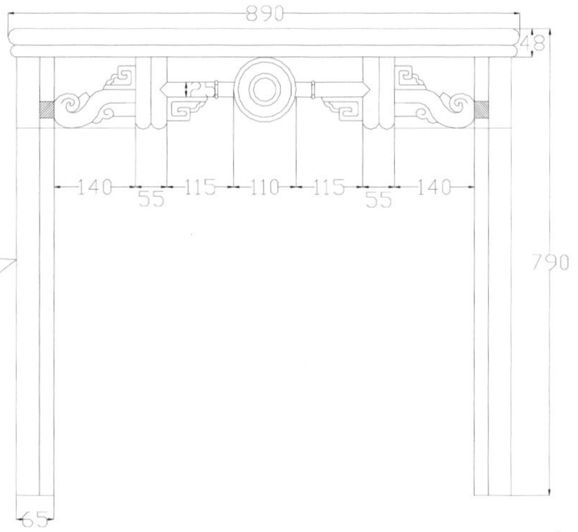

桌－左视图

图版清单（现代中式绳系玉璧纹靠背椅五件套）：

椅—主视图

椅—左视图

椅—剖视图

桌—主视图

桌—俯视图

桌—左视图

桌—细节图

现代中式卷云纹靠背椅五件套

材质：大红酸枝

年款：现代

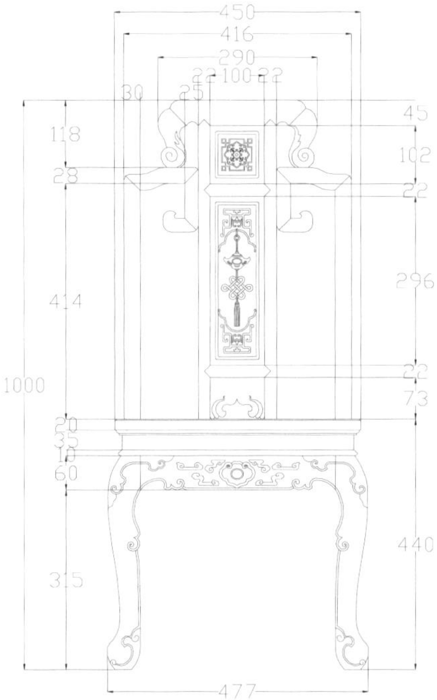

椅－主视图

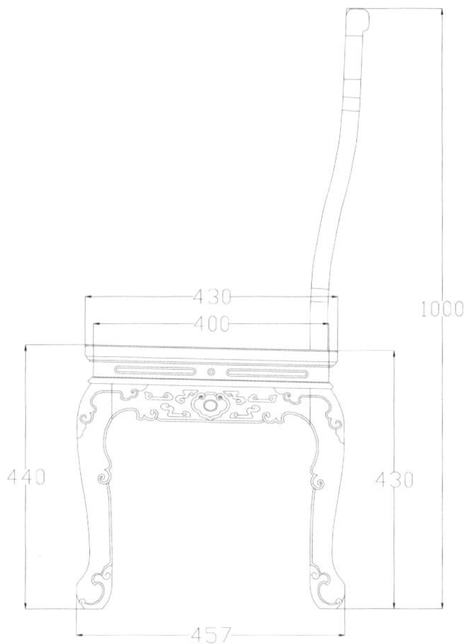

椅－右视图

注：此五件套中椅为 4 件，桌为 1 件。

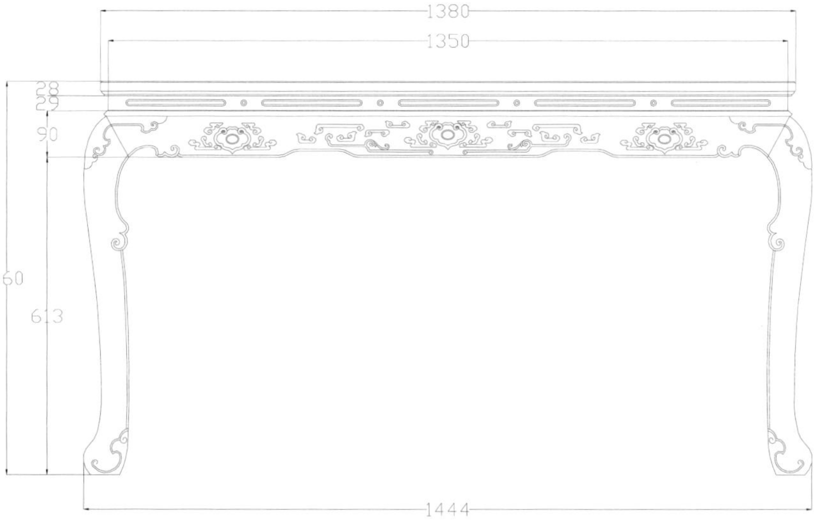

桌－主视图

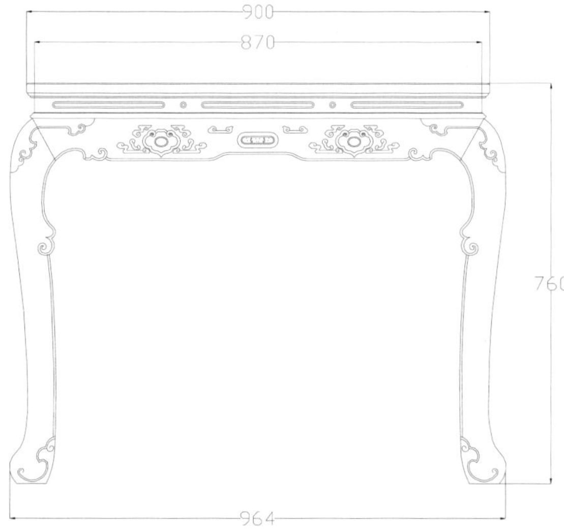

桌－右视图

图版清单（现代中式卷云纹靠背椅五件套）：
椅—主视图
椅—右视图
桌—主视图
桌—右视图

现代中式罗锅枨加矮老靠背椅五件套

材质：大红酸枝

年款：现代

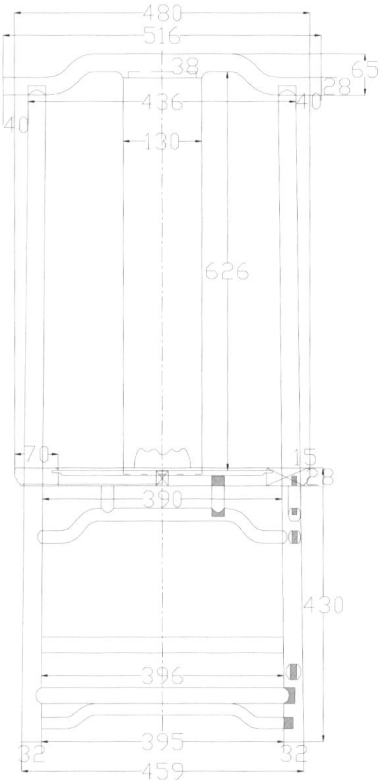

椅－主视图

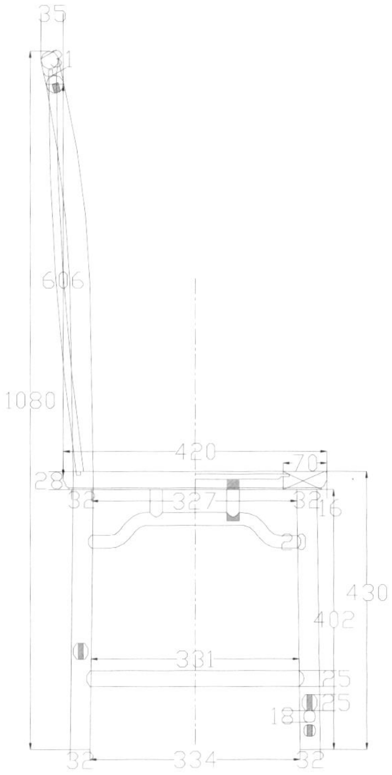

椅－左视图

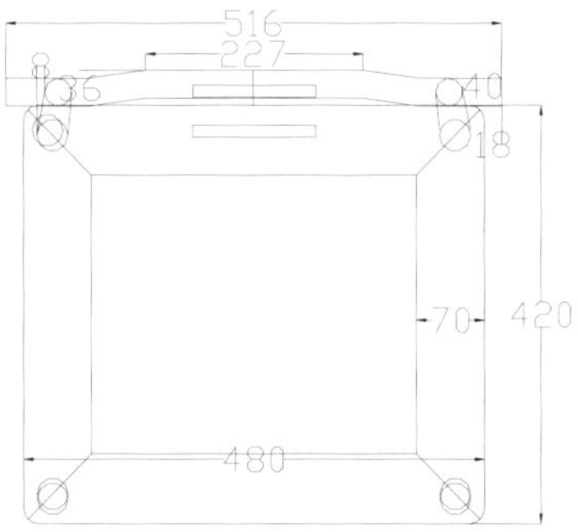

椅－俯视图

注：此五件套中椅为 4 件，桌为 1 件。

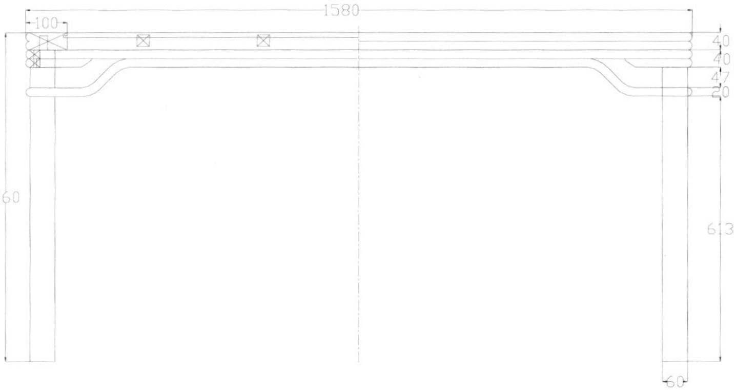

桌－主视图

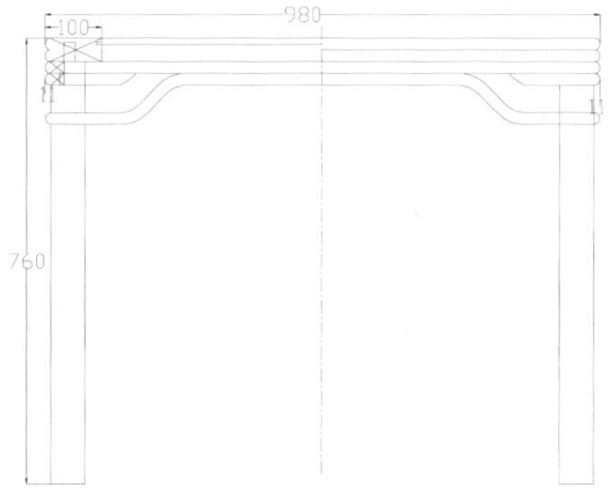

桌－左视图

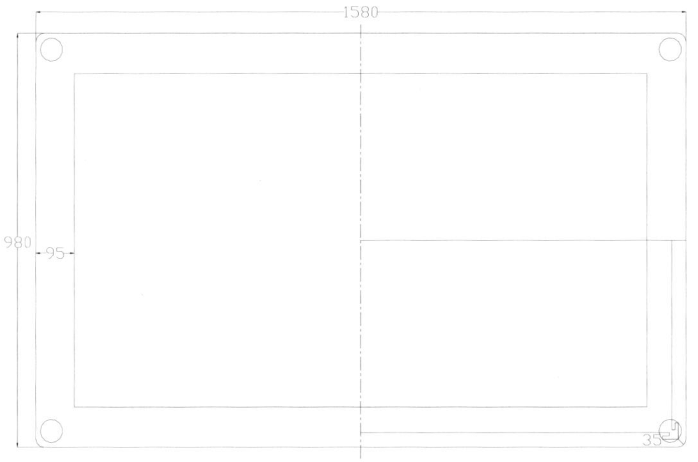

桌－俯视图

图版清单（现代中式罗锅枨加矮老靠背椅五件套）：

椅—主视图

椅—左视图

椅—俯视图

桌—主视图

桌—左视图

桌—俯视图

现代中式牡丹纹靠背椅五件套

材质：大红酸枝

年款：现代

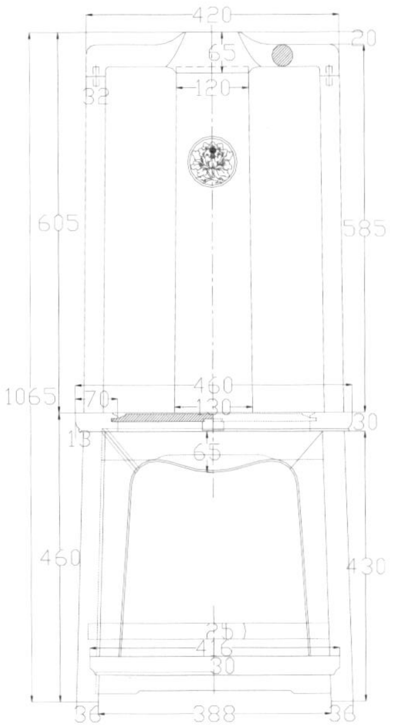

椅－主视图

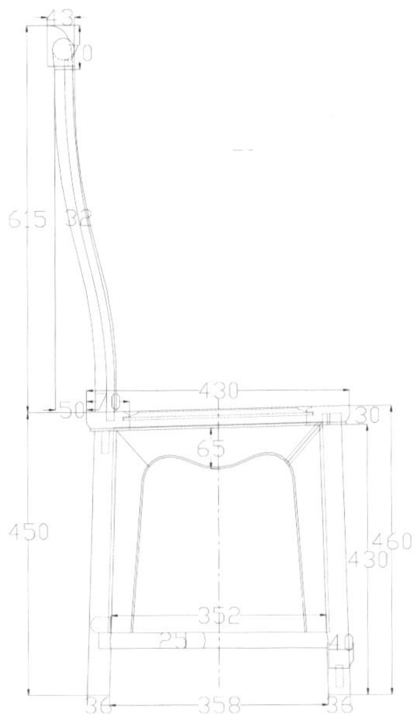

椅－左视图

椅－细节图 1

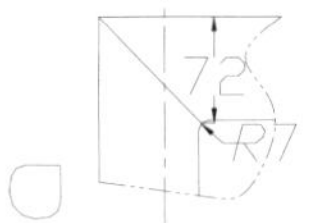

椅－细节图 2

注：此五件套中椅为 4 件，桌为 1 件。

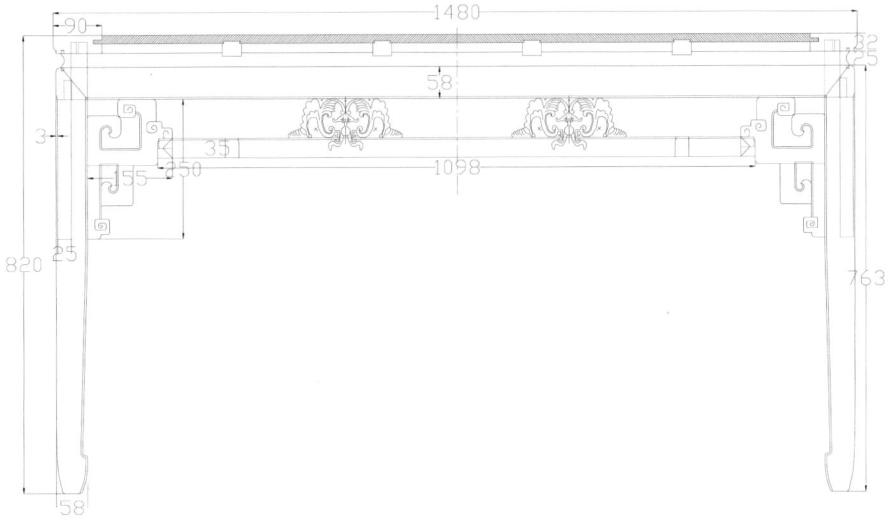

桌－主视图

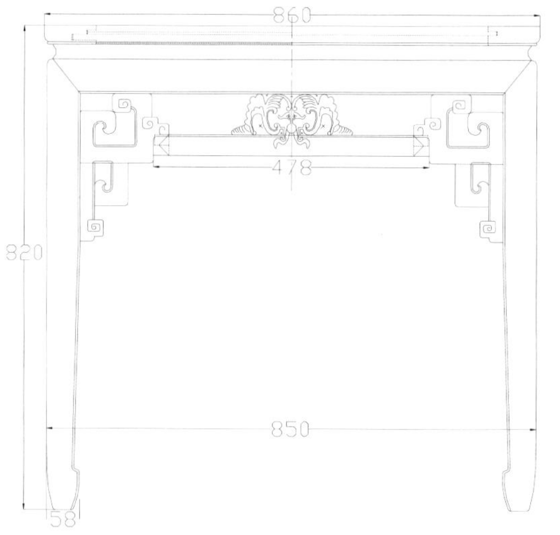

桌－左视图

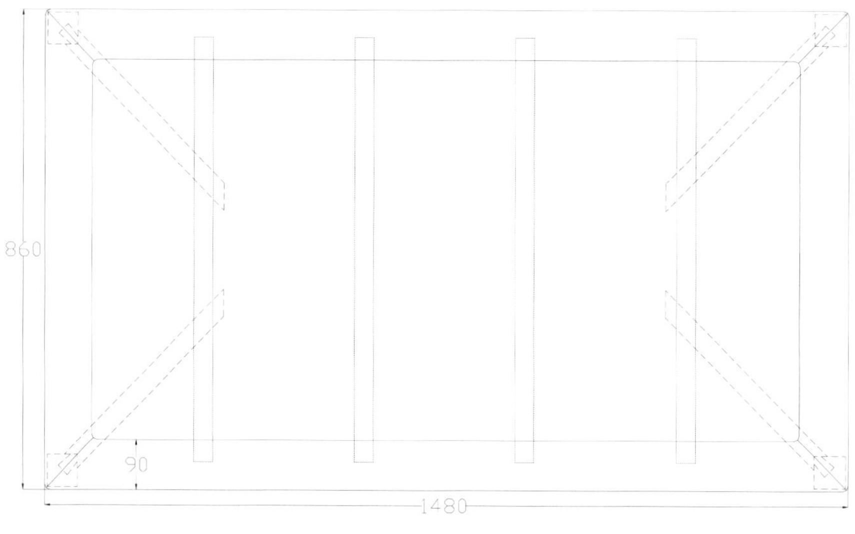

桌－俯视图

图版清单（现代中式牡丹纹靠背椅五件套）：

椅—主视图

椅—左视图

椅—细节图 1

椅—细节图 2

桌—主视图

桌—左视图

桌—俯视图

现代中式福磬纹靠背椅三件套

材质：红酸枝

年款：现代

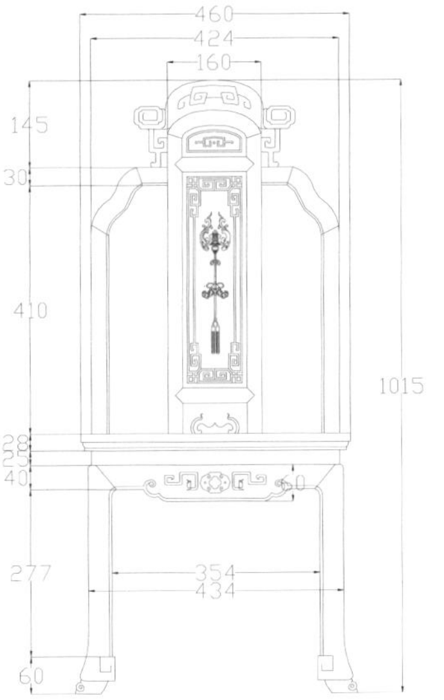

椅－主视图

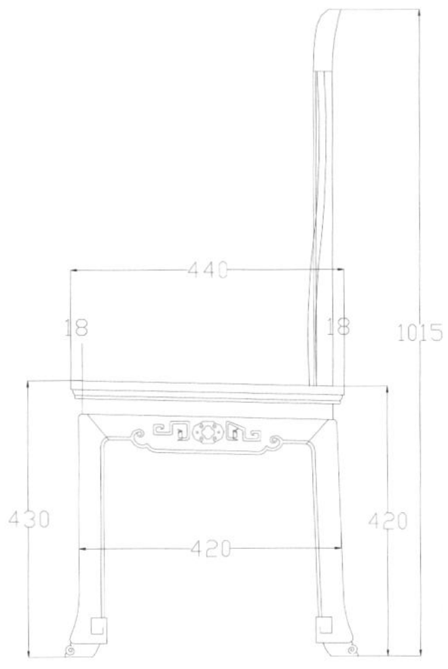

椅－右视图

注：此三件套中椅为 2 件，桌为 1 件。

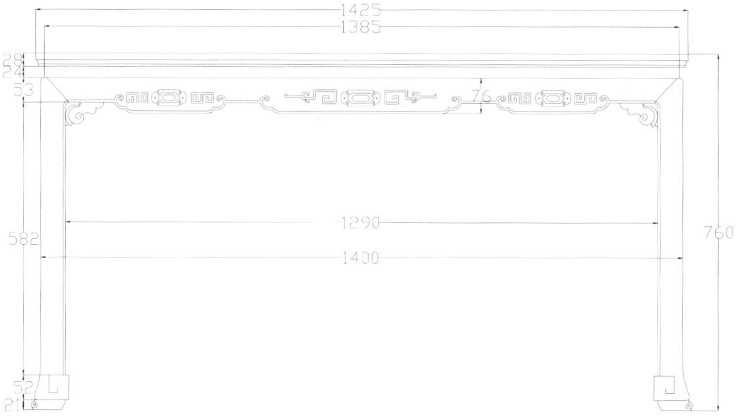

桌－主视图

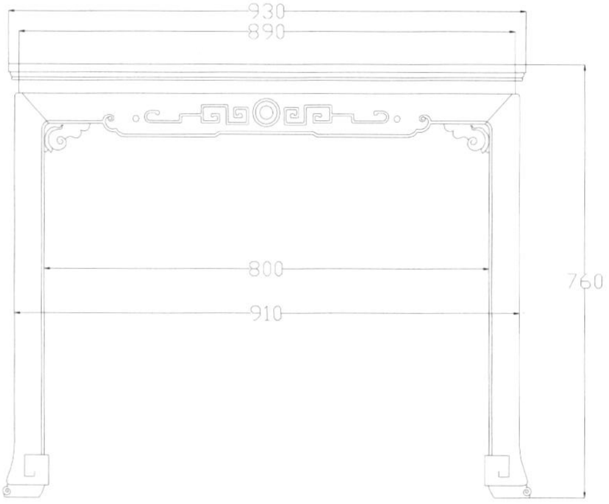

桌－左视图

图版清单（现代中式福磬纹靠背椅三件套）：

椅—主视图

椅—右视图

桌—主视图

桌—左视图

现代中式福磬纹扶手椅两件套

材质：大红酸枝

年款：现代

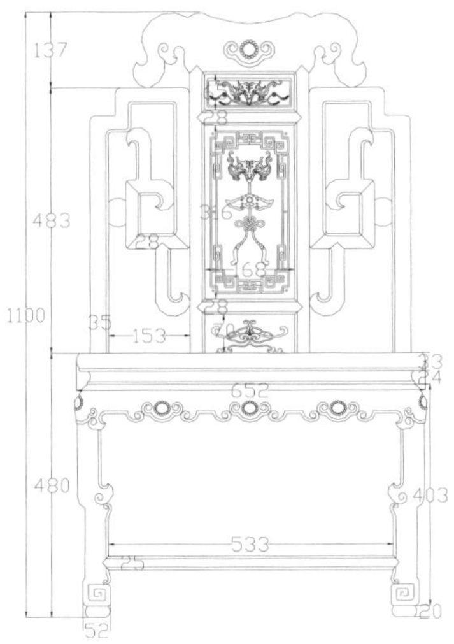

椅－主视图

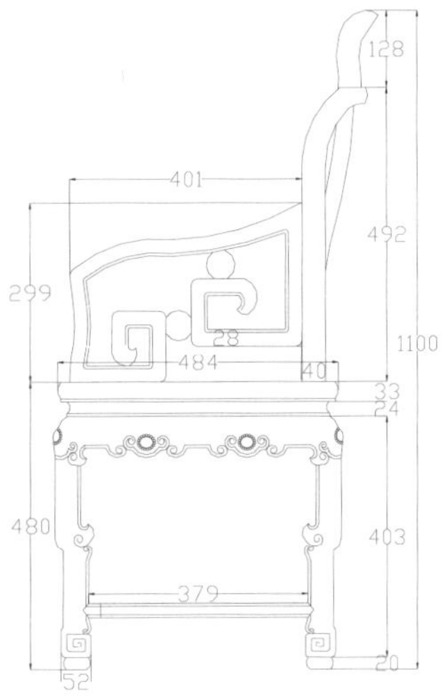

椅－右视图

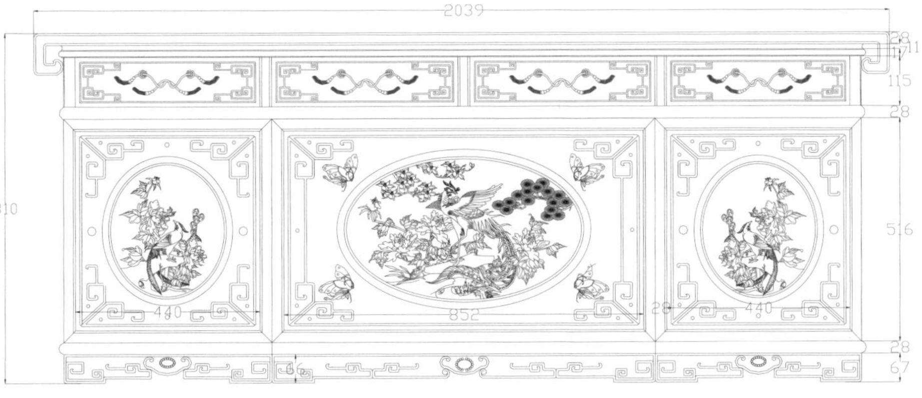

桌－主视图

注：此两件套中椅为 1 件，桌为 1 件。

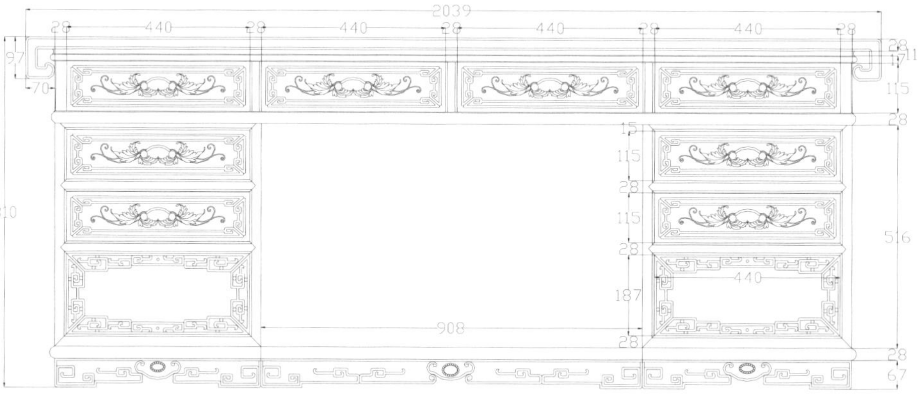

桌－后视图

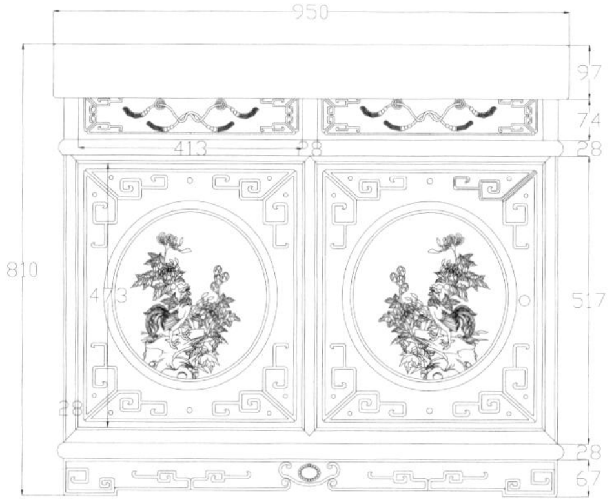

桌－右视图

图版清单（现代中式福磬纹扶手椅两件套）：

椅—主视图

椅—右视图

桌—主视图

桌—后视图

桌—右视图

现代中式福磬纹卷书式扶手椅两件套

材质：大红酸枝

年款：现代

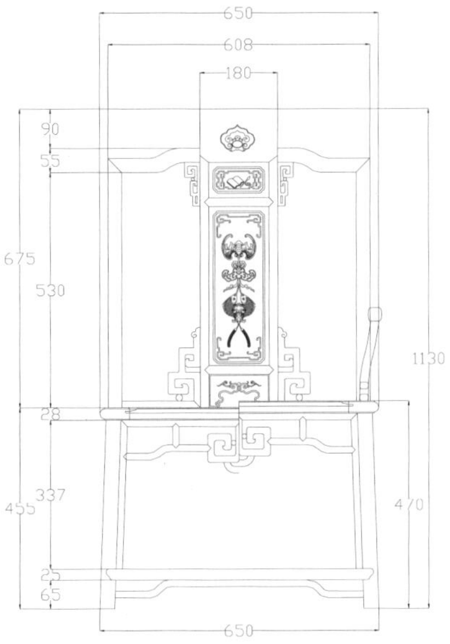

椅－主视图

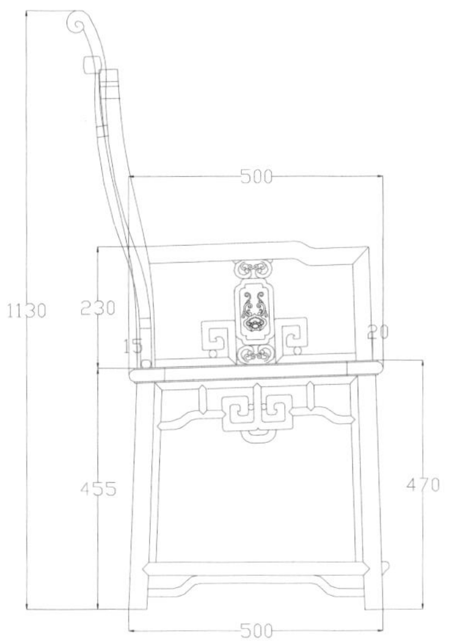

椅－左视图

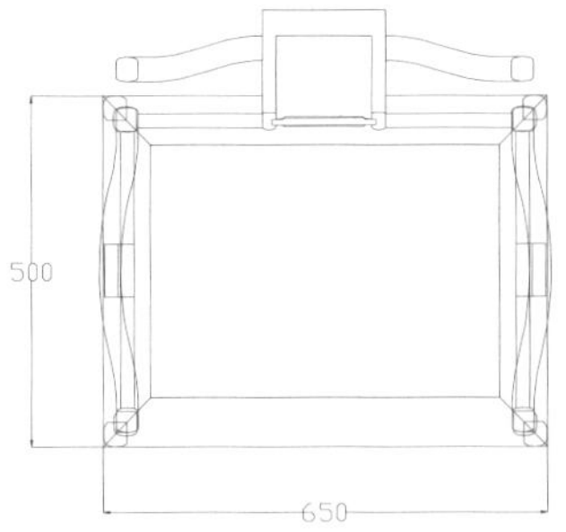

椅－俯视图

注：此两件套中椅为 1 件，桌为 1 件。为便于理解，视图投影分层绘制，略去部分图层的辅助线。

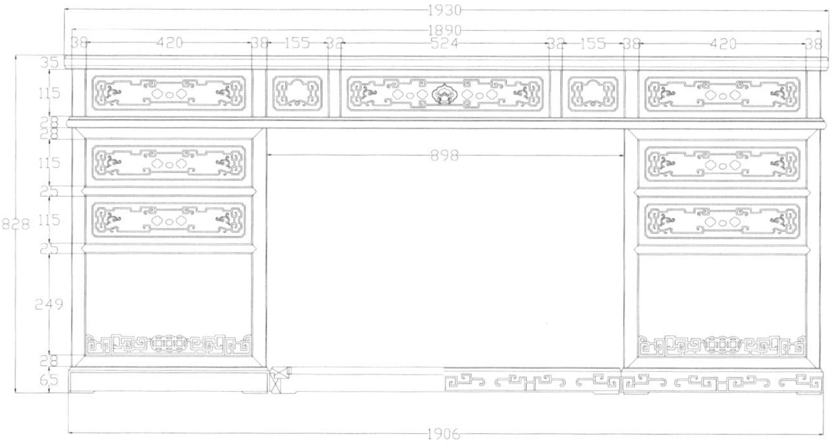
1930
1890
38
420
38
155
32
524
32
155
38
420
38
35
115
28
28
115
25
115
25
249
28
65
828
898
1906

桌－主视图

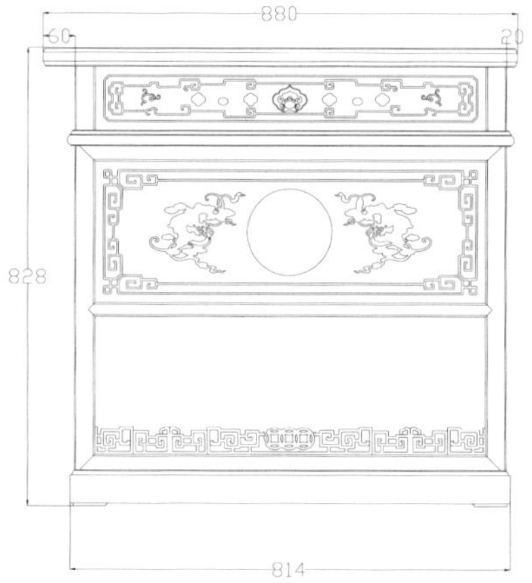
880
60
20
828
814

桌－左视图

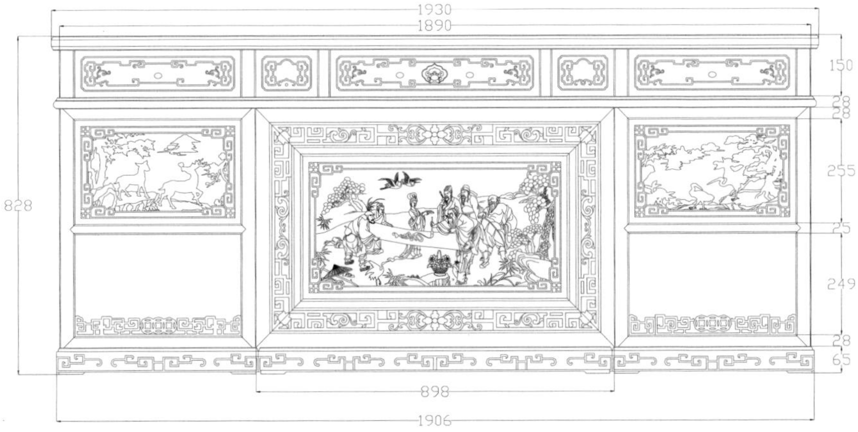

桌－后视图

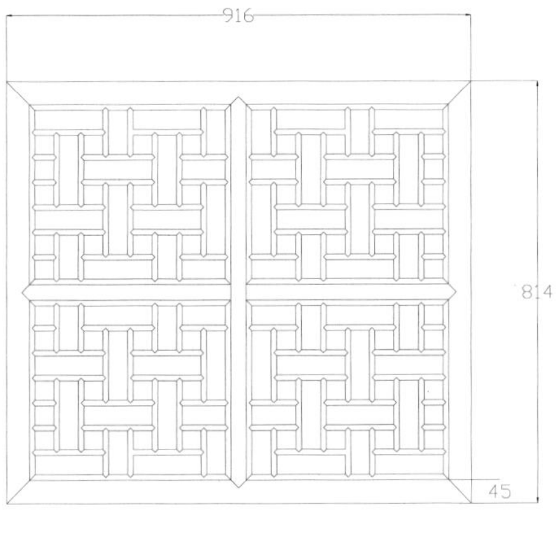

桌－细节图（屉板）

图版清单（现代中式福磬纹卷书式扶手椅两件套）：

椅—主视图
椅—左视图
椅—俯视图
桌—主视图
桌—左视图
桌—后视图
桌—细节图（屉板）

现代中式博古纹扶手椅两件套

材质：染料紫檀

年款：现代

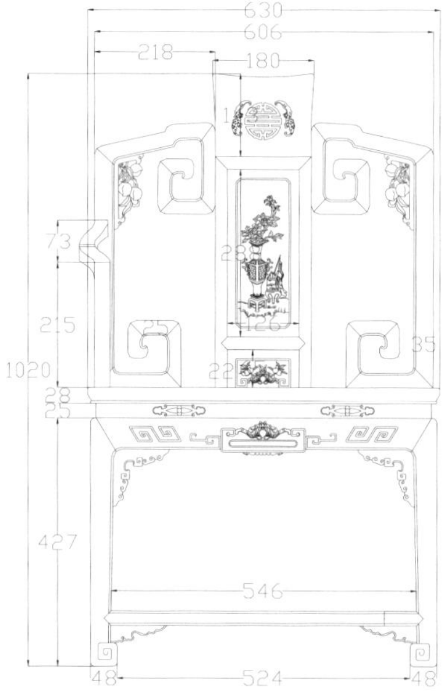

椅－主视图

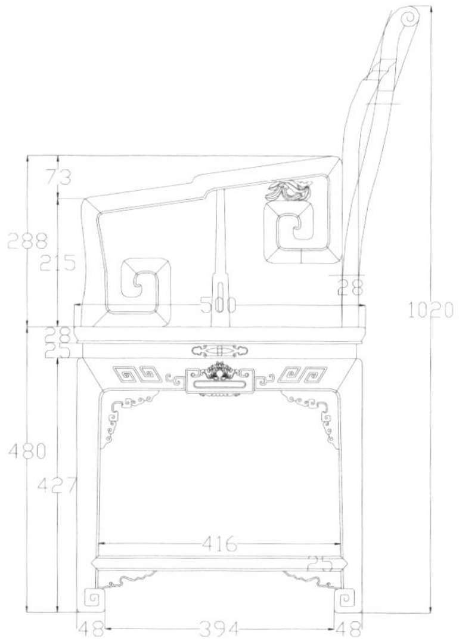

椅－右视图

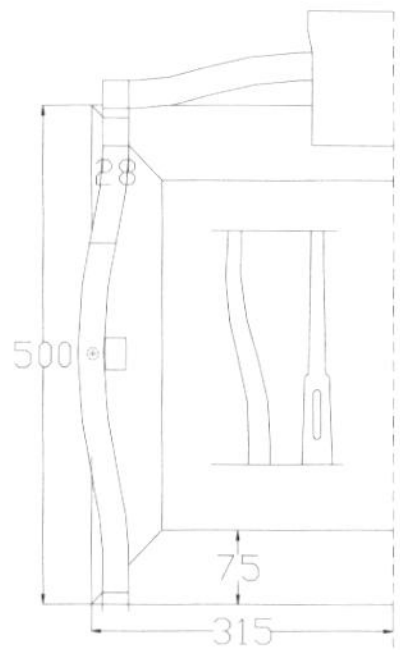

椅－俯视图

注：此两件套中椅为 1 件，桌为 1 件。椅的俯视图为轴对称绘法，并分层绘制，略去部分图层的辅助线。

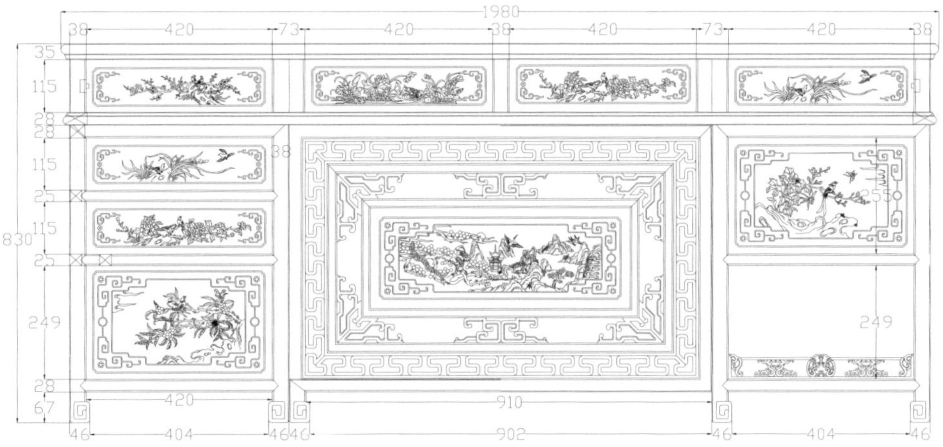

桌－主视图

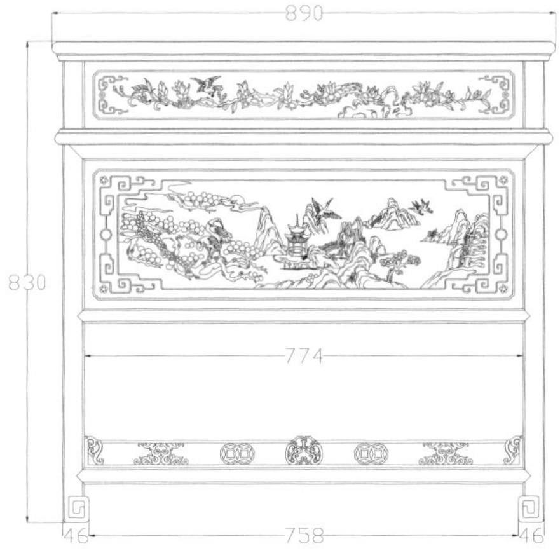

桌－右视图

图版清单（现代中式博古纹扶手椅两件套）：

椅—主视图

椅—右视图

椅—俯视图

桌—主视图

桌—右视图

现代中式拐子纹卷书式扶手椅五件套

材质：大红酸枝

年款：现代

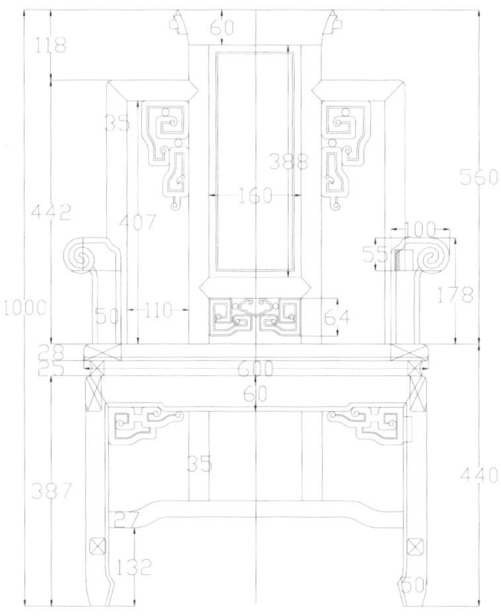

椅－主视图

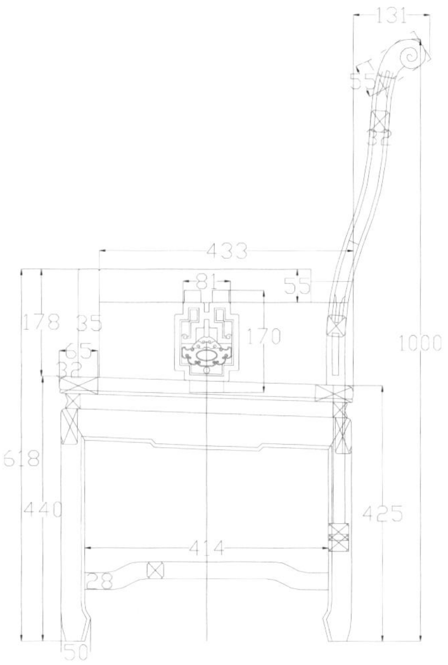

椅－右视图

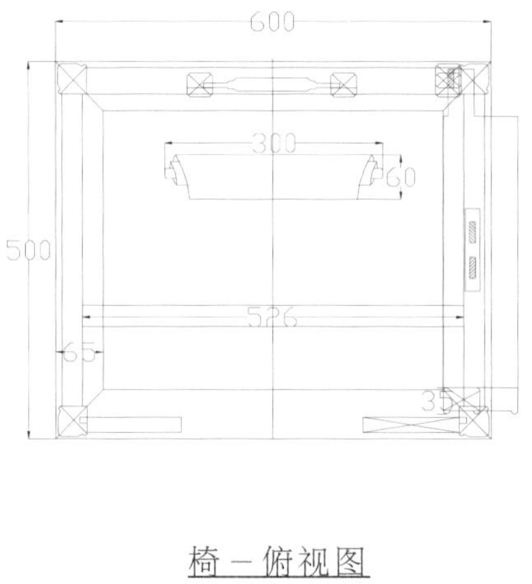

椅－俯视图

注：此五件套中椅为 4 件，桌为 1 件。

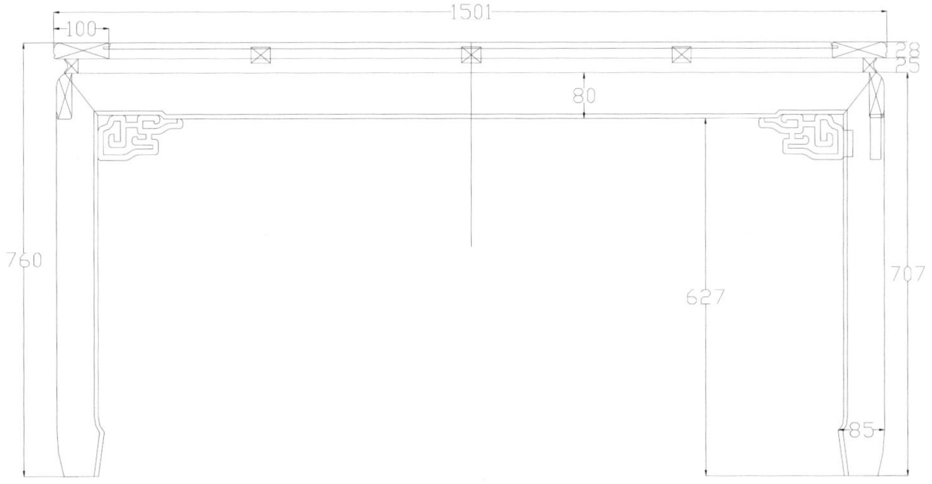

桌－主视图

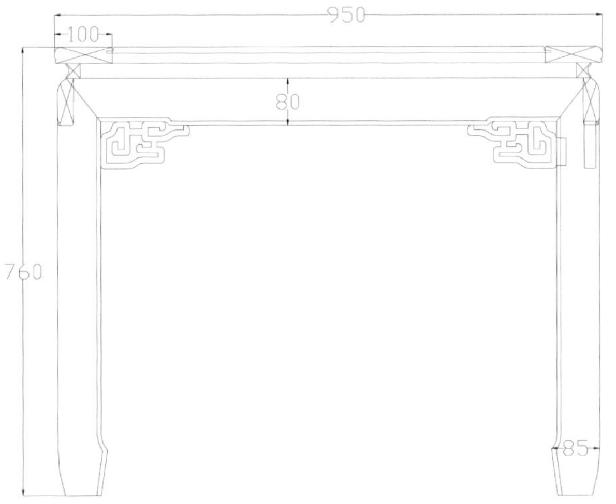

桌－右视图

图版清单（现代中式拐子纹卷书式扶手椅五件套）：
椅—主视图
椅—右视图
椅—俯视图
桌—主视图
桌—右视图

现代中式麒麟纹四出头官帽椅五件套

材质：非洲斑马木

年款：现代

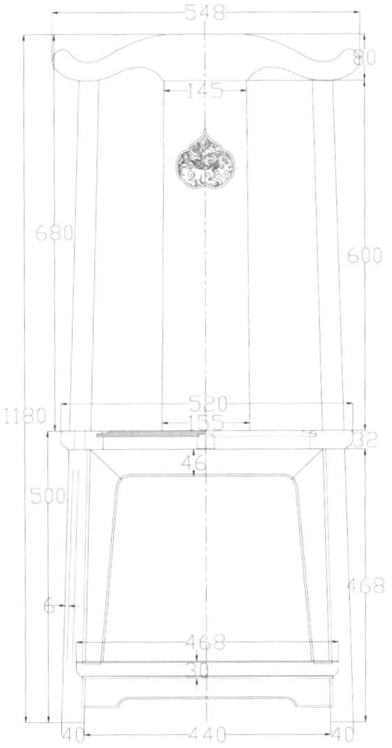

椅－主视图

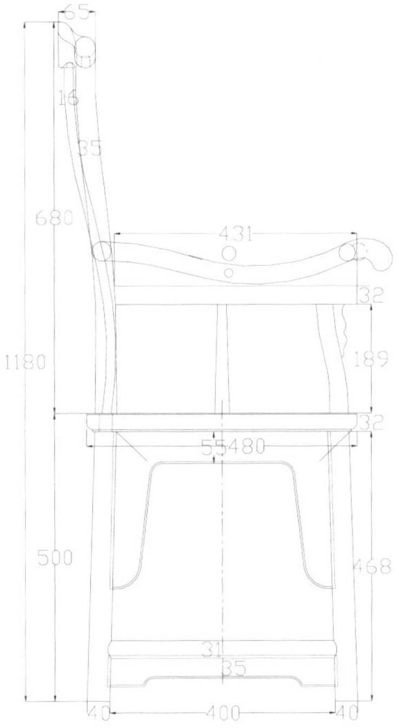

椅－左视图

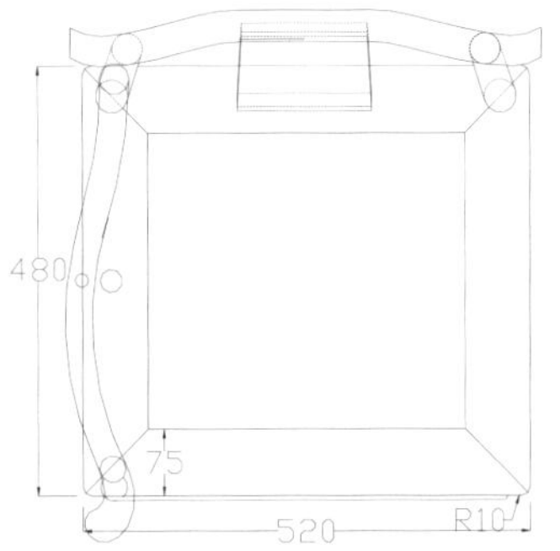

椅－俯视图

注：此五件套中椅为 4 件，桌为 1 件。为便于理解，视图投影分层绘制，略去部分图层的辅助线。

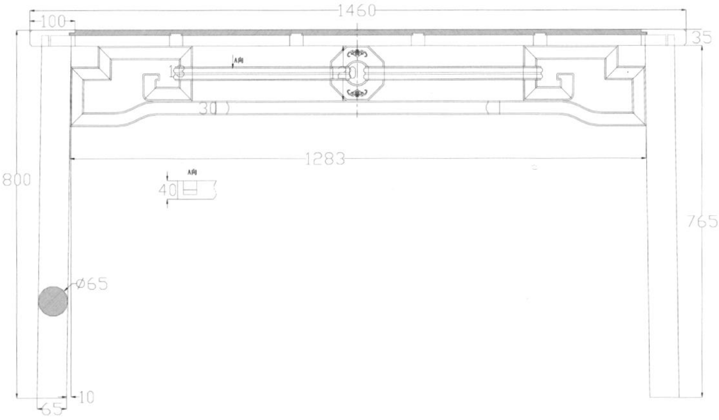

桌－主视图

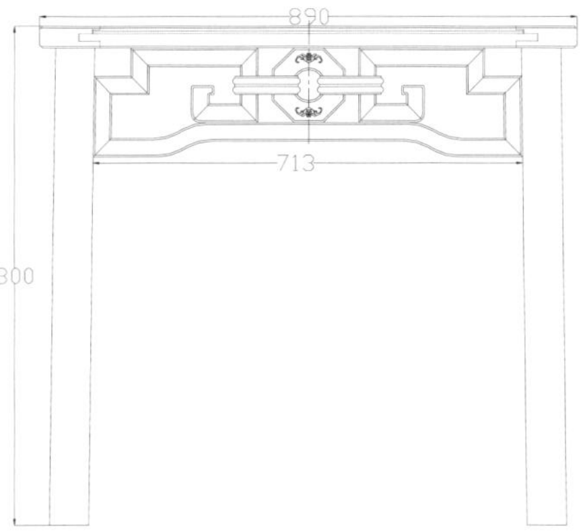

桌－左视图

桌－俯视图

图版清单（现代中式麒麟纹四出头官帽椅五件套）：

椅—主视图

椅—左视图

椅—俯视图

桌—主视图

桌—左视图

桌—俯视图

现代中式牡丹纹南官帽椅三件套

材质：大叶紫檀

年款：现代

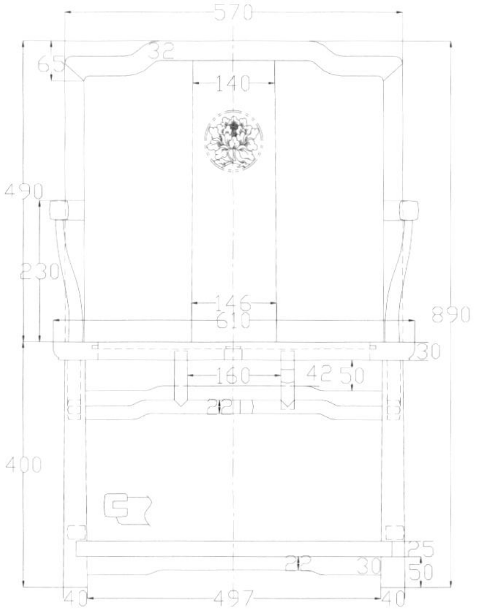

椅－主视图

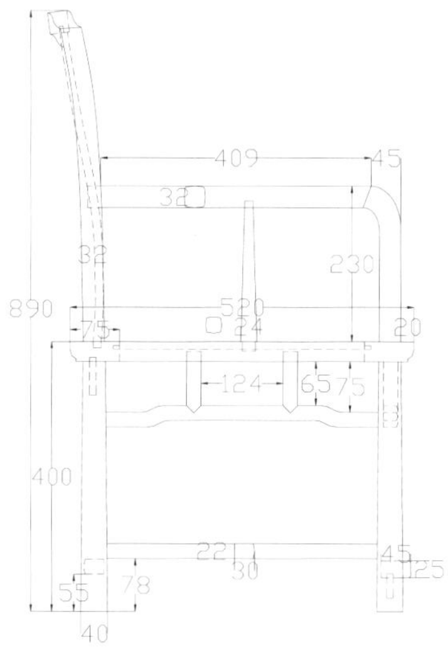

椅－左视图

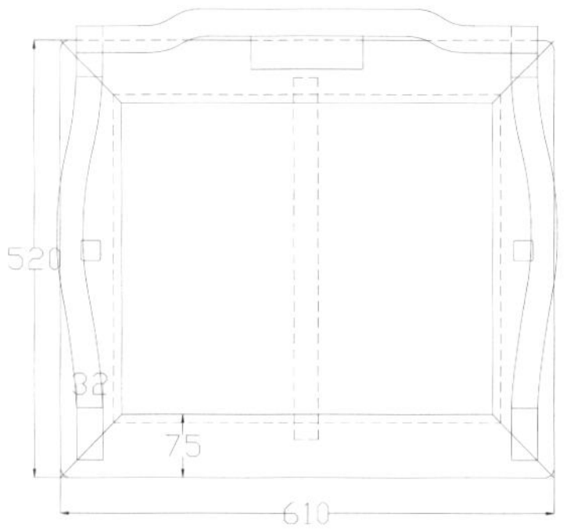

椅－俯视图

注：此三件套中椅为 2 件，桌为 1 件。

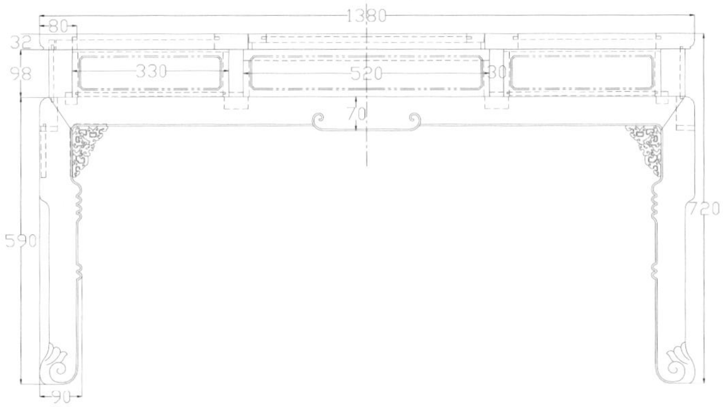

桌－主视图

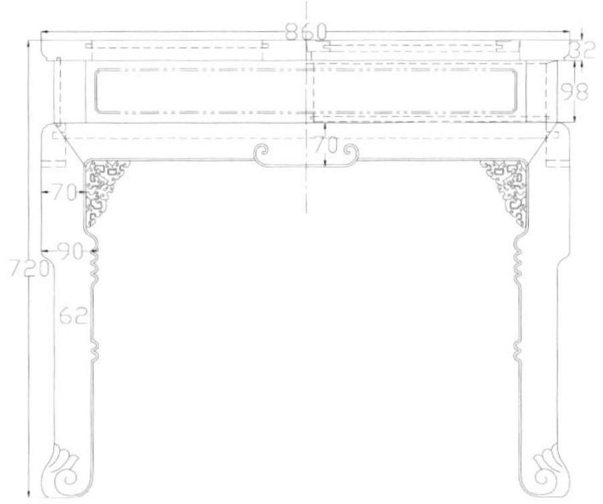

桌－左视图

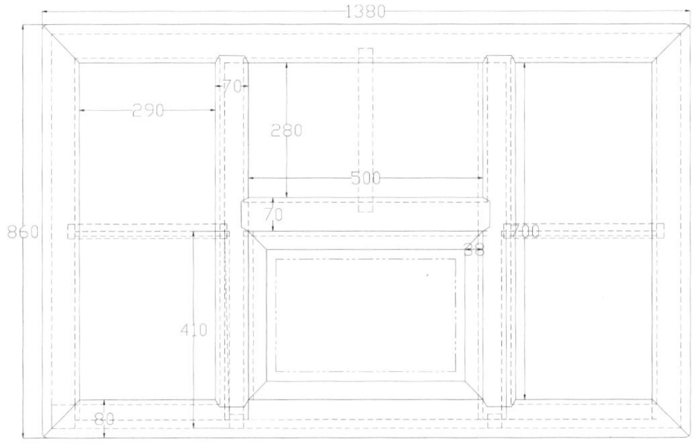

桌－俯视图

图版清单（现代中式牡丹纹南官帽椅三件套）：

椅—主视图

椅—左视图

椅—俯视图

桌—主视图

桌—左视图

桌—俯视图

现代中式竖棂圈椅五件套

材质：大叶紫檀

年款：现代

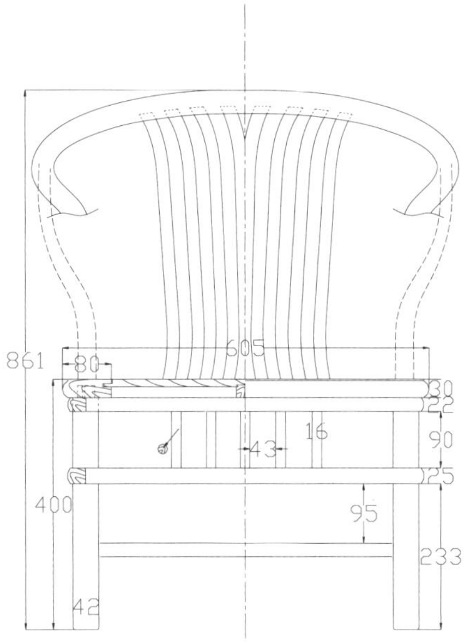

椅－主视图

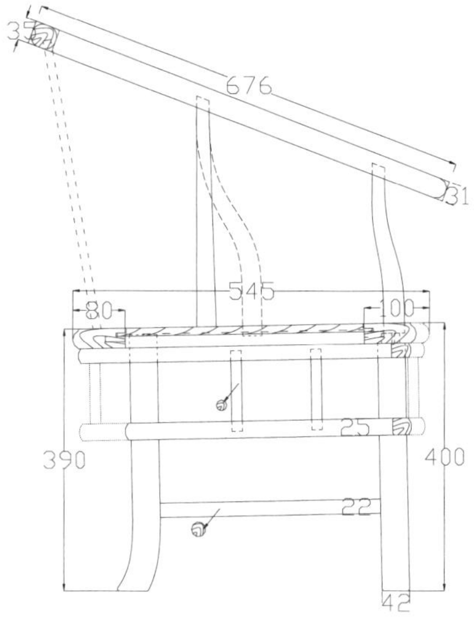

椅－左视图

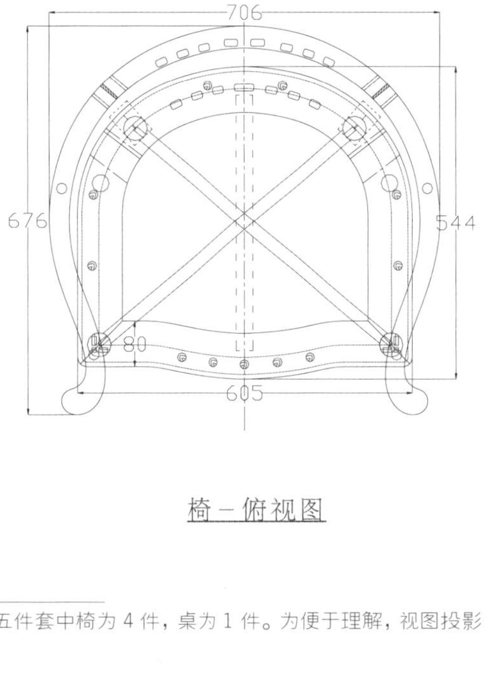

椅－俯视图

注：此五件套中椅为 4 件，桌为 1 件。为便于理解，视图投影分层绘制，略去部分图层的辅助线。

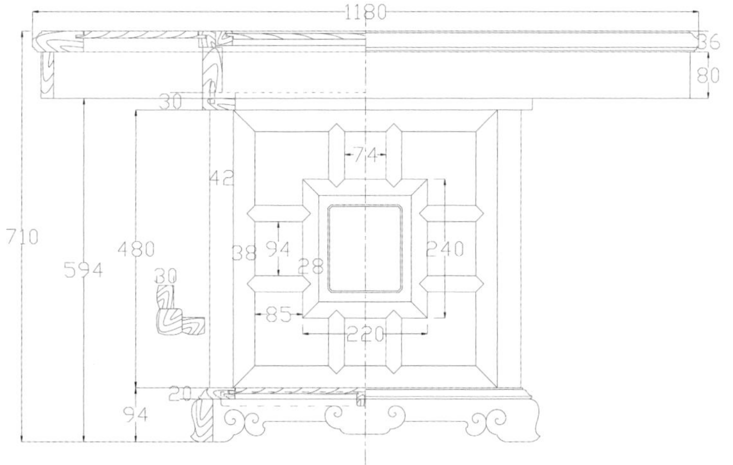

桌—主视图

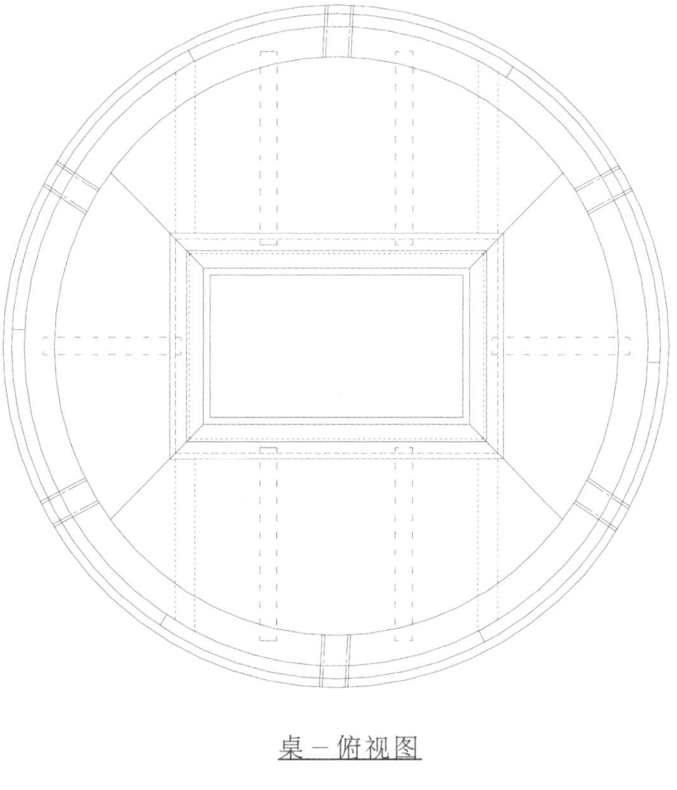

桌—俯视图

图版清单（现代中式竖棂圈椅五件套）：

椅—主视图

椅—左视图

椅—俯视图

桌—主视图

桌—俯视图

现代中式灯挂椅五件套

材质：白酸枝

年款：现代

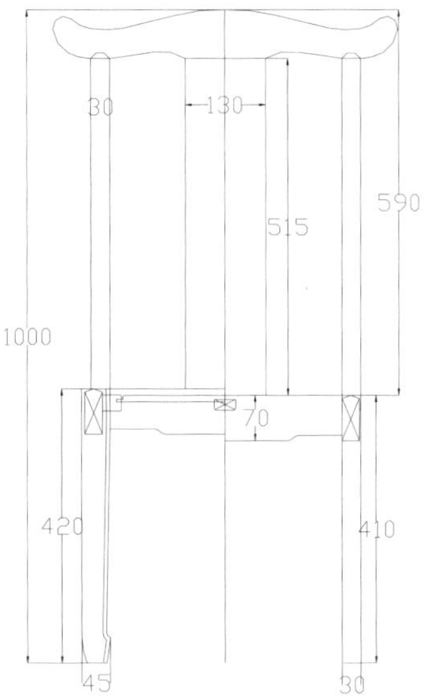

椅－主视图

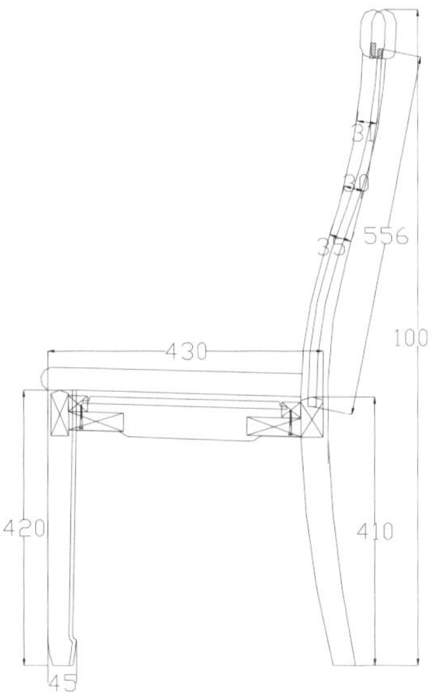

椅－右视图

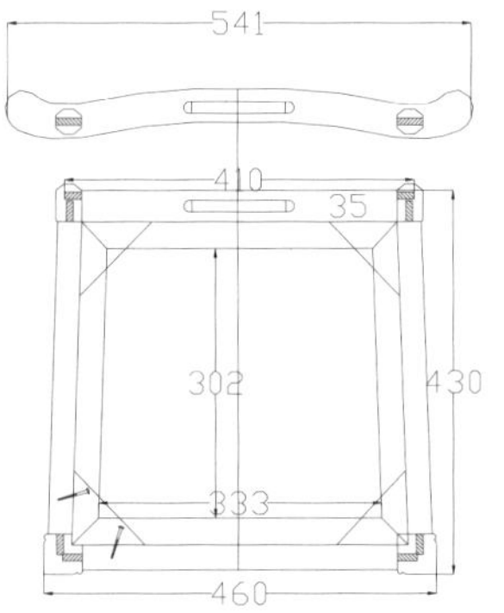

椅－俯视图

注：此五件套中椅为 4 件，桌为 1 件。为便于理解，视图投影分层绘制，略去部分图层的辅助线。

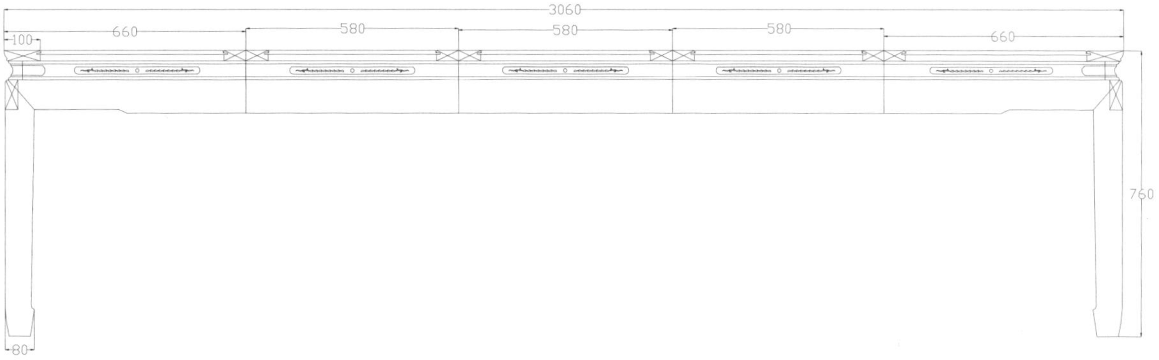

桌－主视图

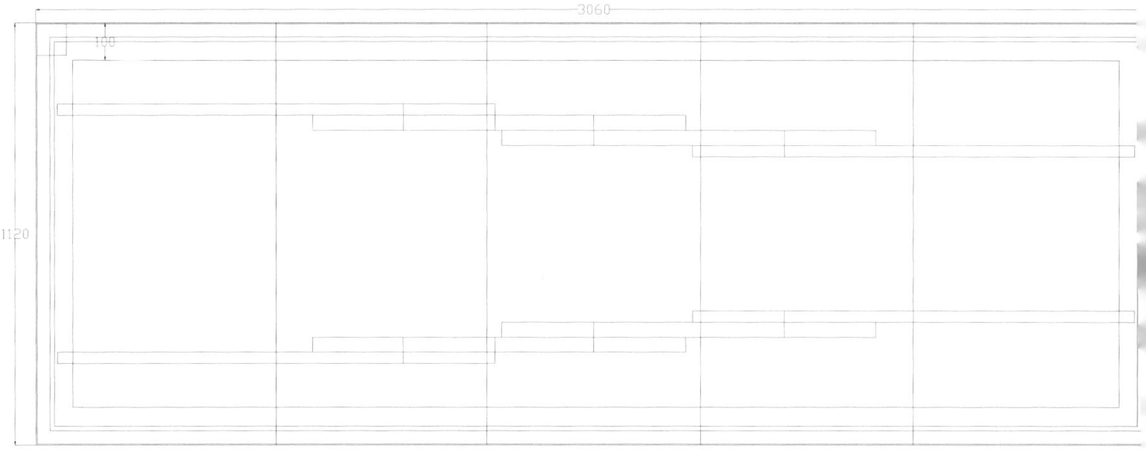

桌－俯视图

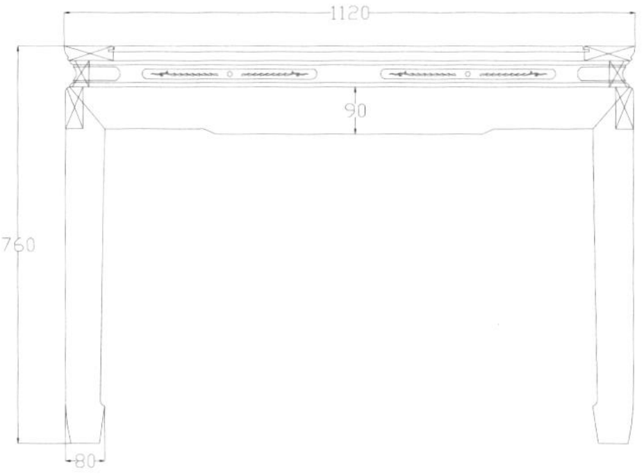

桌－左视图

图版清单（现代中式灯挂椅五件套）：
椅—主视图
椅—右视图
椅—俯视图
桌—主视图
桌—俯视图
桌—左视图

现代中式梳背椅三件套

材质：染料紫檀

年款：现代

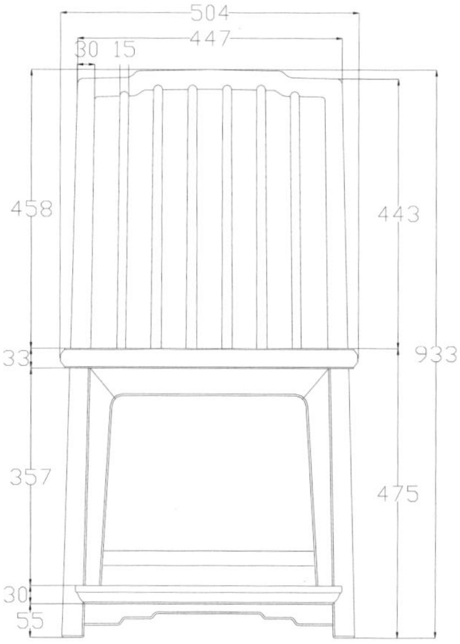

椅－主视图

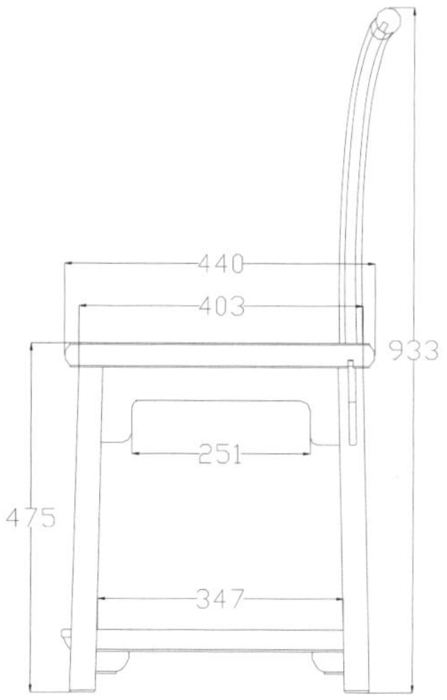

椅－右视图

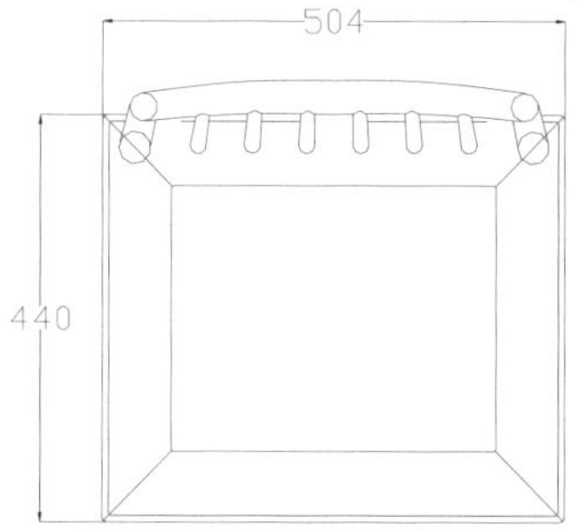

椅－俯视图

注：此三件套中椅为 2 件，桌为 1 件。

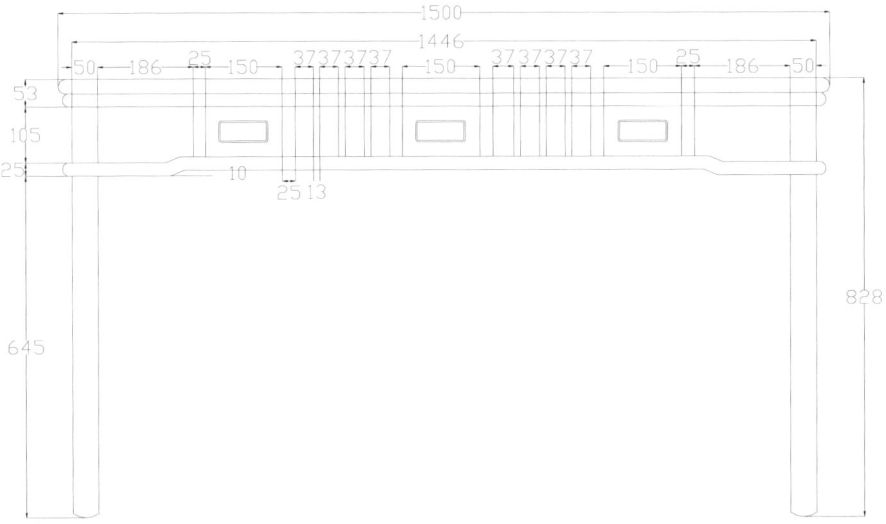

桌－主视图

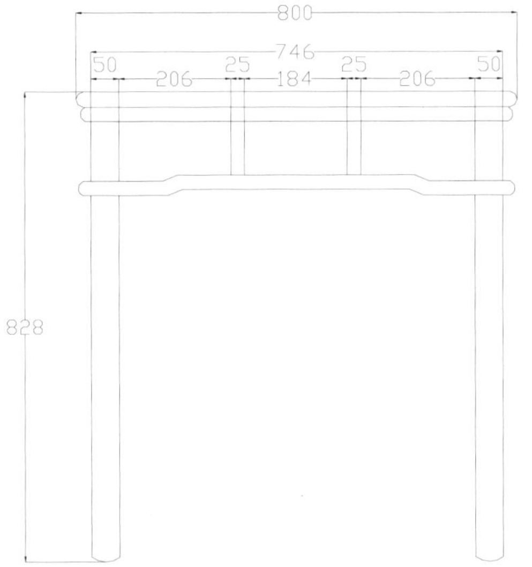

桌－右视图

图版清单（现代中式梳背椅三件套）：

椅－主视图

椅－右视图

椅－俯视图

桌－主视图

桌－右视图

现代中式暗八仙花鸟纹太师椅三件套

材质：大叶紫檀

年款：现代

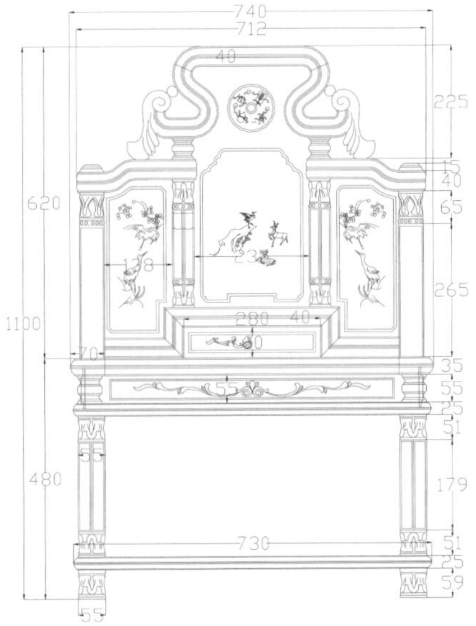

椅－主视图

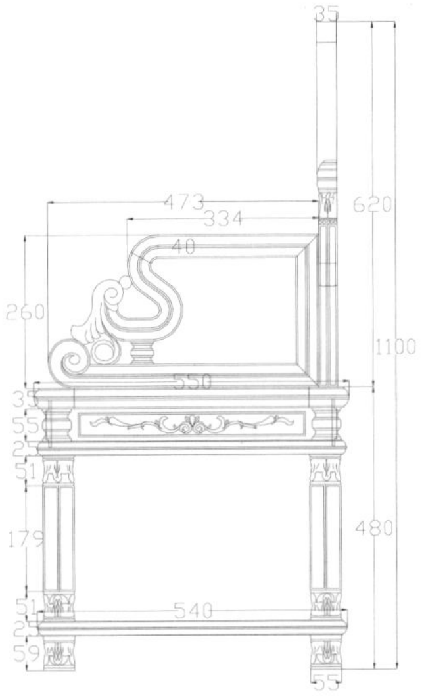

椅－右视图

注：此三件套中椅为 2 件，几为 1 件。

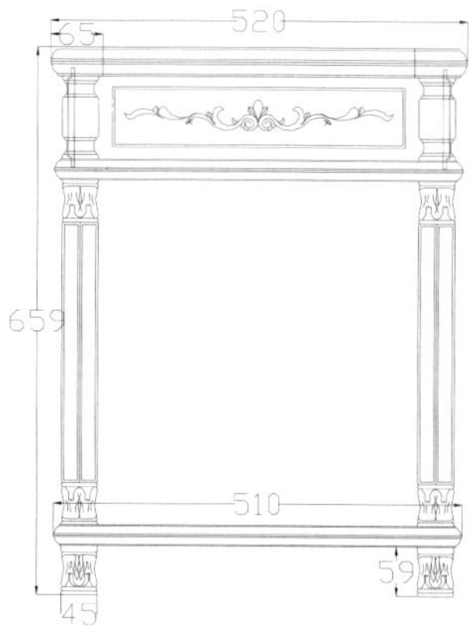

几－主视图

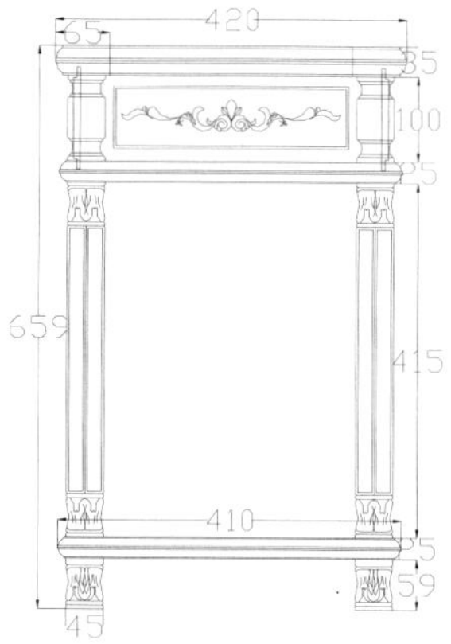

几－左视图

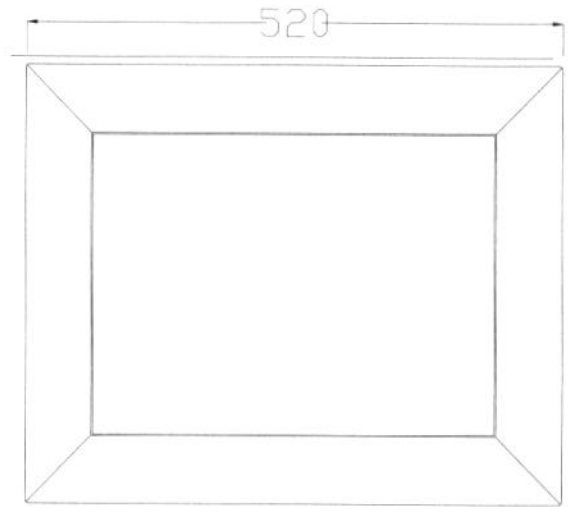

几－俯视图

图版清单（现代中式暗八仙花鸟纹太师椅三件套）：
椅—主视图
椅—右视图
几—主视图
几—左视图
几—俯视图

附录：图版索引

图版

图版索引

图版索引

图版索引

图版索引